薬学のための

微分と積分

土井　勝　著

まえがき

物事を正確に考えたり，分析したり，伝えたりするとき，私たちは数学によって行う．数学は，人類のたゆみない営為が築き上げた，英知の純粋な結晶である．気づくと気づかないとにかかわらず，数学は私たちの生活の奥深くに入り込み，現代の文明を根底で支えている．

薬学の分野も例外でない．経験と勘に頼っていた時代と異なり，数学を基礎とする分析的な方法を欠いては，薬学は科学として立ち行かない．

折しも，今春から薬学部教育は6年制となる．薬学が社会で果たすべき役割が高まり，めざましい生命科学の進歩とあいまって，薬学人が身につけなければならない事柄が，ますます増大しているためである．

数学は諸科学の基礎である．とりわけ，関数，微分と積分，それに微分方程式は，変化の様相を記述し分析する手段であるために，これらに習熟することは，薬学を学ぶ人たちに欠かすことのできない素養となっている．その一方で，薬学で必要とされる数学は，数学理論そのものではない．大切なのは，①数学の演算の意味を正しく理解しておくこと，②現象の内容を数学を使って記述できること，③実用的な計算ができることである．

著者は，長年，薬科大学で自然科学教育に携わってきた．本書は，その経験に基づき，薬学を学ぶ学生向けに，微分積分と微分方程式についてわかりやすく解説した教科書あるいは参考書である．執筆に当たっては，数学を薬学に応用することを絶えず念頭に置いて，薬学に関係する題材を多く取り入れることで，学生の皆さんが数学の威力と必要性を実感でき，薬学に役立つ実用的な学力が身につくように工夫した．

本書では，予備学力として，高等学校で標準的な数学のコースを履修しているが，数Ⅲは未履修であることを想定している．数学を身につける一番の近道は，まず定義，定理，公式をしっかり把握し（数学に困難を感じるとき，これを粗略にしていることが多い），次に例題や演習問題を繰り返し解いて（解説を参照しながらでよい），定理や公式の使い方に習熟することである．

本書は，他の数学書にはない特徴を備えている．以下にそれを列挙する．

(1) 薬学に関係した題材や身近な題材を随所に取り入れ，数学が薬学にどのように適用されるかを具体的に示した．

(2) 簡潔でわかりやすい説明を心がけ，根幹となる部分（並活字）と肉付けの部分（小活字）を分け，記述にめりはりを持たせた．並活字の部分だけで，基本となる枠組みを概観できるはずである．また，要所要所でポイントとなる事項をまとめてある．特に注意を促したい補足的な事項を【注】として加え，理解の助けとした．少し程度は高いが有用な事柄を《参考》として挙げ，進んだ学習へのガイドとした．

(3) 定義や演算の意味を詳しく説明し，表面的な理解に止まることのないように努めた．また，理論展開の各段階で，基礎になっている考え方と理論の相互関係を示し，全体的な把握ができるように注意を払った．

(4) 定理の【証明】は，やさしくわかりやすいものを，可能な限り示した（証明が込み入っている場合には，概要だけの《説明》で済ませた）．証明を理解することは，定理の把握に役立つのであるが，必ずしも証明に立ち入る必要はない．参考書として使う場合には，余力と関心の程度に応じて，選択すればよいだろう．

(5) 例題と演習問題が豊富で，演習書としても活用できる．例題は，理論と応用を結ぶ要として，基礎的で応用範囲が広いものを精選した．解法の《解説》では，考え方や計算の技術的な側面にも言及して，ていねいに解説した．単元が終わるごとに演習問題を付けたが，難易レベルは基礎から中程度である．使い勝手を考えて，問題に続けて解答を示し，必要に応じて解法の〔指針〕を付けた．

　本書は理論的な厳密性にも十分に注意を払い，一通りの論理を通してある．京都大学数理解析研究所の永田　誠博士には，何度も原稿の査読を依頼し，数学者の立場から，不備の指摘と改善のための提案を数多くしていただいた．永田博士の真摯で綿密なご協力に，深く感謝する．

　本書は，日科技連出版社の佐藤雅明氏と染谷　明氏に勧められて執筆したものである．出版に当たっては，小川正晴氏ならびに薗田俊江氏にお世話になった．執筆の機会を得て上梓に至ったことに対し，出版社の方々に心からお礼申し上げる．

2006年早春　　　　　　　　　　　　　　　　　　　　　　　　土井　勝

目　　次

まえがき　　　　　　　　　　　　　　　　　　　　　　　　　　　　*iii*

第1章　実数と関数　　　　　　　　　　　　　　　　　　　　　　*1*

　1.1　実数 *1*
　1.2　数列と級数 *2*
　1.3　関数 *10*
　1.4　有理関数と無理関数 *13*
　1.5　指数関数 *17*
　1.6　対数関数 *19*
　1.7　三角関数 *22*

第2章　関数の性質　　　　　　　　　　　　　　　　　　　　　　*27*

　2.1　関数の極限 *27*
　2.2　関数の連続性 *30*
　2.3　合成関数 *34*
　2.4　逆関数 *35*
　2.5　媒介変数表示の関数 *38*
　2.6　逆三角関数 *39*

第3章 微分法の基礎　45

- 3.1 導関数の定義 45
- 3.2 導関数の基本公式 51
- 3.3 合成関数の微分法 53
- 3.4 逆関数と媒介変数表示の関数の微分 56

第4章 基本関数の微分　59

- 4.1 自然対数の底 59
- 4.2 対数関数と指数関数の微分 62
- 4.3 三角関数の微分 65
- 4.4 逆三角関数の微分 68
- 4.5 高次導関数 70
- 4.6 ライプニッツの公式 73

第5章 微分法の応用　77

- 5.1 平均値の定理 77
- 5.2 不定形の極限 81
- 5.3 テーラーの定理 84
- 5.4 テーラー展開 88
- 5.5 関数の多項式近似 91

第6章 関数の変化　95

- 6.1 関数の増減と極値 95
- 6.2 曲線の凹凸と変曲点 101
- 6.3 曲線の概形 102
- 6.4 極座標表示による曲線 106

第7章　多変数関数と偏微分　111

- 7.1　多変数の関数と極限 *111*
- 7.2　関数の連続性と合成関数 *114*
- 7.3　偏導関数 *116*
- 7.4　接平面と全微分 *119*
- 7.5　合成関数の微分法 *126*
- 7.6　陰関数 *129*
- 7.7　高次偏導関数 *133*

第8章　偏微分法の応用　137

- 8.1　演算子 *137*
- 8.2　2変数のテーラーの定理 *140*
- 8.3　2変数関数の多項式近似 *142*
- 8.4　極大と極小 *144*
- 8.5　条件付きの極値 *147*
- 8.6　独立変数の変換と熱力学への応用 *149*
- 8.7　拡散と波動への応用 *152*

第9章　不定積分　155

- 9.1　原始関数と不定積分 *155*
- 9.2　置換積分法 *160*
- 9.3　部分積分法 *163*
- 9.4　有理関数の積分 *165*
- 9.5　三角関数の有理式の積分 *168*
- 9.6　無理関数の積分 *169*

第10章　定積分　173

- 10.1　定積分の定義 *173*

10.2 定積分の基本定理 *178*
10.3 定積分の置換積分法と部分積分法 *180*
10.4 広義の積分 *185*
10.5 定積分の応用 *190*
10.6 医療分野への定積分の応用 *195*

第11章 微分方程式 *201*

11.1 微分方程式の一般論 *201*
11.2 変数分離形 *204*
11.3 1階線形微分方程式 *207*
11.4 完全微分形 *209*
11.5 2階線形同次微分方程式 *212*
11.6 2階線形非同次微分方程式 *217*
11.7 医療分野への微分方程式の応用 *221*

付録　重積分 *233*

A.1 2重積分の定義 *233*
A.2 2重積分の計算 *235*
A.3 独立変数の変換 *238*

索引 *241*

第1章

実数と関数

1.1 実数

本書では，主として**実数**を扱う．実数は，単純なものから順に，次のように分類される．

自然数： 1, 2, 3, 4, 5, ⋯ のこと．
整　数： 0, ±1, ±2, ±3, ±4, ⋯ のこと．
有理数： $\dfrac{m}{n}$ (m, n は整数, $n \neq 0$) と表される数のこと．
無理数： 有理数でない数のこと．

【注】有理数を小数で表すと，どこかで終わるか，同じ数がどこまでも繰り返される**循環小数**になる．たとえば，5, -2.03, $3.5\dot{2}7\dot{8}$ (循環小数は，繰り返される最初の数と最後の数の上に点をつけて表す) は，有理数の例である．これに対して，$\sqrt{2} = 1.41421356\cdots$, $\pi = 3.14159265\cdots$ などは無理数で，小数が終わることも循環小数になることもなく，どこまでも続く．

実数の間には大小関係がある．実数を表すのに，大きさの順に1列に並べ，数直線上の点で代表させる．

一定の範囲にある実数の集合を**区間**という．実数を文字 x で代表させるとき，区間は不等式で表される．

$$a \leqq x \leqq b, \quad a \leqq x < b, \quad a < x \leqq b, \quad a < x < b$$

これらは，それぞれ次の記号で表される．

$$[a,b], \quad [a,b), \quad (a,b], \quad (a,b)$$

端点を含むときは四角いカッコ（●：塗りつぶした丸），含まないときは丸いカッコ（○：中空の丸）を用いる．特に，$[a,b]$ を**閉区間**，(a,b) を**開区間**という．

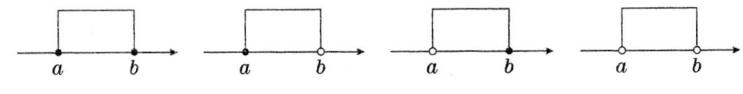

図 1.1 実数の区間

正の向きに限りなく大きくなることを記号 ∞（$+\infty$ とも書く）で表し，**正の無限大**という．また，負の向きに絶対値が限りなく大きくなることを記号 $-\infty$ で表し，負の無限大という．不等式

$$x < a, \quad x \leqq a, \quad a \leqq x, \quad a < x$$

を満たす実数の集合を**無限区間**と呼び，それぞれ次の記号で表す．

$$(-\infty, a), \quad (-\infty, a], \quad [a, \infty), \quad (a, \infty)$$

実数全体は $-\infty < x < \infty$ であり，記号 $(-\infty, \infty)$ で表す．

《参考》**実数の基本的性質**　実数は 4 つの基本的な性質を備えている．① **四則演算**　加減乗除の演算が可能である（0 で割ることを除く）．② **大小相等**　2 つの実数を比較すると，大小があるか等しいかのいずれかである．③ **稠密性**　実数は数直線上に隙間なく並び，どんなに近い 2 つの数の間にも，無数の実数がある．④ **連続性**　数直線上に並ぶ実数を任意に 1 点で切断して 2 つの集合に分けたとき，一方の集合の最大数か最小数かになる数が，ただ 1 つだけ確定する．
実数に関する数学理論は，これらを基礎にして組み立てられる．

1.2　数列と級数

● **無限数列**　項が順に並んだものを**数列**といい，項が並んだ順に自然数の番号を付けて表す．

$$a_1, a_2, a_3, \cdots, a_n, \cdots \tag{1.1}$$

一般項が a_n の数列を，記号 $\{a_n\}$ で表す．

項がどこまでも続く数列を**無限数列**という．n が限りなく大きくなるとき，a_n が無限大でない（**有限**という）1 つの値（**確定**という）α に近づくならば，数列 $\{a_n\}$ は α に**収束する**といい，

$$\lim_{n\to\infty} a_n = \alpha \quad \text{または} \quad a_n \to \alpha \ (n\to\infty) \tag{1.2}$$

と表す．このとき，有限確定な値 α のことを数列の**極限値**という．また，数列 $\{a_n\}$ が収束しないとき，数列 $\{a_n\}$ は**発散する**という．

【注】**数列の発散** 数列 $\{a_n\}$ の発散に 3 通りある．

(1) a_n が正の値をとりながら限りなく大きくなるとき，数列は**正の無限大に発散する**といい，$\lim_{n\to\infty} a_n = +\infty$ と書く．
$a_n = n^2$ のとき，$\lim_{n\to\infty} a_n = +\infty$ はその例である．

(2) a_n が負の値をとりながら絶対値が限りなく大きくなるとき，数列は**負の無限大に発散する**といい，$\lim_{n\to\infty} a_n = -\infty$ と書く．
$a_n = -n$ のとき，$\lim_{n\to\infty} a_n = -\infty$ はその例である．

(3) a_n が有限確定値に近づかず，正または負の無限大に発散もしないとき，**振動する**という．
$a_n = (-1)^n$ は，1（n が偶数）または -1（n が奇数）となり，振動する例である．

数列の極限を求めるのに，次の定理は基本的なものである．

---**数列の極限の基本定理**---

定理 1.1 $\lim_{n\to\infty} a_n = \alpha$, $\lim_{n\to\infty} b_n = \beta$ のとき，次の関係が成り立つ．

(1) $\lim_{n\to\infty}\{c a_n\} = c\alpha$ （c は定数） (2) $\lim_{n\to\infty}\{a_n \pm b_n\} = \alpha \pm \beta$

(3) $\lim_{n\to\infty}\{a_n b_n\} = \alpha\beta$ (4) $\lim_{n\to\infty}\dfrac{a_n}{b_n} = \dfrac{\alpha}{\beta}$ （$\beta \neq 0$）

【注】次の 2 つの極限に注意しよう．ただし，$a_n \neq 0$，c は有限とする．

(1) $\lim_{n\to\infty} a_n = \infty$ または $-\infty$ ならば，$\lim_{n\to\infty} \dfrac{c}{a_n} = 0$ である．

(2) $\lim_{n\to\infty} a_n = 0$ ならば，$c \neq 0$ に対して，$\lim_{n\to\infty}\left|\dfrac{c}{a_n}\right| = \infty$ である．

例題 1-1 次の数列 $\{a_n\}$ の極限を調べなさい.

(1) $a_n = n^2 - n$ (2) $a_n = \dfrac{n^2+n+3}{2n^2-n}$ (3) $a_n = \sqrt{n+2} - \sqrt{n}$

《解説》数列の極限を求めるには，工夫が必要になることが多い．

(1) 無限大に近づくものの差である．最大の項でくくり出す．
$$\lim_{n\to\infty}(n^2-n) = \lim_{n\to\infty} n^2\left(1-\frac{1}{n}\right) = \infty \quad \left(\because n^2\to\infty,\ \frac{1}{n}\to 0\right)$$

(2) 分母も分子も無限大に近づく．分母と分子に現れる最大の項で分母，分子を割る．
$$\lim_{n\to\infty}\frac{n^2+n+3}{2n^2-n} = \lim_{n\to\infty}\frac{1+\dfrac{1}{n}+\dfrac{3}{n^2}}{2-\dfrac{1}{n}} = \frac{1+0+0}{2-0} = \frac{1}{2}$$

(3) 無限大に近づくものの差である．根号を含むとき，有理化して調べる．
$$\lim_{n\to\infty}(\sqrt{n+2}-\sqrt{n}) = \lim_{n\to\infty}\frac{2}{\sqrt{n+2}+\sqrt{n}} = 0 \quad (\because \sqrt{n+2}\to\infty,\ \sqrt{n}\to\infty)$$

数列の項の大小と極限値について，次のことが成り立つ．

数列の極限の大小関係

定理 1.2 $\lim\limits_{n\to\infty} a_n = \alpha,\ \lim\limits_{n\to\infty} b_n = \beta$ とする．

(1) すべての n について $a_n \leqq b_n$ ならば，$\alpha \leqq \beta$ である．

(2) すべての n について $a_n \leqq c_n \leqq b_n$ で，かつ $\alpha = \beta$ ならば，
$\lim\limits_{n\to\infty} c_n = \alpha$ である．

【注】すべての n について $a_n \leqq b_n$ であるとき，

(1) $\lim\limits_{n\to\infty} a_n = \infty$ ならば， $\lim\limits_{n\to\infty} b_n = \infty$

(2) $\lim\limits_{n\to\infty} b_n = -\infty$ ならば， $\lim\limits_{n\to\infty} a_n = -\infty$

も成り立つ．

この定理を使えば，簡単な数列の極限から，複雑な数列の極限を調べられることがある．

1.2 数列と級数

例 1 $\lim_{n\to\infty} \dfrac{1}{n}\sin n$ を調べる.

$-1 \leqq \sin n \leqq 1$ より $-\dfrac{1}{n} \leqq \dfrac{1}{n}\sin n \leqq \dfrac{1}{n}$ であり, $\lim_{n\to\infty}\dfrac{1}{n}=0$, $\lim_{n\to\infty}\dfrac{-1}{n}=0$ である. 定理 1.2 (2) より, $\lim_{n\to\infty}\dfrac{1}{n}\sin n = 0$ となる.

例 2 $\lim_{n\to\infty} r^n \ (r>1)$ を調べる.

$r = 1 + h \ (h > 0)$ とおき, 2 項定理により展開する.

$$r^n = (1+h)^n = 1 + nh + \frac{1}{2}n(n-1)h^2 + \cdots + nh^{n-1} + h^n > 1 + nh$$

$\lim_{n\to\infty}(1+nh) = \infty$ であるから, $\lim_{n\to\infty} r^n = \infty$ となる.

● **無限等比数列**　公比 r の無限等比数列 $\{r^n\}$

$$r, \ r^2, \ r^3, \ \cdots, \ r^n, \ \cdots \tag{1.3}$$

の極限について, 次の定理が成り立つ.

― 無限等比数列の極限 ―

定理 1.3　無限等比数列 $\{r^n\}$ の極限は,

$$\lim_{n\to\infty} r^n = \begin{cases} \infty & (\ r > 1\ ) \\ 1 & (\ r = 1\ ) \\ 0 & (\ |r| < 1\ ) \end{cases} \tag{1.4}$$

である. また, $r \leqq -1$ のとき, 振動する.

この定理は, r に具体的な数を当てはめれば, 感覚的に理解できるであろう.

【証明】

(1) $r > 1$ のとき: **例 2** で示したように, $\lim_{n\to\infty} r^n = \infty$ である.

(2) $r = 1$ のとき: 常に $r^n = 1$ であるから, $\lim_{n\to\infty} r^n = 1$ である.

(3) $|r| < 1$ のとき: $r \neq 0$ ならば, $s = \dfrac{1}{|r|}$ とおくと, $s > 1$ であり, (1) より $\lim_{n\to\infty} s^n = \infty$ である.

$$\therefore \ \lim_{n\to\infty}|r^n| = \lim_{n\to\infty}|r|^n = \lim_{n\to\infty}\frac{1}{s^n} = 0$$

また, $r = 0$ ならば, 常に $r^n = 0$ である. 以上をまとめて, $\lim_{n\to\infty} r^n = 0$ となる.

(4) $r \leqq -1$ のとき: n が偶数か奇数かによって r^n の符号が変わり, その絶対値は 1 ($r = -1$ のとき) であるか, 限りなく大きくなる ($r < -1$ のとき). 　　　　　　　　□

例題 1-2 次の数列 $\{a_n\}$ の極限を調べなさい．

(1) $a_n = 5^n - 4^{n+1}$ (2) $a_n = \dfrac{3^n - 2^n}{3^n + 2^n}$ (3) $a_n = \dfrac{r^n}{1 + r^n}$ $(r \neq -1)$

《解説》例題 1-1 と同様の工夫が必要である．

(1) $5^n > 4^n$ であることに注意して，最大の項でくくりだして調べる．
$$\lim_{n \to \infty}(5^n - 4^{n+2}) = \lim_{n \to \infty} 5^n \left\{ 1 - 4^2 \left(\frac{4}{5}\right)^n \right\} = \infty \left(\because\ 5^n \to \infty,\ \left(\frac{4}{5}\right)^n \to 0 \right)$$

(2) 分母と分子に現れる最大の項で分母，分子を割る．
$$\lim_{n \to \infty} \frac{3^n - 2^n}{3^n + 2^n} = \lim_{n \to \infty} \frac{1 - \left(\frac{2}{3}\right)^n}{1 + \left(\frac{2}{3}\right)^n} = 1 \left(\because\ \left(\frac{2}{3}\right)^n \to 0 \right)$$

(3) ① $|r| < 1$ のとき：$|r|^n \to 0$ だから，$\displaystyle\lim_{n \to \infty} \frac{r^n}{1 + r^n} = \frac{0}{1 + 0} = 0$

② $r = 1$ のとき：常に $r^n = 1$ だから，$\displaystyle\lim_{n \to \infty} \frac{r^n}{1 + r^n} = \frac{1}{1 + 1} = \frac{1}{2}$

③ $|r| > 1$ のとき：$|r|^n \to \infty$ だから，$\displaystyle\lim_{n \to \infty} \frac{r^n}{1 + r^n} = \lim_{n \to \infty} \frac{1}{\frac{1}{r^n} + 1} = \frac{1}{0 + 1} = 1$

数列 $\{a_n\}$ のすべての項に対して，$a_n \leqq M$ となる定数 M があるとき数列は**上に有界**，また，$m \leqq a_n$ となる定数 m があるとき**下に有界**であるという．
数列 $\{a_n\}$ は，$a_1 \leqq a_2 \leqq a_3 \leqq \cdots \leqq a_n \leqq \cdots$ のとき**単調増加数列**，また，$a_1 \geqq a_2 \geqq a_3 \geqq \cdots \geqq a_n \geqq \cdots$ のとき**単調減少数列**と呼ばれる．

―― 単調な数列の収束性 ――

定理 1.4 上に有界な単調増加数列，下に有界な単調減少数列は，収束する．

【注】この定理を証明するには，実数の根本的な性質に立ち入らなければならない．図示すれば直感的に受け入れやすい内容であるので，証明なしに用いることにする．

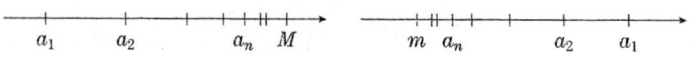

図 **1.2** 有界で単調な数列

例 3 $a_n = 2 - \dfrac{1}{n}$ の無限数列 $\{a_n\}$ は単調増加数列で，$a_n = 2 - \dfrac{1}{n} < 2$ であるから上に有界である．その極限値は，
$$\lim_{n \to \infty} \left(2 - \frac{1}{n}\right) = 2$$
である．

定理 1.4 を適用して，**自然対数の底**と呼ばれる重要な極限値 e が定義される．

自然対数の底
$$e = \lim_{n \to \infty} \left(1 + \frac{1}{n}\right)^n \tag{1.5}$$

【証明】

$a_n = \left(1 + \dfrac{1}{n}\right)^n$ の右辺を 2 項定理で展開すると，$(n+1)$ 項の和になる．

$$a_n = 1 + \frac{n}{1!}\left(\frac{1}{n}\right) + \frac{n(n-1)}{2!}\left(\frac{1}{n}\right)^2 + \frac{n(n-1)(n-2)}{3!}\left(\frac{1}{n}\right)^3 + \cdots$$
$$+ \frac{n(n-1)(n-2)\cdots 2 \cdot 1}{n!}\left(\frac{1}{n}\right)^n$$
$$= 1 + 1 + \frac{1}{2!}\left(1 - \frac{1}{n}\right) + \frac{1}{3!}\left(1 - \frac{1}{n}\right)\left(1 - \frac{2}{n}\right) + \cdots$$
$$+ \frac{1}{n!}\left(1 - \frac{1}{n}\right)\left(1 - \frac{2}{n}\right)\cdots\left(1 - \frac{n-1}{n}\right) \quad \cdots \text{①}$$

同様に，a_{n+1} は $(n+2)$ 項の和となる．

$$a_{n+1} = 1 + 1 + \frac{1}{2!}\left(1 - \frac{1}{n+1}\right) + \frac{1}{3!}\left(1 - \frac{1}{n+1}\right)\left(1 - \frac{2}{n+1}\right) + \cdots$$
$$+ \frac{1}{(n+1)!}\left(1 - \frac{1}{n+1}\right)\left(1 - \frac{2}{n+1}\right)\cdots\left(1 - \frac{n}{n+1}\right)$$

a_n と a_{n+1} の右辺を比べると，最初の 2 項は同じだが，第 3 項から第 $n+1$ 項までは，$\dfrac{k}{n} > \dfrac{k}{n+1}$ $(k=1,2,\cdots,n-1)$ であるために，a_{n+1} の方が大きく，さらに a_{n+1} は最後に正の項を 1 つ余分に持つ．したがって，$a_n < a_{n+1}$ となり，$\{a_n\}$ は単調増加数列である．

また，①の右辺の第 3 項以後において $\left(1 - \dfrac{k}{n}\right) < 1$ $(k = 1, 2, \cdots, n-1)$ であるから，$n > 2$ に対して，

$$a_n < 1 + 1 + \frac{1}{2!} + \frac{1}{3!} + \cdots + \frac{1}{n!} < 1 + 1 + \frac{1}{2} + \frac{1}{2^2} + \cdots + \frac{1}{2^{n-1}}$$
$$= 1 + \frac{1}{1 - \frac{1}{2}}\left\{1 - \left(\frac{1}{2}\right)^n\right\} = 3 - \left(\frac{1}{2}\right)^{n-1} < 3$$

$\{a_n\}$ は上に有界な単調増加数列であるから収束し，$n > 2$ に対して $2 < a_n < 3$ より，極限値 e は $2 < e < 3$ を満たす． ▉

● **無限級数**　無限数列 $\{a_n\}$ の各項を順に加えたものを**無限級数**あるいは単に**級数**といい，次の記号で書く．

$$\sum_{n=1}^{\infty} a_n = a_1 + a_2 + a_3 + \cdots + a_n + \cdots \tag{1.6}$$

実際に無限個の数を加えることはできないので，級数の正確な意味を次のように定める．

級数の最初から第 n 項までの和を級数の**部分和**という．

$$S_n = a_1 + a_2 + a_3 + \cdots + a_n \tag{1.7}$$

部分和 S_n を項とする無限数列 $\{S_n\}$ が収束して極限値 S をもつとき，級数は**収束する**といい，その値 S を級数の**和**と呼ぶ．

$$S = \lim_{n \to \infty} S_n = a_1 + a_2 + a_3 + \cdots + a_n + \cdots = \sum_{n=1}^{\infty} a_n \tag{1.8}$$

また，無限数列 $\{S_n\}$ が発散するとき，級数は**発散する**という．

【注】級数が発散するとき，級数は和をもたない．なお，級数が正あるいは負の無限大に発散することを，それぞれ次のように書くことがある．

$$\sum_{n=1}^{\infty} a_n = \infty, \qquad \sum_{n=1}^{\infty} a_n = -\infty$$

───── 収束する無限級数 ─────

定理 1.5　無限級数 $\displaystyle\sum_{n=1}^{\infty} a_n$ が収束するならば，$\displaystyle\lim_{n \to \infty} a_n = 0$ である．

【証明】
第 n 項までの部分和を S_n，和を S とする．$a_n = S_n - S_{n-1}$ であるから，

$$\lim_{n \to \infty} a_n = \lim_{n \to \infty} (S_n - S_{n-1}) = S - S = 0$$

となる．　　　　　　　　　　　　　　　　　　　　　　　　　　　　　　終

初項 a，公比 r の等比数列からできる級数を**等比級数**という．

$$\sum_{n=1}^{\infty} ar^{n-1} = a + ar + ar^2 + \cdots + ar^{n-1} + \cdots \tag{1.9}$$

1.2 数列と級数

― 等比級数の和 ―

定理 1.6 初項 $a \,(\neq 0)$, 公比 r の等比級数は, $|r| < 1$ のとき収束し, 和は,

$$\sum_{n=1}^{\infty} ar^{n-1} = \frac{a}{1-r} \tag{1.10}$$

である. また, $|r| \geqq 1$ のとき, 等比級数は発散する.

【証明】

(1) $|r| < 1$ のとき：部分和を S_n とする.

$$S_n = \frac{a(1-r^n)}{1-r} \quad \therefore \quad \lim_{n \to \infty} S_n = \lim_{n \to \infty} \frac{a(1-r^n)}{1-r} = \frac{a}{1-r} \quad (\because r^n \to 0)$$

(2) $|r| \geqq 1$ のとき：$a_n = ar^{n-1}$ は 0 に収束せず, 級数は発散する（∵ もし級数が収束すれば, 定理 1.5 に反する）. ☐ 終

例題 1-3 次の問いに答えなさい.

(1) $\displaystyle\sum_{n=1}^{\infty} \frac{1}{3^n}$ が収束するならば, その和を求めなさい.

(2) 循環小数 $1.\dot{2}3\dot{4}$ を分数で表しなさい.

《解説》

(1) 初項 $\frac{1}{3}$ と公比 $\frac{1}{3}$ の無限等比級数である.

$$\sum_{n=1}^{\infty} \frac{1}{3^n} = \sum_{n=1}^{\infty} \left(\frac{1}{3}\right)^n = \frac{1}{3} + \left(\frac{1}{3}\right)^2 + \left(\frac{1}{3}\right)^3 + \cdots = \frac{\frac{1}{3}}{1-\frac{1}{3}} = \frac{1}{2}$$

(2) 循環小数を無限等比級数で表し, その和を求める.

$$1.\dot{2}3\dot{4} = 1 + 0.234 + 0.000234 + 0.000000234 + \cdots$$
$$= 1 + \frac{0.234}{1 - 10^{-3}} = 1 + \frac{234}{999} = \frac{137}{111}$$

演 習 問 題

1. 第 n 項が次式で与えられる数列の極限を調べ, 収束するならば極限値を求めなさい.

(1) $\dfrac{3-2n}{5n-1}$ \qquad (2) $\dfrac{n^2+2n-3}{2n^2-n}$

(3) $\sqrt{n^2+n+1}+n$ \qquad (4) $n(\sqrt{n^2+1} - \sqrt{n^2-1})$

(5) $(-3)^n$ (6) $\dfrac{5^n}{3^n - 5^n}$

(7) $\dfrac{1}{\sqrt{n}} \cos 2n$ (8) $\dfrac{2^n}{n!}$

2. 次の無限級数の極限を調べ，収束するならば和を求めなさい．

(1) $\displaystyle\sum_{n=1}^{\infty} (-3)^n$ (2) $\displaystyle\sum_{n=1}^{\infty} \dfrac{1}{(-3)^n}$

(3) $\displaystyle\sum_{n=1}^{\infty} \dfrac{n}{2n-1}$ (4) $\displaystyle\sum_{n=1}^{\infty} \dfrac{1}{n(n+1)}$

3. 次の循環小数を分数で表しなさい．

(1) $0.\dot{2}\dot{7}$ (2) $2.7\dot{5}\dot{3}$

━━━ 解　答 ━━━

1. (1) $-\dfrac{2}{5}$ (2) $\dfrac{1}{2}$ (3) 発散する   (4) 1 (5) 発散する   (6) -1

(7) 0 (8) 0

2. (1) 発散する   (2) $-\dfrac{1}{4}$ (3) 発散する   (4) 1 〔指針：$\dfrac{1}{n(n+1)} = \dfrac{1}{n} - \dfrac{1}{n+1}$〕

3. (1) $\dfrac{3}{11}$ (2) $\dfrac{917}{333}$

1.3　関数

変化する量 A と B があり，A が変化すれば B も変化するが，A の値にただ 1 つの B の値が対応するとき，B は A の**関数**であるという．また，A を**独立変数**，B を**従属変数**という．

特に，A がただ 1 つの実数で表され，B もただ 1 つの実数で表される場合を取り上げる．このような場合を，**1 変数関数**という．A を記号 x で，B を記号 y で代表させ，y が x の関数であることを次のように表す．

$$y = f(x) \tag{1.11}$$

【注】A と B が表す内容は，具体例ごとに異なっている．実際の応用では，A と B を記号で表すのに，その内容をよく反映する文字が使われる．

例 1 円の半径 r (A) が与えられれば面積 S (B) が決まるから，S は r の関数である．このとき，$S = f(r) = \pi r^2$ である．

1.3 関数

独立変数 x がとる値の範囲を**定義域**，従属変数 y がとる値の範囲を**値域**という．定義域は指定されることもあるが，そうでなければ，関数 $f(x)$ が定義される最大の範囲とする．

● **関数のグラフと増減** 関数の変化を図示するのに，原点を O，横軸を x，縦軸を y とする xy 座標平面を定め，定義域内のすべての x に対して，(1.11) で定まる x と y の値の組 (x, y) をとると，一般に，曲線が描かれる．これを関数 $y = f(x)$ の**グラフ**という．グラフから，関数の変化，最大，最小などを読みとることができる．

関数 $y = f(x)$ が，定義域内の任意の 2 点 x_1, x_2 に対して，

$$x_1 < x_2 \text{ のとき}, \begin{cases} f(x_1) \leqq f(x_2) \text{ ならば**増加関数**} \\ f(x_1) \geqq f(x_2) \text{ ならば**減少関数**} \end{cases}$$

という．増加関数と減少関数を合わせて**単調関数**という．特に，等号がない関係 $f(x_1) < f(x_2)$（あるいは $f(x_1) > f(x_2)$）を満たすとき，$f(x)$ を**狭義の増加関数**（あるいは**狭義の減少関数**）という．

また，定義域内の区間 $[a, b]$ において $f(x)$ が上の関係を満たしているとき，$f(x)$ は区間 $[a, b]$ で増加，減少，単調などという．

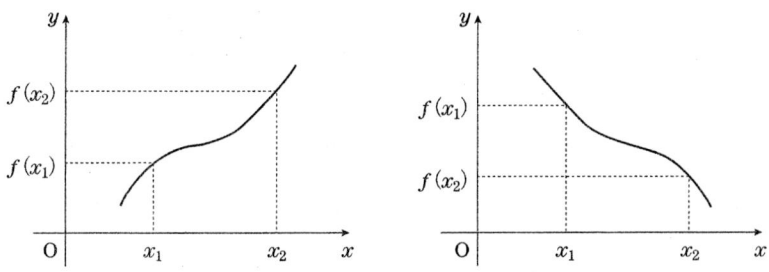

図 **1.3** 増加関数と減少関数

【注】関数のグラフは，関数が備えている性質によって，いくつかの特徴を示す．
(1) $y = f(x - a) + b$ のグラフは，$y = f(x)$ のグラフを，x 軸方向に a，y 軸方向に b だけ平行移動したものである．
(2) $f(-x) = f(x)$ を満たすものを**偶関数**という．偶関数のグラフは y 軸に関して対称である．
(3) $f(-x) = -f(x)$ を満たすものを**奇関数**といい，そのグラフは原点に関して対称である．

(4) $y = f(x)$ のグラフと，x, y を入れ換えた $x = f(y)$ のグラフは，直線 $y = x$ に関して対称である．

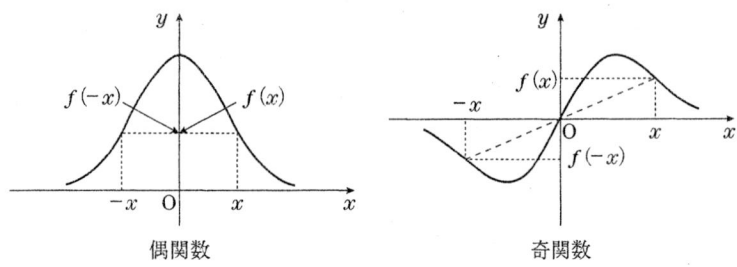

偶関数　　　　　　　　　　　奇関数

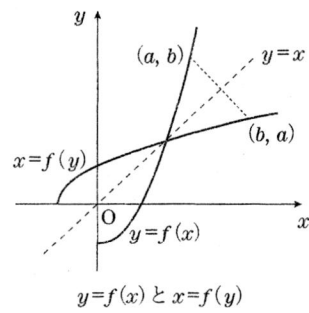

$y = f(x)$ と $x = f(y)$

図 1.4　偶関数，奇関数と x, y を入れ換えた関数のグラフ

===== 演 習 問 題 =====

1. 次の関数の定義域を述べなさい．

(1) $f(x) = x^2 + x + 2$ 　　　(2) $f(x) = \sqrt{2x - x^2}$

(3) $f(x) = \dfrac{1}{x+1}$ 　　　(4) $f(x) = x + \log_2(x - 3)$

2. 次の関数は偶関数か奇関数かを判定しなさい．

(1) $f(x) = x^2 + 1$ 　　　(2) $f(x) = x^3 - x$

(3) $f(x) = x\sqrt{a^2 - x^2}$ 　　　(4) $f(x) = \dfrac{1}{x+1} - \dfrac{1}{x-1}$

3. 次の関数のグラフと直線 $y = x$ に関して対称になる関数を述べなさい．

(1) $y = 5x + 2$ 　　　(2) $(x-1)^2 + (y-3)^2 = 4$

═══ 解　答 ═══

1. (1) $(-\infty, \infty)$　　(2) $[0, 2]$　　(3) $(-\infty, \infty), x \neq -1$　　(4) $(3, \infty)$
2. (1) 偶関数　　(2) 奇関数　　(3) 奇関数　　(4) 偶関数
3. (1) $y = \dfrac{1}{5}x - \dfrac{2}{5}$　　(2) $(x-3)^2 + (y-1)^2 = 4$

1.4　有理関数と無理関数

● **多項式関数**　変数 x といくつかの定数とに，加法，減法，乗法の演算を行って得られる関数を，**多項式関数**という．

$$y = a_n x^n + a_{n-1} x^{n-1} + \cdots + a_1 x + a_0 \quad (a_n \neq 0) \tag{1.12}$$

x の最高の次数が n である多項式関数を，x の **n 次関数**という．1 次関数のグラフは直線，2 次関数のグラフは放物線である．

● **有理関数**　変数 x といくつかの定数とに，加減乗除の演算を行って得られる関数を，**有理関数**という．

有理関数は，多項式関数を多項式関数で割った形をもつ．

$$y = \frac{a_n x^n + a_{n-1} x^{n-1} + \cdots + a_1 x + a_0}{b_m x^m + b_{m-1} x^{m-1} + \cdots + b_1 x + b_0} \quad (b_m \neq 0) \tag{1.13}$$

多項式関数は有理関数の特別なものである．

多項式関数でない最も単純な有理関数は，

$$y = \frac{k}{x} \quad (k \neq 0) \tag{1.14}$$

である．この関数は，$x = 0$ を除くすべての実数を定義域，$y = 0$ を除く実数を値域とし，直角に交わる 2 直線 $x = 0$，$y = 0$ を漸近線とするグラフになるので，直角双曲線と呼ばれる．

【注】$x \to \infty$ または $x \to -\infty$ のとき ($y \to \infty$ または $y \to -\infty$ のとき)，曲線が限りなく近づいていく直線を**漸近線**という．

例 1　関数 $y = \dfrac{2x+1}{x-1}$ を調べる．定義域は，$x = 1$ を除くすべての実数である．割り算をして，分子の次数を分母の次数より低くする．

$$y = \frac{2x+1}{x-1} = \frac{2(x-1)+3}{x-1} = 2 + \frac{3}{x-1}$$

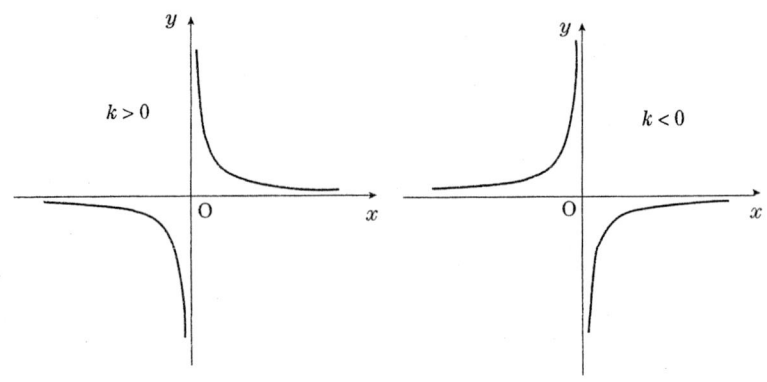

図 1.5 直角双曲線

値域は, $y=2$ を除く実数である. また, 関数のグラフは, $y=\dfrac{3}{x}$ のグラフを, x 軸方向に 1, y 軸方向に 2 だけ平行移動したものである.

● **無理関数** 変数 x といくつかの定数とに, 加減乗除と累乗根を求める演算を行って得られる関数を, **無理関数**という. 無理関数の取り扱いは, 累乗根が現れるために, 一般に単純でない. 比較的簡単な 2 つの場合について, その概要を述べる.

(1) $y=\sqrt{Ax+B}\ (A\neq 0)$:

定義域は $Ax+B\geqq 0$ を満たす無限区間, 値域は $y\geqq 0$ である. 両辺を 2 乗して整理する.

$$y^2=Ax+B \quad \therefore \quad x=\frac{1}{A}y^2-\frac{B}{A}$$

これは, x 軸を対称軸とする放物線である.

(2) $y=\sqrt{Ax^2+Bx+C}\ (A\neq 0,\ B^2-4AC\neq 0)$:

定義域は $Ax^2+Bx+C\geqq 0$ を満たす区間, 値域は $y\geqq 0$ である. 両辺を 2 乗すれば, $y^2=Ax^2+Bx+C$ となる. x について完全平方の形に整理することで, 次のいずれかの曲線を x 軸方向に平行移動したグラフになる.

① 双曲線: $\dfrac{x^2}{a^2}-\dfrac{y^2}{b^2}=1 \quad \left(漸近線: \dfrac{y}{b}=\pm\dfrac{x}{a}\right)$ \hfill (1.15)

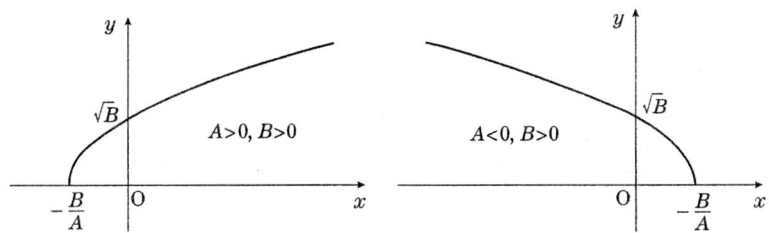

図 1.6 放物線

② 双曲線：$\dfrac{x^2}{a^2} - \dfrac{y^2}{b^2} = -1$ $\left(\text{漸近線}: \dfrac{y}{b} = \pm \dfrac{x}{a}\right)$ (1.16)

③ 楕　円：$\dfrac{x^2}{a^2} + \dfrac{y^2}{b^2} = 1$ $(|a| = |b|\text{ ならば円})$ (1.17)

《参考》双曲線，放物線，楕円および円は，曲線の方程式が x, y の 2 次式で表され，**2 次曲線**と総称される．(1.14)，(1.15)，(1.16) を双曲線の，$y = ax^2$ と $x = ay^2$ を放物線の，そして (1.17) を楕円の，**標準形**という．

2 次曲線のグラフの概形は，曲線の方程式を標準形に直せばわかる．

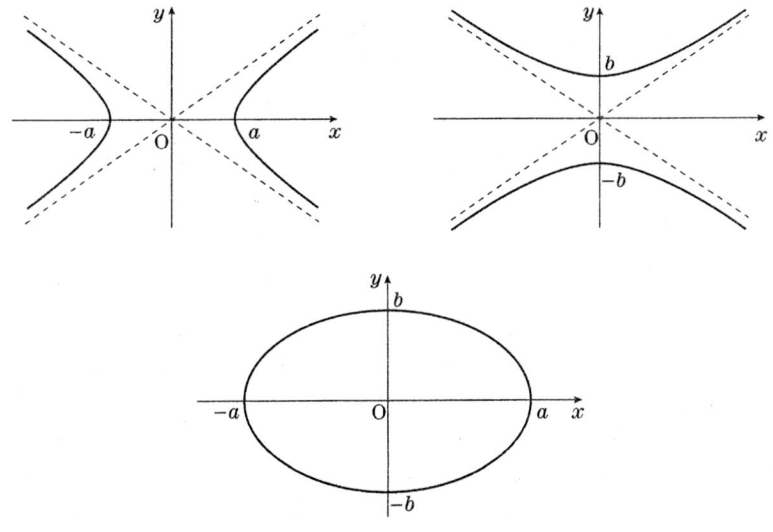

図 1.7 双曲線と楕円

例題 1-4 次の関数を標準形に直しなさい．

(1) $y = 2 + \sqrt{x-1}$ (2) $y = \sqrt{3 + 2x - x^2}$ (3) $y = \sqrt{x^2 - 2x - 3}$

《解説》平方根の中は 0 または正であることから，定義域が定まる．平方根を 2 乗して根号を除くことを方針に，式を変形する．

(1) 定義域は $x \geqq 1$，値域は $y \geqq 2$ となる．$y - 2 = \sqrt{x-1}$ の両辺を 2 乗する．
$$(y-2)^2 = x - 1 \quad \therefore \quad x = (y-2)^2 + 1$$

グラフは，直線 $y = 2$ を対称軸とする放物線である（曲線 $y = (x-2)^2 + 1$ の x と y を入れ換えたものである）．

(2) $y = \sqrt{-(x+1)(x-3)}$ より，定義域は $-1 \leqq x \leqq 3$ である．両辺を 2 乗して整理する．
$$y^2 = 3 + 2x - x^2 \quad \therefore \quad (x-1)^2 + y^2 = 2^2$$

グラフは，中心 $(1,0)$，半径 2 の上半円（$y \geqq 0$ を満たす部分）である．これより，値域は $0 \leqq y \leqq 2$ であることがわかる．

(3) $y = \sqrt{(x+1)(x-3)}$ より，定義域は $x \leqq -1$，$3 \leqq x$，値域は $y \geqq 0$ である．両辺を 2 乗して整理する．
$$y^2 = x^2 - 2x - 3 \quad \therefore \quad \frac{(x-1)^2}{2^2} - \frac{y^2}{2^2} = 1$$

グラフは，双曲線 $\dfrac{x^2}{2^2} - \dfrac{y^2}{2^2} = 1$ を，x 軸方向に 1 だけ平行移動したもので，漸近線は $y = \pm(x-1)$ である．x 軸との交点は $x = -1, 3$ であるが，x は 0 になれないために，y 軸と交わらない．

═══════════ 演 習 問 題 ═══════════

1. 次の関数を標準形に直し，定義域と値域を求めなさい．

(1) $y = \dfrac{1 - 3x}{x - 2}$ (2) $y = -\sqrt{6 - 2x}$
(3) $y = 1 - 2\sqrt{x^2 + 4x}$ (4) $y = 2 + \sqrt{-2x^2 + 4x - 1}$

═══════════ 解 答 ═══════════

1. (1) 直角双曲線 $y = -3 - \dfrac{5}{x-2}$，定義域は 2 を除く実数，値域は -3 を除く実数

(2) 放物線 $x = -\dfrac{1}{2}y^2 + 3$，定義域は $x \leqq 3$，値域は $y \leqq 0$

(3) 双曲線 $\dfrac{(x+2)^2}{2^2} - \dfrac{(y-1)^2}{4^2} = 1$，定義域は $x \leqq -4$，$0 \leqq x$，値域は $y \leqq 1$

(4) 楕円 $\dfrac{(x-1)^2}{(\sqrt{2}/2)^2} + (y-2)^2 = 1$，定義域は $1 - \dfrac{\sqrt{2}}{2} \leqq x \leqq 1 + \dfrac{\sqrt{2}}{2}$，値域は $2 \leqq y \leqq 3$

1.5 指数関数

● **指数の計算**　累乗と累乗根について，基礎的事項を要約する．
a を正の数，m, n を正の整数とするとき，

$$a^n = \overbrace{a \times a \times \cdots \times a}^{n \text{ 個}} \quad (a \text{ を } n \text{ 個掛けた数})$$
$$a^{\frac{1}{n}} = \sqrt[n]{a} \quad (n \text{ 乗すると } a \text{ になる正の数})$$
$$a^{\frac{m}{n}} = (a^m)^{\frac{1}{n}} = \sqrt[n]{a^m} \quad (a \text{ の } m \text{ 乗の } n \text{ 乗根})$$

と定義する．一般に，a^p の p を**指数**という．

指数 p が正の無理数のとき，p を小数点以下 n 位までの小数 p_n（有理数）で置き換え，$n \to \infty$ の極限値と定める．

$$a^p = \lim_{n \to \infty} a^{p_n}$$

指数が 0 と負の実数に対しては，次のように定める．

$$a^0 = 1, \qquad a^{-r} = \frac{1}{a^r}$$

以上のように約束することで，指数について次の計算規則が成り立つ．

指数計算の規則

正の数 a, b と実数 r, s に対して，次の計算規則が成り立つ．

(1) $a^r a^s = a^{r+s}$　　(2) $\dfrac{a^r}{a^s} = a^{r-s}$　　(3) $(a^r)^s = a^{rs}$

(4) $(ab)^r = a^r b^r$　　　　　　　　　(5) $\left(\dfrac{a}{b}\right)^r = \dfrac{a^r}{b^r}$

● **指数関数**　正の数 a ($a \neq 1$) に対して，

$$y = a^x \tag{1.18}$$

を，a を底とする**指数関数**という．

底 a が 1 より大きいか小さいかで，グラフの様子が異なる．$a > 1$ であれば増加関数，$0 < a < 1$ であれば減少関数である．

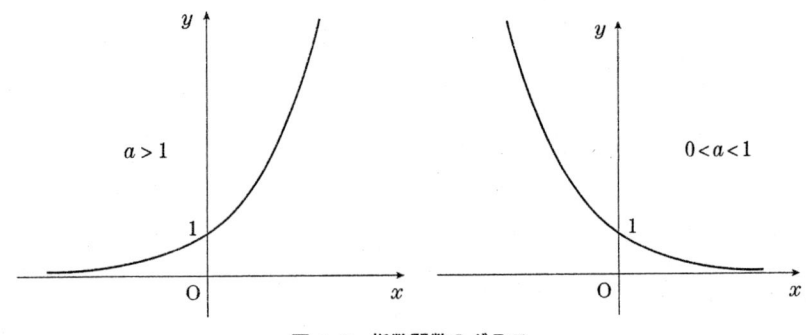

図 1.8 指数関数のグラフ

例題 1-5 薬液を静脈内に急速注入したとき，血液中の薬物濃度 Q は，時間 t に対して，
$$Q = Aa^{-kt} \quad (A > 0,\ a > 1,\ k > 0)$$
にしたがって変化することが知られている．
　Q の変化を示すグラフを描きなさい．

《解説》
$$Q = A(a^{-k})^t = A\left(\frac{1}{a^k}\right)^t$$

$a > 1, k > 0$ に対して $a^k > 1$ であるから，指数関数の底は $\dfrac{1}{a^k} < 1$ である．また，$t = 0$ のとき $Q = Aa^0 = A$ より，A は始めの薬物濃度を表す．
　横軸に t，縦軸に Q をとってグラフを描くと，図のようになる．

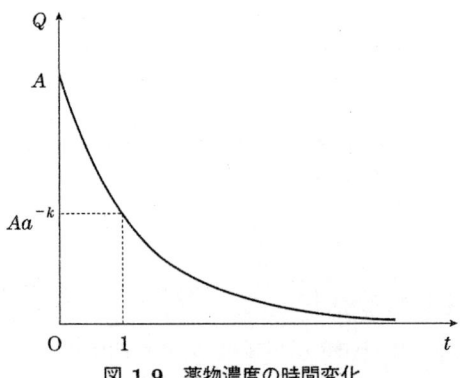

図 1.9 薬物濃度の時間変化

演習問題

1. ある種の細菌は，時間が T だけ経つごとに 2 倍に分裂するという．時間を t，細菌の数を n とする．$t = t_0$ に $n = N_0$ であるとき，その後の時刻 t での n を表す式を書きなさい．また，$n = N$ になる時刻を求めなさい．

解答

1. $n = N_0 2^{(t-t_0)/T}$，$n = N$ となる時刻は $t_0 + T \log_2 \dfrac{N}{N_0}$ 〔指針：$n = C 2^{\frac{t}{T}}$ とし，$t = t_0$ で $n = N_0$ の条件から C を定める〕

1.6 対数関数

対数と指数は密接な関係にあり，次の関係で結ばれている．

$$a^r = R \quad \Longleftrightarrow \quad r = \log_a R \tag{1.19}$$

定義から，$\log_a R$ は「a を何乗すれば R になるかを表すもの」である．対数 $\log_a R$ に対して，a を**底**，R を**真数**という．なお，$a > 0 \ (a \neq 1)$，また，$R > 0$ である．

● **対数計算** 対数の計算規則は，指数の計算規則から導き出される．

対数計算の規則

1 でない正数 a, b と正の数 x, y に対して，次の計算規則が成り立つ．

(1) $\log_a 1 = 0$ (2) $\log_a a = 1$
(3) $\log_a xy = \log_a x + \log_a y$ (4) $\log_a \dfrac{x}{y} = \log_a x - \log_a y$
(5) $\log_a x^p = p \log_a x$ (6) $\log_a x = \dfrac{\log_b x}{\log_b a}$

【証明】
(1) $a^0 = 1$ を対数で表すと，$0 = \log_a 1$ である．
(2) $a^1 = a$ を対数で表すと，$1 = \log_a a$ である．
(3) $a^X = x$，$a^Y = y$ とすると，$X = \log_a x \ \cdots$ ①，$Y = \log_a y \ \cdots$ ② である．また，$xy = a^X a^Y = a^{X+Y}$ より，$X + Y = \log_a xy \ \cdots$ ③ である．①，②の X, Y を③に代入すれば，$\log_a x + \log_a y = \log_a xy$ となる．
(4) 上と同様に証明できる．

(5) $a^X = x$ とすると, $X = \log_a x$ ⋯ ④ である. また, $x^p = (a^X)^p = a^{pX}$ より, $pX = \log_a x^p$ ⋯ ⑤ である. ④と⑤から X を消去すれば, $p\log_a x = \log_a x^p$ となる.

(6) $a^X = x$ とすると, $X = \log_a x$ ⋯ ⑥ である. 底が b の対数をとると, $\log_b x = \log_b a^X = X \log_b a$ ⋯ ⑦ となる. ⑥と⑦から X を消去すれば, $\log_b x = \log_a x \log_b a$ が得られる. これは求める関係である. □終

例題 1-6 任意の正の数 z は, 1 でない正の数 a を使って,

$$z = a^{\log_a z} \tag{1.20}$$

と書き換えられることを示しなさい.

《解説》対数の定義からわかることである. あるいは, $z = a^t$ とおき, t を求める. 底が a の対数をとる.

$$\log_a z = \log_a a^t = t \log_a a = t$$

● **対数関数**　1 でない正の数 a に対して

$$y = \log_a x \qquad (x > 0) \tag{1.21}$$

を, a を底とする**対数関数**という.

対数関数を書き直せば, $a^y = x$ となる. これを指数関数 $y = a^x$ と比べると, x と y が入れ換わっている. したがって, $y = \log_a x$ と $y = a^x$ のグラフは, 直線 $y = x$ に関して対称である [p.11【注】(4) を参照].

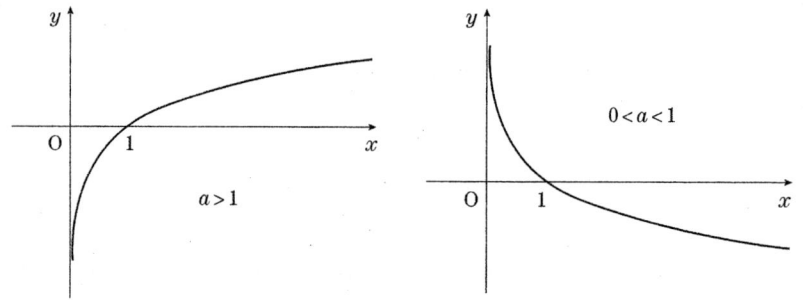

図 1.10 対数関数のグラフ

例題 1-7 薬物濃度が指数関数にしたがって減少するとき, 薬物濃度が $\dfrac{1}{2}$ ず

つになるのに要する時間を求めなさい（**例題 1-5** を参照）．

《解説》薬物濃度を表す式 $Q = Aa^{-kt}$ により，時刻が t_0 のとき $Q_1 = Aa^{-kt_0}$，それから時間が T だけ経過したとき $Q_2 = Aa^{-k(t_0+T)}$ である．

$$\therefore \quad \frac{Q_2}{Q_1} = \frac{Aa^{-k(t_0+T)}}{Aa^{-kt_0}} = a^{-kT}$$

$\dfrac{Q_2}{Q_1} = \dfrac{1}{2}$ となる時間 T を求める．

$$a^{-kT} = \frac{1}{2} \quad \text{すなわち} \quad a^{kT} = 2 \quad \therefore \quad T = \frac{1}{k}\log_a 2$$

例題 1-8 水溶液において，mol/l を単位に表した水素イオン濃度と水酸化イオン濃度の間に $[\text{H}^+][\text{OH}^-] = 10^{-14}$ の関係が成り立ち，水溶液の pH は，

$$\text{pH} = -\log_{10}[\text{H}^+]$$

である．pH $= 5$ であるとき，$[\text{OH}^-]$ を求めなさい．

《解説》$[\text{H}^+][\text{OH}^-] = 10^{-14}$ の 10 を底とする対数をとる．

$$\log_{10}([\text{H}^+][\text{OH}^-]) = \log_{10} 10^{-14} \quad \therefore \quad \log_{10}[\text{H}^+] + \log_{10}[\text{OH}^-] = -14$$

これより，$\log_{10}[\text{OH}^-] = -14 + \text{pH} = -9$ となる．

$$\therefore \quad [\text{OH}^-] = 10^{-9}\,[\text{mol}/l]$$

===== 演 習 問 題 =====

1. 次の関係が成り立つことを示しなさい．ただし，a, b は 1 でない正の数とする．

  (1) $\log_a b = \dfrac{1}{\log_b a}$ (2) $a^{kx} = b^{(k\log_b a)x}$ (k は定数)

2. 医療用のトレーサーに放射性元素が使われることがある．ある放射性元素は，崩壊して 30 分経つごとに半分が安定な元素に変わる．この放射性元素の量が $\dfrac{1}{100}$ 以下になるのは，体内へ投与後の何分後であるか．ただし，$\log_{10} 2 = 0.3010\cdots$ とする．

===== 解 答 =====

1. (1)〔指針：底の変換を利用する〕 (2)〔指針：$a^{kx} = b^t$ とおいて t を求める〕

2. 199.3 分後〔指針：$\left(\dfrac{1}{2}\right)^{\frac{t}{30}} \leq \dfrac{1}{100}$ となる t を求める〕

1.7 三角関数

● **弧度法**　角の大きさを表す方法の1つに**弧度法**がある．

2本の半直線の交点 O を中心に半径 r の円を描き，2本の半直線が切り取る円弧 AB の長さを l とする．このとき，次式で定義される θ を角の大きさと定め，単位に**弧度**（ラジアン）を用いる．

$$\theta = \frac{l}{r} \tag{1.22}$$

角の大きさは，分度器を使わず，長さの測定だけでわかる．

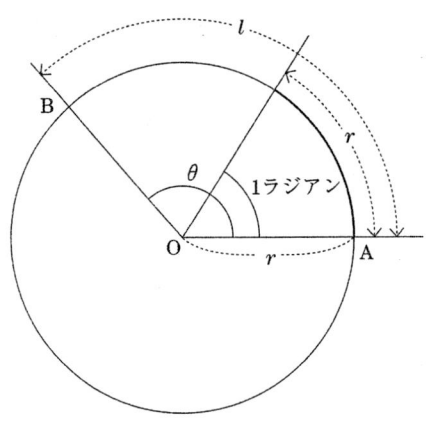

図 1.11　弧度法

2直角 (180°) に弧度法を適用すると，半径 r の円が切り取られる弧長は $\dfrac{2\pi r}{2} = \pi r$ であるから，(1.22) から計算される角は π ラジアンとなる．

$$180° = \pi (\text{ラジアン})$$

度と弧度の間の換算は，この関係式に基づき，比例式で行うことができる．

度	0°	30°	45°	60°	90°	180°	270°	360°
弧度	0	$\dfrac{\pi}{6}$	$\dfrac{\pi}{4}$	$\dfrac{\pi}{3}$	$\dfrac{\pi}{2}$	π	$\dfrac{3\pi}{2}$	2π

【注】(1.22) で計算される弧度 θ は，円の半径によらない．また，弧度の単位ラジアンは省略されることが多い．

> **扇形の弧長と面積**
> 半径 r，角 θ の扇形の弧長 l と面積 S は，次の式で与えられる．
> $$l = r\theta, \qquad S = \frac{1}{2}r^2\theta \qquad (1.23)$$

【証明】
l については，(1.22) を書き直したものに他ならない．
S について，中心角 $1°$ の扇形の面積は $\dfrac{\pi r^2}{360}$，弧度 θ は $\dfrac{\theta}{\pi} \times 180°$ に相当するから，

$$S = \frac{\pi r^2}{360} \times \left(\frac{\theta}{\pi} \times 180\right) = \frac{1}{2}r^2\theta$$

となる． 終

● **一般角の三角比** 基準となる半直線（これを **始線** という）を定め，別の動く半直線（これを **動径** という）が始線の端点のまわりに回転するとき，次のように定義される角を **一般角** という．

① 反時計回りを正の角，時計回りを負の角とする．
② 回転の向きに応じて，1回転ごとに $+2\pi$ あるいは -2π を加える．

xy 座標平面の x 軸の正の部分を始線とし，原点のまわりに動径が回転した一般角を θ，動径上の点の座標を $\mathrm{P}(x, y)$ とする．一般角 θ の三角比は，

$$\sin\theta = \frac{y}{r}, \qquad \cos\theta = \frac{x}{r}, \qquad \tan\theta = \frac{y}{x} \qquad (1.24)$$

である．ここで，$r = \sqrt{x^2 + y^2}$ である．なお，$\tan\theta$ は，$x = 0$ となる角 $\theta = \pm\dfrac{1}{2}\pi, \ \pm\dfrac{3}{2}\pi, \cdots$ に対しては定義されない．

一般角 θ によって x, y は 0 にも正にも負にもなるから，$\sin\theta, \cos\theta, \tan\theta$ は 0 または符号を持つ量である．

● **三角関数** x を一般角とするとき，

$$y = \sin x, \qquad y = \cos x, \qquad y = \tan x \qquad (1.25)$$

を **三角関数** という．

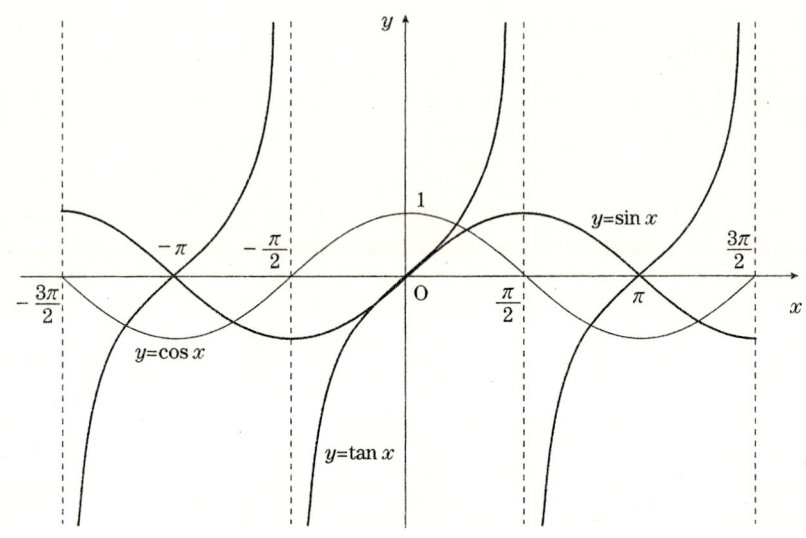

図 **1.12** 三角関数のグラフ

グラフから，$y = \sin x$ と $y = \tan x$ は原点に関して対称（奇関数）であり，$y = \cos x$ は y 軸に関して対称（偶関数）であることから，次の性質があることがわかる [p.11【注】(2), (3) を参照]．

$$\sin(-x) = -\sin x, \quad \cos(-x) = \cos x, \quad \tan(-x) = -\tan x$$

また，三角関数に次の性質がある．

$$\begin{aligned}
\sin\left(x + \frac{\pi}{2}\right) &= \cos x, & \sin\left(x - \frac{\pi}{2}\right) &= -\cos x \\
\sin(x + \pi) &= -\sin x, & \sin(x - \pi) &= -\sin x \\
\cos\left(x + \frac{\pi}{2}\right) &= -\sin x, & \cos\left(x - \frac{\pi}{2}\right) &= \sin x \\
\cos(x + \pi) &= -\cos x, & \cos(x - \pi) &= -\cos x
\end{aligned}$$

《説明》$y = \sin x$ のグラフを x 軸の負の向きに $\dfrac{\pi}{2}$ だけ平行移動すると $y = \cos x$ のグラフに重なり，正の向きに同じだけ移動するとちょうど符号だけ反対になる．これが最初の 2 つの関係式である．他も同様である．

1.7 三角関数

三角関数には多くの公式がある．以下の公式は，一般角に対して成り立ち，最も基本的なものである．

三角関数の基本公式

$$\sin^2\theta + \cos^2\theta = 1, \quad \tan\theta = \frac{\sin\theta}{\cos\theta} \tag{1.26}$$

$$\sin(\alpha \pm \beta) = \sin\alpha\cos\beta \pm \cos\alpha\sin\beta \quad (複号同順) \tag{1.27}$$

$$\cos(\alpha \pm \beta) = \cos\alpha\cos\beta \mp \sin\alpha\sin\beta \quad (複号同順) \tag{1.28}$$

【注】他の公式は，上の公式から，簡単に導き出すことができる．主なものを列挙する．

$$\tan(\alpha \pm \beta) = \frac{\tan\alpha \pm \tan\beta}{1 \mp \tan\alpha\tan\beta} \quad (複号同順) \tag{1.29}$$

$$\sin A + \sin B = 2\sin\frac{A+B}{2}\cos\frac{A-B}{2} \tag{1.30}$$

$$\sin A - \sin B = 2\cos\frac{A+B}{2}\sin\frac{A-B}{2} \tag{1.31}$$

$$\cos A + \cos B = 2\cos\frac{A+B}{2}\cos\frac{A-B}{2} \tag{1.32}$$

$$\cos A - \cos B = -2\sin\frac{A+B}{2}\sin\frac{A-B}{2} \tag{1.33}$$

《説明》 (1.30) と (1.31) は次のようにして導かれる．(1.27) の 2 つの関係式

$$\sin(\alpha + \beta) = \sin\alpha\cos\beta + \cos\alpha\sin\beta$$
$$\sin(\alpha - \beta) = \sin\alpha\cos\beta - \cos\alpha\sin\beta$$

で，2 式を加えたものと引いたものを作る．

$$\sin(\alpha + \beta) + \sin(\alpha - \beta) = 2\sin\alpha\cos\beta$$
$$\sin(\alpha + \beta) - \sin(\alpha - \beta) = 2\cos\alpha\sin\beta$$

$A = \alpha + \beta,\ B = \alpha - \beta$ とおくと，$\alpha = \dfrac{A+B}{2},\ \beta = \dfrac{A-B}{2}$ となり，これを代入すると求める関係式が得られる．

例題 1-9 $\tan\dfrac{x}{2} = t$ とするとき，

$$\sin x = \frac{2t}{1+t^2}, \qquad \cos x = \frac{1-t^2}{1+t^2}$$

となることを示しなさい．

《解説》(1.27) で $\alpha = \beta$ とおくと,倍角の公式 $\sin 2\alpha = 2\sin\alpha\cos\alpha$ が得られる.これを利用して,$\sin x$ を $\dfrac{x}{2}$ を角とする三角関数で表す.

$$\sin x = 2\sin\frac{x}{2}\cos\frac{x}{2} = \frac{2\sin\frac{x}{2}\cos\frac{x}{2}}{\sin^2\frac{x}{2}+\cos^2\frac{x}{2}} \quad (1\text{ で割った})$$

$$= \frac{2\frac{\sin\frac{x}{2}}{\cos\frac{x}{2}}}{1+\frac{\sin^2\frac{x}{2}}{\cos^2\frac{x}{2}}} \quad (\text{分母と分子を }\cos^2\frac{x}{2}\text{ で割った}) = \frac{2t}{1+t^2}$$

同様に,(1.28) で $\alpha = \beta$ とおくと,倍角の公式 $\cos 2\alpha = \cos^2\alpha - \sin^2\alpha$ が得られる.

$$\cos x = \cos^2\frac{x}{2} - \sin^2\frac{x}{2} = \frac{\cos^2\frac{x}{2}-\sin^2\frac{x}{2}}{\sin^2\frac{x}{2}+\cos^2\frac{x}{2}} = \frac{1-\frac{\sin^2\frac{x}{2}}{\cos^2\frac{x}{2}}}{1+\frac{\sin^2\frac{x}{2}}{\cos^2\frac{x}{2}}} = \frac{1-t^2}{1+t^2}$$

━━━━━ 演 習 問 題 ━━━━━

1. $\theta = \dfrac{7}{6}\pi$ のとき,$\sin\theta$,$\cos\theta$,$\tan\theta$ の値を求めなさい.

2. 次の関係で $\sin x$ と $\cos x$ を合成するとき,r と $\tan\alpha$,$\tan\beta$ を a,b で表しなさい.

$$a\sin x + b\cos x = r\sin(x+\alpha) = r\cos(x-\beta) \quad (r > 0)$$

━━━━━ 解 答 ━━━━━

1. $\sin\theta = -\dfrac{1}{2}$,$\cos\theta = -\dfrac{\sqrt{3}}{2}$,$\tan\theta = \dfrac{1}{\sqrt{3}}$

2. $r = \sqrt{a^2+b^2}$,$\tan\alpha = \dfrac{b}{a}$,$\tan\beta = \dfrac{a}{b}$ 〔指針:右辺を加法定理で書き直し,左辺と比べる.〕

第2章

関数の性質

2.1 関数の極限

関数 $f(x)$ は，$x = a$ の近くで定義されているとする．変数 x が「$x \neq a$ を保ちながら」限りなく a に近づき，「どのような近づき方をしても」$f(x)$ が有限確定値 γ に近づくならば，x が a に近づくとき $f(x)$ は γ に**収束する**といい，

$$\lim_{x \to a} f(x) = \gamma \quad \text{または} \quad f(x) \to \gamma \quad (x \to a) \tag{2.1}$$

と記す．このとき，γ を $x \to a$ に対する $f(x)$ の**極限値**という．

例1　x が 3 に限りなく近づくとき，どのような近づき方をしても $\sqrt{x+1}$ は限りなく 2 に近づく．したがって，$\lim_{x \to 3} \sqrt{x+1} = 2$ である．

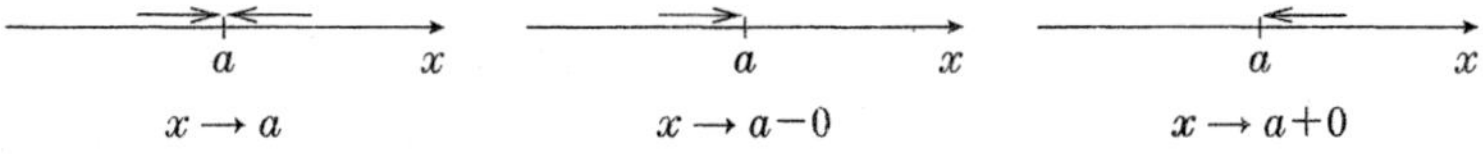

図 2.1　3つの極限

● **片側極限値**　x が a に近づくのに，$x < a$ あるいは $a < x$ を満たしな

がら近づくように制限することがあり，これらをそれぞれ次の記号で表す．

$$x \to a-0 \quad (a より小さい側から近づく)$$
$$x \to a+0 \quad (a より大きい側から近づく)$$

なお，$a=0$ のとき，上の場合を順に $x \to -0$, $x \to +0$ と記す．

$x \to a-0$ あるいは $x \to a+0$ の極限で，それぞれの場合に $f(x)$ が有限確定値 α あるいは β に近づくならば，α を**左側極限値**，β を**右側極限値**といい，次のように書く．

$$\lim_{x \to a-0} f(x) = \alpha \quad \text{または} \quad f(x) \to \alpha \quad (x \to a-0) \tag{2.2}$$
$$\lim_{x \to a+0} f(x) = \beta \quad \text{または} \quad f(x) \to \beta \quad (x \to a+0) \tag{2.3}$$

左側極限値と右側極限値を総称して，**片側極限値**という．

例題 2-1 x が 0 に近づくとき，関数 $f(x) = \dfrac{x^2+x}{|x|}$ の片側極限値を調べなさい．

《解説》$x<0$ のとき $|x|=-x$，$0<x$ のとき $|x|=x$ である．

$$\text{左側極限値は，} \lim_{x \to -0} \frac{x^2+x}{|x|} = \lim_{x \to -0} \frac{x^2+x}{-x} = \lim_{x \to -0} -(x+1) = -1$$
$$\text{右側極限値は，} \lim_{x \to +0} \frac{x^2+x}{|x|} = \lim_{x \to +0} \frac{x^2+x}{x} = \lim_{x \to +0} (x+1) = 1$$

左側極限値と右側極限値がともに存在し，それらが同じ値 γ であるとき，$x \to a$ に対して $f(x)$ は収束し，その極限値は γ である．片側極限値が存在しないとき，または，存在しても左右の極限値が異なるとき，$x \to a$ に対して $f(x)$ は収束せず，極限値は存在しない．

|例 2| 例題 **2-1** では，右側極限値と左側極限値が異なるので，$\lim_{x \to 0} f(x)$ の極限値は存在しない．

|例 3| $f(x) = x^2$ のとき，$\lim_{x \to 1+0} x^2 = 1$，$\lim_{x \to 1-0} x^2 = 1$ である．したがって，$x \to 1$ の極限値が存在し，$\lim_{x \to 1} x^2 = 1$ である．

極限 $x \to a$ に対して，$f(x)$ が正で限りなく大きくなること，および，$f(x)$ が負でその絶対値が限りなく大きくなることを，それぞれ，

$$\lim_{x \to a} f(x) = \infty \quad \text{および} \quad \lim_{x \to a} f(x) = -\infty \tag{2.4}$$

と書き,正の無限大および負の無限大に**発散する**という.片側極限に対しても,同様である.

x が限りなく大きくなることを $x \to \infty$ と表し,また,x が負で絶対値が限りなく大きくなることを $x \to -\infty$ と表す.このような場合にも,関数 $f(x)$ の極限が定義される.

【注】$x \to \infty$ は左側極限しか考えない.また,$x \to -\infty$ は右側極限だけである.

関数の極限値の計算で,以下の定理は基本的である.

―――― 極限値の基本定理 ――――

定理 2.1 $\lim_{x \to a} f(x) = \alpha$, $\lim_{x \to a} g(x) = \beta$ であるとき,次式が成り立つ.

(1) $\lim_{x \to a} cf(x) = c\alpha$ (c は定数)

(2) $\lim_{x \to a} \{f(x) \pm g(x)\} = \alpha \pm \beta$ (複号同順)

(3) $\lim_{x \to a} \{f(x)g(x)\} = \alpha\beta$

(4) $\lim_{x \to a} \dfrac{f(x)}{g(x)} = \dfrac{\alpha}{\beta}$ ($\beta \neq 0$)

定理 2.1 は,片側極限や $x \to \infty$, $x \to -\infty$ の極限の場合にも成り立つ.

例題 2-2 次の極限を調べなさい.

(1) $\lim_{x \to 2} \dfrac{x^2 - 4}{x - 2}$ (2) $\lim_{x \to \infty} \dfrac{5x^2 + x - 4}{x^3 - 2x}$ (3) $\lim_{x \to 0} \dfrac{\sqrt{1 + x} - 1}{x}$

《解説》

(1) $x \to 2$ のとき分母も分子も 0 に近づくが,$(x - 2) \neq 0$ で約分ができる.

$$\lim_{x \to 2} \frac{x^2 - 4}{x - 2} = \lim_{x \to 2} \frac{(x - 2)(x + 2)}{x - 2} = \lim_{x \to 2} (x + 2) = 4$$

(2) 分母も分子も ∞ に近づく.このような場合には,分母,分子に現れる最大の項で分母と分子を割り算する.

$$\lim_{x \to \infty} \frac{5x^2 + x - 4}{x^3 - 2x} = \lim_{x \to \infty} \frac{\dfrac{5}{x} + \dfrac{1}{x^2} - \dfrac{4}{x^3}}{1 - \dfrac{2}{x^2}} = \frac{0}{1} = 0$$

(3) 分母も分子も 0 に近づく．根号の有理化を試みる．

$$\lim_{x \to 0} \frac{\sqrt{1+x}-1}{x} = \lim_{x \to 0} \frac{(1+x)-1}{x(\sqrt{1+x}+1)} = \lim_{x \to 0} \frac{1}{\sqrt{1+x}+1} = \frac{1}{2}$$

━━━━━━━━━━ 演 習 問 題 ━━━━━━━━━━

1. 次の片側極限を調べなさい．

(1) $\displaystyle\lim_{x \to +0} \frac{1}{x}$ (2) $\displaystyle\lim_{x \to a-0} \frac{1}{(x-a)^n}$ （n は自然数）

(3) $\displaystyle\lim_{x \to 1-0} \frac{x-1}{\sqrt{x^2-2x+1}}$ (4) $\displaystyle\lim_{x \to -1+0} \frac{x^3}{x+1}$

2. 次の極限を調べ，収束するならば極限値を求めなさい．

(1) $\displaystyle\lim_{x \to 1} \frac{3x^2+x-4}{x^2-1}$ (2) $\displaystyle\lim_{x \to \infty} \frac{2x^2-3x+5}{2x^2+1}$

(3) $\displaystyle\lim_{x \to 1} \frac{2x-\sqrt{x+3}}{x-1}$ (4) $\displaystyle\lim_{x \to \infty} x(x-\sqrt{x^2-1})$

(5) $\displaystyle\lim_{x \to \infty} \frac{\sin ax}{x}$ (6) $\displaystyle\lim_{x \to \frac{\pi}{2}} \frac{1-\sin^3 x}{\cos x}$

━━━━━━ 解 答 ━━━━━━

1. (1) ∞ (2) ∞ （n が偶数），$-\infty$ （n が奇数）   (3) -1 (4) $-\infty$

2. (1) $\dfrac{7}{2}$ (2) 1 (3) $\dfrac{7}{4}$ (4) $\dfrac{1}{2}$ (5) 0

(6) 0 〔指針：$1-\sin x = \left(\cos\dfrac{x}{2} - \sin\dfrac{x}{2}\right)^2$, $\cos x = \cos^2\dfrac{x}{2} - \sin^2\dfrac{x}{2}$〕

2.2 関数の連続性

● **連続と不連続**　関数 $f(x)$ が定義域内の点 a で次の3つの条件をすべて満たすとき，$f(x)$ は $x=a$ で**連続**であるという．

$$\begin{cases} ① \ f(a) \text{ が定義されている} \\ ② \ \displaystyle\lim_{x \to a} f(x) \text{ の極限値が存在する} \\ ③ \ \text{これらが等しい：} \displaystyle\lim_{x \to a} f(x) = f(a) \end{cases}$$

点 a が閉区間の端点のとき，条件②は片側極限値であるものとする．なお，$f(x)$ が点 a で連続でないとき，$f(x)$ は $x=a$ で**不連続**であるという．

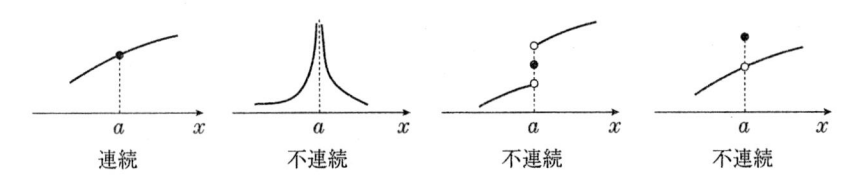

図 2.2 関数の連続と不連続

$f(x)$ が区間 I のすべての点で連続であるとき，$f(x)$ は区間 I で連続であるという．

$f(x)$ が $x = a$ で連続であるとき，$y = f(x)$ のグラフは $x = a$ で途切れることなくつながっている．また，区間 I で連続ならば，区間 I で切れ目なくつながったグラフになる．

例1　$y = c$（定数），$y = x$, $y = \sqrt{x}$, $y = \sin x$, $y = \cos x$, $y = a^x$, $y = \log_a x$ などの関数は，定義域で連続である．

関数の連続性について，次の定理が成り立つ．

――――― 連続関数の基本定理 ―――――

定理 2.2　$f(x), g(x)$ が $x = a$ で連続ならば，次の関数も $x = a$ で連続である．

(1) $cf(x)$ 　（c は定数）　　(2) $f(x) \pm g(x)$

(3) $f(x)g(x)$ 　　　　　　　 (4) $\dfrac{f(x)}{g(x)}$ 　（ただし $g(a) \neq 0$）

この定理を使えば，簡単な関数の連続性から，複雑な関数の連続性を示すことができる．

例2　$y = c$ と $y = x$ は，すべての実数 x に対して連続である．定理 2.2 (3) より，$x \cdot x = x^2$ も連続である．(1) と (2) を使えば，$a + bx + cx^2$（a, b, c は定数）も連続である．これを繰り返せば，多項式関数はすべての実数 x に対して連続である．また，(4) によると，有理関数は，分母が 0 になる点を除き，連続である．

例3　定数，有理関数，無理関数，三角関数，指数関数，対数関数から，定数倍と加減乗除によって作られる関数は，定義域において連続である．

例題 2-3 次の関数の連続性を調べなさい．

(1) $f(x) = x|x-1|$ (2) $f(x) = \begin{cases} \dfrac{x}{|x|} & (x \neq 0) \\ 0 & (x = 0) \end{cases}$

《解説》連続性の条件①，②，③を順に調べる．
(1) $x = 1$ での連続性を調べる．
 ① $f(1) = 0$ である．
 ② $|x-1|$ は，$x < 1$ ならば $1-x$，$1 < x$ ならば $x-1$ である．

$$\text{左側極限値：} \lim_{x \to 1-0} f(x) = \lim_{x \to 1-0} x(1-x) = 0$$
$$\text{右側極限値：} \lim_{x \to 1+0} f(x) = \lim_{x \to 1+0} x(x-1) = 0$$

よって，$\lim_{x \to 1} f(x) = 0$ が存在する．
 ③ $\lim_{x \to 1} f(x) = f(1)$ が成り立つ．
 3 つの条件をすべて満たすから，$f(x)$ は $x = 1$ で連続である．
 また，$x < 1$ で $f(x) = x(1-x) = x - x^2$ は連続，$1 < x$ で $f(x) = x(x-1) = x^2 - x$ は連続である．以上のことから，$f(x)$ は $(-\infty, \infty)$ で連続である．
(2) $x = 0$ での連続性を調べる．
 ① $f(0) = 0$ と定義されている．
 ② 左側極限値は $\lim_{x \to -0} f(x) = \lim_{x \to -0} \dfrac{x}{-x} = -1$，右側極限値は $\lim_{x \to +0} f(x) = \lim_{x \to +0} \dfrac{x}{x} = 1$ となり，$\lim_{x \to 0} f(x)$ が存在しない．
 よって，$x = 0$ で $f(x)$ は不連続である．
 なお，$x < 0$ で $f(x) = -1$ は連続，$0 < x$ で $f(x) = 1$ は連続である．

関数 $y = f(x)$ のグラフを描けば，上の結果を理解しやすい．

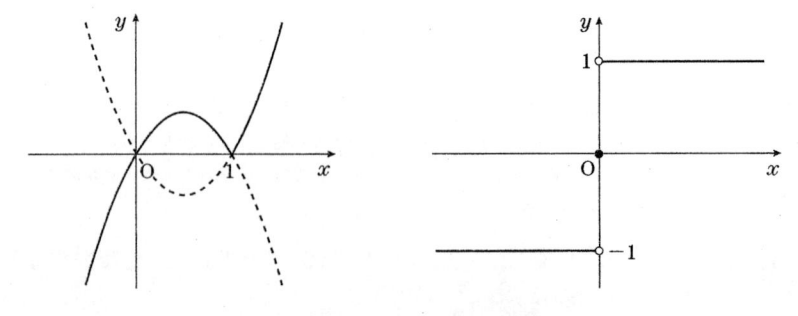

図 **2.3** 連続な関数と不連続な関数

● **中間値の定理** 連続関数について，次の中間値の定理が成り立つ．

2.2 関数の連続性

―― 中間値の定理 ――

定理 2.3 関数 $f(x)$ は，閉区間 $[a,b]$ で連続，$f(a) \neq f(b)$ とする．このとき，$f(a)$ と $f(b)$ の間の任意の値 k に対して，

$$f(c) = k \quad (a < c < b)$$

を満たす c が少なくとも 1 つある．

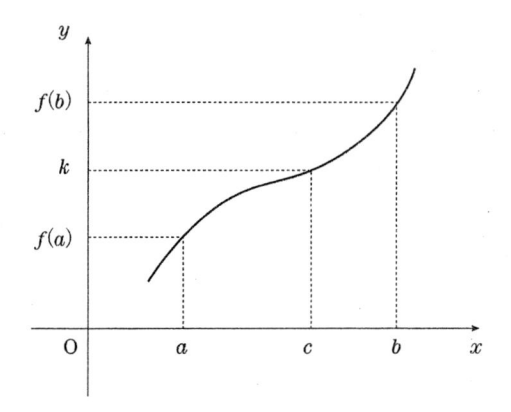

図 2.4 中間値の定理

《説明》 $[a,b]$ で連続だから，$y = f(x)$ のグラフは定義域の端から端まで切れ目なくつながっている．$f(a)$ と $f(b)$ の中間の値 k に対して，$f(c) = k$ となる c が存在することは，グラフからわかる．

例 4 $f(x) = 3^x - 5x$ は区間 $[2,3]$ で連続で，$f(2) = -1$，$f(3) = 12$ である．$f(2)$ と $f(3)$ の間の数として $k = 0$ にとれば，$f(c) = 0$ となる c $(2 < c < 3)$ がある．このことは，方程式 $3^x - 5x = 0$ が $2 < x < 3$ の範囲に実数解を持つことを意味する．

===== 演 習 問 題 =====

1. 次の関数について，$x = 0$ での連続性を調べなさい．

(1) $f(x) = |x|$

(2) $f(x) = x \sin \dfrac{1}{x}$

(3) $f(x) = \begin{cases} \dfrac{x^2}{|x|} & (x \neq 0) \\ 0 & (x = 0) \end{cases}$

(4) $f(x) = \begin{cases} x \sin \dfrac{1}{x} & (x \neq 0) \\ 0 & (x = 0) \end{cases}$

2. 次の方程式は，括弧に示した範囲に解を持つことを示しなさい．
  (1) $x = \cos x$ $\left[0 < x < \dfrac{\pi}{4}\right]$ (2) $x^5 - 3x^4 + 1 = 0$ $[0 < x < 1]$

解 答
1. (1) 連続 (2) 不連続 (3) 連続 (4) 連続
2. (1) 〔指針：$f(x) = x - \cos x$ に対して中間値の定理を適用する〕
  (2) 〔指針：$f(x) = x^5 - 3x^4 + 1$ に対して中間値の定理を適用する〕

2.3 合成関数

2つの関数 $u = f(x)$ と $y = g(u)$ があるとき，x の値に対して，u を通じて y の値が対応するから，y は x の関数である．実際，2つの関数から u を消去すれば $y = g(f(x))$ が得られる．これを f と g の**合成関数**といい，

$$y = (g \circ f)(x) = g(f(x)) \tag{2.5}$$

と記す．ただし，$u = f(x)$ の値域は $y = g(u)$ の定義域に含まれるものとする．

例1 $u = f(x) = x - 1,\ y = g(u) = u^2 - 2u$ のとき，

$$y = (g \circ f)(x) = g(f(x)) = (x-1)^2 - 2(x-1) = x^2 - 4x + 3$$

例題 2-4 次の関数 $f(x)$ と $g(x)$ から，合成関数 $g \circ f$ と $f \circ g$ を求めなさい．

$$f(x) = 3^{x+1}, \qquad g(x) = x^2$$

《解説》 $(g \circ f)(x) = g(f(x))$ を求める．$u = f(x) = 3^{x+1},\ y = g(u) = u^2$ とし，u を消去する．

$$(g \circ f)(x) = g(f(x)) = (3^{x+1})^2 = 3^{2(x+1)}$$

$(f \circ g)(x) = f(g(x))$ を求めるには，$u = g(x) = x^2,\ y = f(u) = 3^{u+1}$ とする．

$$(f \circ g)(x) = f(g(x)) = 3^{x^2+1}$$

合成関数の連続性について次の定理がある．

―――― 合成関数の連続性 ――――

定理 2.4 $u = f(x)$ が $x = a$ で連続,$y = g(u)$ が $u = f(a)$ で連続ならば,合成関数 $y = g(f(x))$ は $x = a$ で連続である.

【証明】
$f(a) = b$ とする.$f(x)$ は $x = a$ で連続だから,$\lim_{x \to a} f(x) = f(a) = b$,また,$g(u)$ は $u = b$ で連続だから,$\lim_{u \to b} g(u) = g(b)$ が成り立っている.$x \to a$ のとき $u \to b$ であるから,

$$\lim_{x \to a} g(f(x)) = \lim_{u \to b} g(u) = g(b) = g(f(a))$$

となる.これは,合成関数 $g(f(x))$ が連続であることを示すものである. 終

例 2 $y = \sin u \ (-\infty < u < \infty)$ は連続,$u = \log_2 x \ (x > 0)$ も連続で,u の値域はすべての実数である.定理 2.4 により,合成関数 $y = \sin(\log_2 x)$ は正の x に対して連続となる.

定理 2.2 と定理 2.4 を合わせれば,いくつかの連続関数から定数倍と加減乗除と合成関数を組合せて得られる関数は,定義域のすべての点で連続であることがわかる.

―――― 演 習 問 題 ――――

1. 次の関数に対して,合成関数 $g \circ f$ と $f \circ g$ を求めなさい.

(1) $f(x) = |x|,\ g(x) = \sin 3x$ 　　(2) $f(x) = x^2,\ g(x) = \log_a(x+1)$
(3) $f(x) = \dfrac{1}{1-x},\ g(x) = \dfrac{x}{x-1}$ 　　(4) $f(x) = 3^x,\ g(x) = \log_2 x$

―――― 解 答 ――――

1. (1) $(g \circ f)(x) = \sin 3|x|,\ (f \circ g)(x) = |\sin 3x|$
(2) $(g \circ f)(x) = \log_a(x^2 + 1),\ (f \circ g)(x) = \{\log_a(x+1)\}^2$
(3) $(g \circ f)(x) = \dfrac{1}{x},\ (f \circ g)(x) = 1 - x$
(4) $(g \circ f)(x) = x \log_2 3,\ (f \circ g)(x) = 3^{\log_2 x} = x^{\log_2 3}$

2.4 逆関数

連続な関数 $y = f(x)$ が定義域 I で狭義の単調関数であるとき,中間値の定理により,値域 J にある y の値に x の値がただ 1 つ対応する.関数 $y = f(x)$

の y に x を対応させることを $y = f(x)$ の **逆関数**といい，記号で $x = f^{-1}(y)$ と表す．

$$\left.\begin{array}{l} y = f(x) \\ \text{独立変数 } x : \text{定義域 } I \\ \text{従属変数 } y : \text{値域 } J \end{array}\right\} \Longleftrightarrow \left\{\begin{array}{l} x = f^{-1}(y) \\ \text{独立変数 } y : \text{定義域 } J \\ \text{従属変数 } x : \text{値域 } I \end{array}\right.$$

$y = f(x)$ と $x = f^{-1}(y)$ のグラフを 1 つの xy 座標平面に描くと，独立変数が異なるだけで，同じ曲線になる．

独立変数を x，従属変数を y と表す習慣に従い，逆関数を $y = f^{-1}(x)$ と書くことが多い．$y = f^{-1}(x)$ と $y = f(x)$ の 2 つのグラフは，直線 $y = x$ に関して対称である [p.12【注】(4) を参照]．

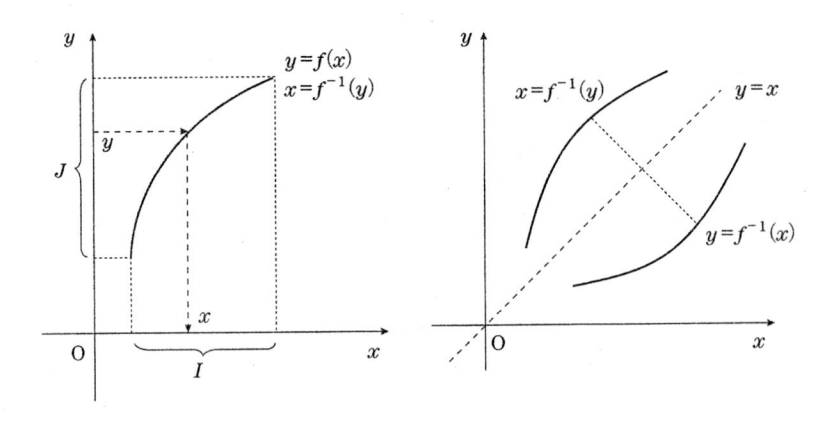

図 2.5 逆関数とそのグラフ

例 1 指数関数 $y = f(x) = a^x$ は狭義の単調関数だから，逆関数 $x = f^{-1}(y)$ が存在する．

$$y = f(x) = a^x \iff x = f^{-1}(y) = \log_a y$$

x, y を入れ換えた逆関数として，対数関数 $y = f^{-1}(x) = \log_a x$ が得られる．

次の定理は，逆関数の単調性と連続性を述べたものである．これが成り立つことは，狭義の単調関数 $y = f(x)$ のグラフから推察できる．

―― 単調関数の逆関数 ――

定理 2.5 連続な狭義の増加関数（減少関数）$f(x)$ の逆関数 $f^{-1}(x)$ は，連続な狭義の増加関数（減少関数）である．

【証明】
$y = f(x)$ が増加関数の場合を考える（減少関数である場合も同様である）．

逆関数が狭義の増加関数でない，すなわち，$y_1 < y_2$ に対して $f^{-1}(y_1) \geqq f^{-1}(y_2)$ と仮定する．$x_1 = f^{-1}(y_1)$，$x_2 = f^{-1}(y_2)$ とおけば，$x_1 \geqq x_2$ に対して $y_1 = f(x_1) < f(x_2) = y_2$ が得られ，$y = f(x)$ が狭義の増加関数であることと矛盾する．したがって，逆関数は狭義の増加関数でなければならない．

$f(c) = \gamma$ とする．任意の正数 ε をとり，$f(c-\varepsilon) = y_1$，$f(c+\varepsilon) = y_2$ とすれば，$y_1 < \gamma < y_2$ であり，$c = f^{-1}(\gamma) = f^{-1}(y_1) + \varepsilon = f^{-1}(y_2) - \varepsilon$ である．$f^{-1}(y)$ は増加関数であるから，$y_1 < y < y_2$ を満たす y に対して $f^{-1}(y_1) < f^{-1}(y) < f^{-1}(y_2)$ となる．

$$\therefore \ -\varepsilon = f^{-1}(y_1) - f^{-1}(\gamma) < f^{-1}(y) - f^{-1}(\gamma) < f^{-1}(y_2) - f^{-1}(\gamma) = \varepsilon$$

すなわち，$y_1 < y < y_2$ を満たす y に対して $|f^{-1}(y) - f^{-1}(\gamma)| < \varepsilon$ である．

ε を小さくしても $y_1 < \gamma < y_2$ であるから，γ に限りなく近づく y に対しては $y_1 < y < y_2$ が成り立っている．このとき，$|f^{-1}(y) - f^{-1}(\gamma)| < \varepsilon$ であるから，$y \to \gamma$ に対して $f^{-1}(y) \to f^{-1}(\gamma)$ でなければならない．したがって，$f^{-1}(y)$ は連続である． ∎

例題 2-5 次の関数 $y = f(x)$ の逆関数 $y = f^{-1}(x)$ を求め，定義域と値域についても調べなさい．

(1) $y = 2x - 4$ (2) $y = \sqrt{x-1}$

《解説》

(1) $y = f(x) = 2x - 4$ は，定義域 $(-\infty, \infty)$，値域 $(-\infty, \infty)$ の狭義の増加関数である．x について解くと $x = f^{-1}(y) = \dfrac{1}{2}y + 2$ である．x と y を入れ換えた逆関数として，次の結果が得られる．

$$y = f^{-1}(x) = \frac{1}{2}x + 2, \quad 定義域 \ (-\infty, \infty), \ 値域 \ (-\infty, \infty)$$

(2) $y = f(x) = \sqrt{x-1}$ は，定義域 $[1, \infty)$，値域 $[0, \infty)$ の狭義の増加関数である．x について解くと，$x = f^{-1}(y) = y^2 + 1$ となり，x と y を入れ換えた逆関数は次のものである．

$$y = f^{-1}(x) = x^2 + 1, \quad 定義域 \ [0, \infty), \ 値域 \ [1, \infty)$$

演習問題

1. 次の関数の逆関数を求め，またその定義域と値域を述べなさい．
   (1) $y = 2 + \sqrt{1-x}$
   (2) $y = x^3$
   (3) $y = x^2 + 1 \ (x \geq 0)$
   (4) $y = \log_a(\sqrt{x} - 1) \ (a > 0, \ a \neq 1)$

2. $f(x) = \dfrac{ax+1}{2x+3}$ のとき，$f(x) = f^{-1}(x)$ となるための定数 a の値を求めなさい．

3. 次の関係を証明しなさい．
   (1) $f(f^{-1}(x)) = x$
   (2) $f^{-1}(f(x)) = x$

解答

1. (1) $y = -x^2 + 4x - 3$, 定義域：$[2, \infty)$, 値域：$(-\infty, 1]$
   (2) $y = \sqrt[3]{x}$, 定義域：$(-\infty, \infty)$, 値域：$(-\infty, \infty)$
   (3) $y = \sqrt{x-1}$, 定義域：$[1, \infty)$, 値域：$[0, \infty)$
   (4) $y = (1 + a^x)^2$, 定義域：$(-\infty, \infty)$, 値域：$(1, \infty)$

2. -3

3. (1) $x = f(y)$ とおくと $f^{-1}(x) = y$, これより, $f(f^{-1}(x)) = f(y) = x$
   (2) 〔指針：$f(x) = y$ とおく〕

2.5 媒介変数表示の関数

変数 x, y が t の関数である場合を考える．

$$x = \phi(t), \qquad y = \psi(t) \tag{2.6}$$

t が変化すると点 $\mathrm{P}(x,y)$ が xy 座標平面を動き，$\phi(t)$, $\psi(t)$ が連続関数であれば，一般に，つながった曲線 C が描かれる．上の関係で定義される関数を**媒介変数表示の関数**，変数 t を**媒介変数**または**パラメーター**という．

(2.6) の 2 つの関係式から t を消去すれば，x と y の間の直接の関係が得られる．たとえば，$\phi(t)$ が連続な狭義の単調関数であるとき，逆関数 $t = \phi^{-1}(x)$ が定まり，$y = \psi(t)$ との合成関数として，$y = \psi(\phi^{-1}(x))$ が得られる（ただし，理屈の上の話で，計算できるとは限らない）．

例1 $x = 2t, \ y = t^2 + 2t$ であるとき，$t = \dfrac{x}{2}$ より，$y = \dfrac{1}{4}x^2 + x$ となる．

例題 2-6 次の媒介変数表示の関数に対して，y を x で表しなさい．

(1) $x = 3^t$, $y = t^2 + 1$ (2) $x = \sin t + \cos t$, $y = \sin t \cos t$

《解説》2 つの式から t を消去する．

(1) 第 1 式から $t = \log_3 x$ である．これを第 2 式に代入する．
$$y = (\log_3 x)^2 + 1$$

(2) 第 1 式を 2 乗すると，$x^2 = \sin^2 t + 2 \sin t \cos t + \cos^2 t$ が得られる．
$$x^2 = 1 + 2 \sin t \cos t = 1 + 2y \quad \therefore \quad y = \frac{1}{2} x^2 - \frac{1}{2}$$

演習問題

1. 次の関数に対して，媒介変数を消去しなさい．

(1) $x = 2 - 3t$, $y = 1 + 2t$ (2) $x = pt^2$, $y = 2pt$ $(p \neq 0)$

(3) $x = a \cos t$, $y = b \sin t$ $(ab \neq 0)$ (4) $x = \sin t$, $y = \sin 2t$ $\left(0 \leqq t \leqq \dfrac{\pi}{2}\right)$

解答

1. (1) $y = -\dfrac{2}{3} x + \dfrac{7}{3}$ (2) $x = \dfrac{1}{4p} y^2$ (3) $\dfrac{x^2}{a^2} + \dfrac{y^2}{b^2} = 1$

(4) $y = 2x \sqrt{1 - x^2}$ $(0 \leqq x \leqq 1)$

2.6 逆三角関数

三角関数の逆関数は**逆三角関数**と総称され，基本的な関数の 1 つである．

● **アークサイン** 関数 $y = \sin x$ の逆関数を調べる．y の値を $[-1, 1]$ の範囲に 1 つ与えるとき，その y に対応する角 x は無数にある（$y = \sin x$ が振動する関数であるためである）．

狭義の単調関数とするために，x の区間を $\left[-\dfrac{\pi}{2}, \dfrac{\pi}{2}\right]$ に限る．これによって，x と y が 1 対 1 に対応する．この制限をつけた逆関数を $x = \sin^{-1} y$ と書く

(なお，$\sin^{-1}$ はアークサインと読む).

$$\left.\begin{array}{l} y = \sin x \\ \text{独立変数 } x : \left[-\dfrac{\pi}{2}, \dfrac{\pi}{2}\right] \\ \text{従属変数 } y : [-1, 1] \end{array}\right\} \iff \left\{\begin{array}{l} x = \sin^{-1} y \\ \text{独立変数 } y : [-1, 1] \\ \text{従属変数 } x : \left[-\dfrac{\pi}{2}, \dfrac{\pi}{2}\right] \end{array}\right.$$

独立変数を x，従属変数を y とし，$y = \sin^{-1} x$ を**逆正弦関数**という．

$$y = \sin^{-1} x \quad \left(-1 \leqq x \leqq 1, \quad -\dfrac{\pi}{2} \leqq y \leqq \dfrac{\pi}{2}\right) \tag{2.7}$$

$\sin^{-1} x$ は「サインの値が x になる $\left[-\dfrac{\pi}{2}, \dfrac{\pi}{2}\right]$ の範囲にある角」を意味する．なお，$y = \sin^{-1} x$ と $y = \sin x$ のグラフは $y = x$ に関して対称である．

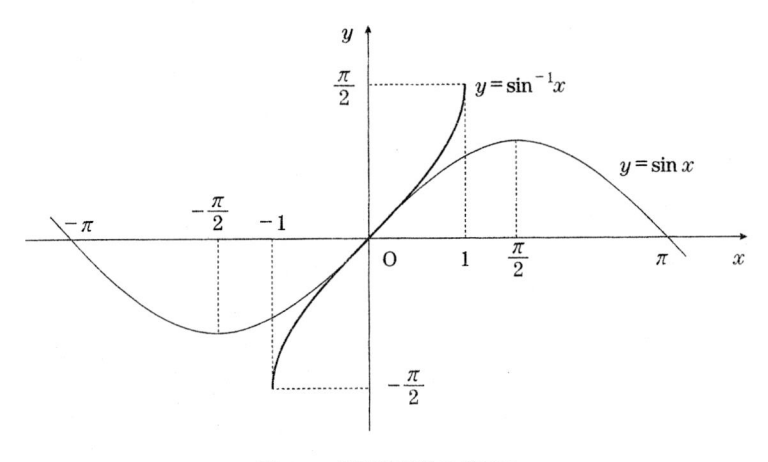

図 **2.6** 逆正弦関数のグラフ

例1 $\sin^{-1} \dfrac{\sqrt{3}}{2}$ の値を求める．$\theta = \sin^{-1} \dfrac{\sqrt{3}}{2}$ とおくと，$\sin \theta = \dfrac{\sqrt{3}}{2}$ である．θ を $\left[-\dfrac{\pi}{2}, \dfrac{\pi}{2}\right]$ の範囲で求めると，$\theta = \dfrac{\pi}{3}$ となる．

● **アークコサイン** 余弦関数 $y = \cos x$ の逆関数の取り扱いも同様である．$y = \cos x$ を狭義の単調関数にするため，x を $[0, \pi]$ の範囲に限る．これ

によって y にただ 1 つの x が対応し,逆関数 $x = \cos^{-1} y$ が定義される.

$$\left.\begin{array}{l} y = \cos x \\ \text{独立変数}\, x : [0, \pi] \\ \text{従属変数}\, y : [-1, 1] \end{array}\right\} \iff \left\{\begin{array}{l} x = \cos^{-1} y \\ \text{独立変数}\, y : [-1, 1] \\ \text{従属変数}\, x : [0, \pi] \end{array}\right.$$

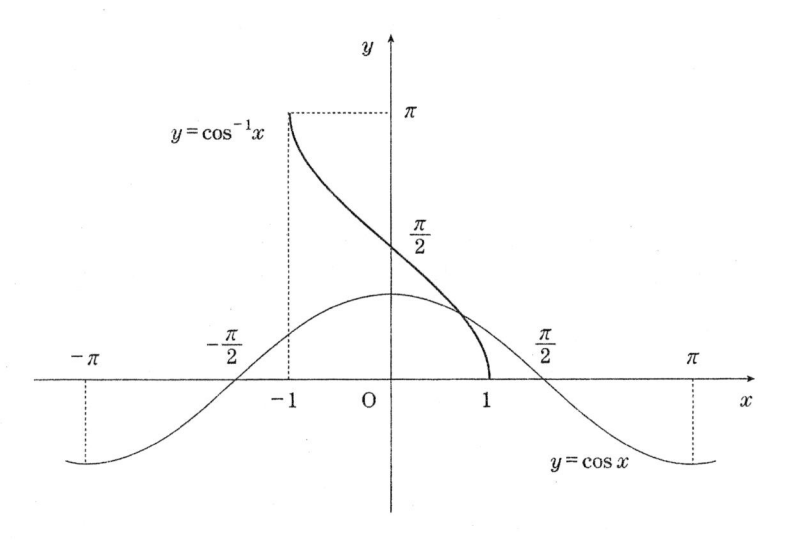

図 2.7 逆余弦関数のグラフ

独立変数を x,従属変数を y とし,$y = \cos^{-1} x$ を**逆余弦関数**という.

$$y = \cos^{-1} x \quad (-1 \leqq x \leqq 1, \quad 0 \leqq y \leqq \pi) \tag{2.8}$$

$\cos^{-1} x$ は「コサインの値が x になる $[0, \pi]$ の範囲にある角」を意味する.

例題 2-7 次の関係が成り立つことを示しなさい.

$$\sin^{-1} x + \cos^{-1} x = \frac{\pi}{2} \tag{2.9}$$

《解説》$\alpha = \sin^{-1} x$,$\beta = \cos^{-1} x$ とすると,$\sin \alpha = x = \cos \beta$ である.

$$x = \sin \alpha = \cos \beta = \cos(-\beta) = \sin\left(-\beta + \frac{\pi}{2}\right) \quad \cdots \text{①}$$

ここで，$-\dfrac{\pi}{2} \leqq \alpha \leqq \dfrac{\pi}{2}$ であり，また $0 \leqq \beta \leqq \pi$ より，$-\dfrac{\pi}{2} \leqq \left(-\beta + \dfrac{\pi}{2}\right) \leqq \dfrac{\pi}{2}$ である．$\sin^{-1} x$ は区間 $\left[-\dfrac{\pi}{2}, \dfrac{\pi}{2}\right]$ で値が 1 つに定まるから，①を満たす角は同じである．

$$\alpha = -\beta + \dfrac{\pi}{2} \quad \therefore \quad \alpha + \beta = \sin^{-1} x + \cos^{-1} x = \dfrac{\pi}{2}$$

● アークタンジェント　正接関数 $y = \tan x$ の逆関数を考える．$y = \tan x$ のグラフから明らかなように，y の値を与えたとき，結果が y になる x は無数にある．x と y を 1 対 1 に対応させるために，x の範囲を $\left(-\dfrac{\pi}{2}, \dfrac{\pi}{2}\right)$ に限る．この制限をつければ，$y = \tan x$ の逆関数が定まる．

$$\left.\begin{array}{l} y = \tan x \\ \text{独立変数 } x : \left(-\dfrac{\pi}{2}, \dfrac{\pi}{2}\right) \\ \text{従属変数 } y : (-\infty, \infty) \end{array}\right\} \iff \left\{\begin{array}{l} x = \tan^{-1} y \\ \text{独立変数 } y : (-\infty, \infty) \\ \text{従属変数 } x : \left(-\dfrac{\pi}{2}, \dfrac{\pi}{2}\right) \end{array}\right.$$

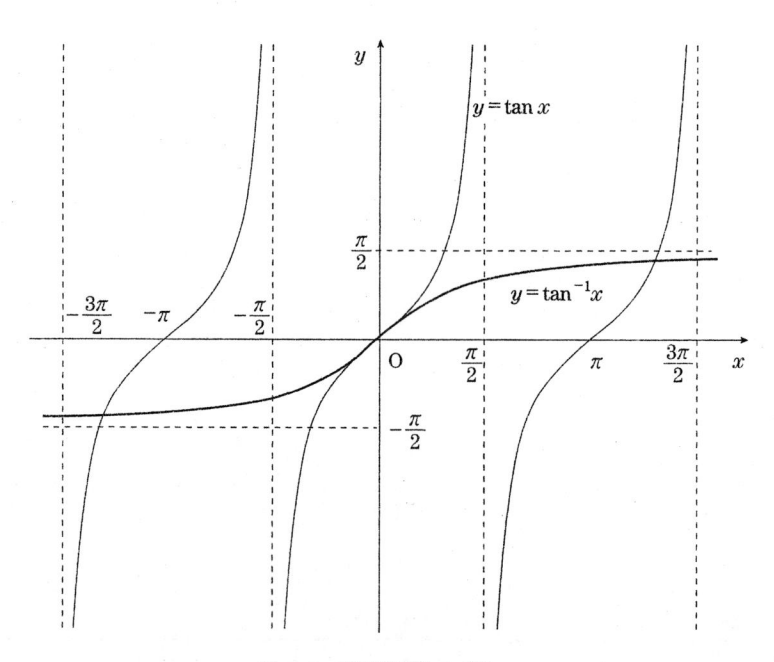

図 **2.8**　逆正接関数のグラフ

2.6 逆三角関数

独立変数を x, 従属変数を y と書き直し, $y = \tan^{-1} x$ を**逆正接関数**という.

$$y = \tan^{-1} x \quad \left(-\infty < x < \infty,\ -\frac{\pi}{2} < y < \frac{\pi}{2}\right) \quad (2.10)$$

$\tan^{-1} x$ は「タンジェントの値が x になる $\left(-\dfrac{\pi}{2}, \dfrac{\pi}{2}\right)$ の範囲にある角」を意味する.

==================== 演 習 問 題 ====================

1. 次の値を求めなさい.

(1) $\sin^{-1} \dfrac{1}{2}$ (2) $\cos^{-1} \dfrac{\sqrt{3}}{2}$

(3) $\tan^{-1}(-\sqrt{3})$ (4) $\cos^{-1} 0$

2. 次の関係を証明しなさい.

(1) $\sin^{-1}(-x) = -\sin^{-1} x$ (2) $\cos^{-1} x + \cos^{-1}(-x) = \pi$

(3) $\cos(\sin^{-1} x) = \sqrt{1-x^2}$ (4) $\tan^{-1} x + \tan^{-1} \dfrac{1}{x} = \dfrac{\pi}{2}$ $(x > 0)$

3. 次の方程式を解きなさい.

(1) $\sin^{-1} x = \cos^{-1} \dfrac{3}{5}$ (2) $\cos^{-1} x = \tan^{-1} \sqrt{2}$

==================== 解 答 ====================

1. (1) $\dfrac{\pi}{6}$ (2) $\dfrac{\pi}{6}$ (3) $-\dfrac{\pi}{3}$ (6) $\dfrac{\pi}{2}$

2. (1) $\alpha = \sin^{-1} x$, $\beta = \sin^{-1}(-x)$ とすると $x = \sin\alpha = -\sin\beta = \sin(-\beta)$. α, $-\beta$ はともに区間 $[-\pi/2, \pi/2]$ にあるから, $\alpha = -\beta$ となる.
(2) 〔指針:$\alpha = \cos^{-1} x$, $\beta = \cos^{-1}(-x)$ とすると, $x = \cos\alpha = -\cos\beta = \cos(\pi - \beta)$. α と $\pi - \beta$ の範囲を考察する〕
(3) $\alpha = \sin^{-1} x$ とする. $\cos(\sin^{-1} x) = \cos\alpha = \sqrt{1-\sin^2\alpha} = \sqrt{1-x^2}$
$(\because\ -\pi/2 \leqq \alpha \leqq \pi/2)$
(4) 〔指針: $\alpha = \tan^{-1} x$, $\beta = \tan^{-1}(1/x)$ とすると, $x = \tan\alpha = 1/\tan\beta = \tan(\pi/2 - \beta)$. $x > 0$ より $\alpha > 0$, $\beta > 0$ に注意して, α, $\pi/2 - \beta$ の範囲を考察する〕

3. (1) $\dfrac{4}{5}$ (2) $\dfrac{1}{\sqrt{3}}$

第3章

微分法の基礎

3.1 導関数の定義

変化する量 Q があるとき,変化の始めと終わりの間の Q の変化量を**増分**といい,記号 ΔQ で表す.

$$\Delta Q = (Q\,の終わりの値) - (Q\,の始めの値)$$

【注】記号 ΔQ は,それ自身でひとまとまりである(Δ と Q の積ではない).

● **微分係数** 関数 $y = f(x)$ において,x が a から $a+h$ に変化するとき,x の増分は $\Delta x = (a+h) - a = h$,y の増分は $\Delta y = f(a+h) - f(a)$ である.このとき,x の区間 $[a, a+h]$ における y の**平均変化率**は,

$$\frac{\Delta y}{\Delta x} = \frac{f(a+h) - f(a)}{h} \tag{3.1}$$

である.

$h \to 0$ の極限で,上の平均変化率が極限値を持つならば,その極限値を $x = a$ における $f(x)$ の**微分係数**といい,記号で $f'(a)$ と書く.

$$f'(a) = \lim_{\Delta x \to 0} \frac{\Delta y}{\Delta x} = \lim_{h \to 0} \frac{f(a+h) - f(a)}{h} \tag{3.2}$$

$f'(a)$ が存在するとき,$f(x)$ は $x = a$ で**微分可能**であるという.

【注】 (3.2) で $a+h=x$ とおくと,$h \to 0$ のとき $x \to a$ より,微分係数は次のようにも表される.

$$f'(a) = \lim_{x \to a} \frac{f(x)-f(a)}{x-a}$$

微分係数の定義の極限 $x \to a$ において,x は左右から a に近づく.$x \to a-0$ のときの左側極限値を**左微分係数** ($f'_-(a)$ で表す),$x \to a+0$ のときの右側極限値を**右微分係数** ($f'_+(a)$ で表す) という.$f'_-(a) = f'_+(a)$ のとき $f(x)$ は $x=a$ で微分可能で,共通の極限値が $f'(a)$ である [p.27 を参照].

関数 $y = f(x)$ が開区間 I のすべての点で微分可能なとき,$f(x)$ は I で微分可能であるという.このとき,I の任意の点 x での微分係数を $f'(x)$ と記し,$f(x)$ の**導関数**という.導関数を表す記号として,

$$y', \quad f'(x), \quad \frac{dy}{dx}, \quad \frac{df(x)}{dx}, \quad \frac{d}{dx}y, \quad \frac{d}{dx}f(x)$$

などが使われる.導関数を求めることを**微分する**という.

● **微分係数の意味** 定義により,$f'(a)$ は,平均変化率 $\dfrac{\Delta y}{\Delta x}$ の極限値であるから,「$x=a$ における y の変化率」を表すものである.

図形的に見ると,平均変化率は,$y=f(x)$ のグラフ上の 2 点 $P(a, f(a))$ と $Q(a+h, f(a+h))$ を結ぶ直線の傾きである.$h \to 0$ では,Q は曲線 $y=f(x)$ 上を P' を経て P に限りなく近づくから,直線 PQ は最終的に P で曲線に引いた接線 PT になる.したがって,$f'(a)$ は「$x=a$ で曲線 $y=f(x)$ に引いた接線の傾き」を表す.

曲線 $y=f(x)$ に微分可能な点 $P(a, f(a))$ で引いた**接線の方程式**は,

$$y = f'(a)(x-a) + f(a) \tag{3.3}$$

である.

● **微分可能性と連続性** 関数が微分可能であることは,連続であることと密接に関係している.これを述べたのが次の定理である.

───── **微分可能な関数の連続性** ─────

定理 3.1 $f(x)$ が $x=a$ で微分可能ならば,$f(x)$ は $x=a$ で連続である.

3.1 導関数の定義

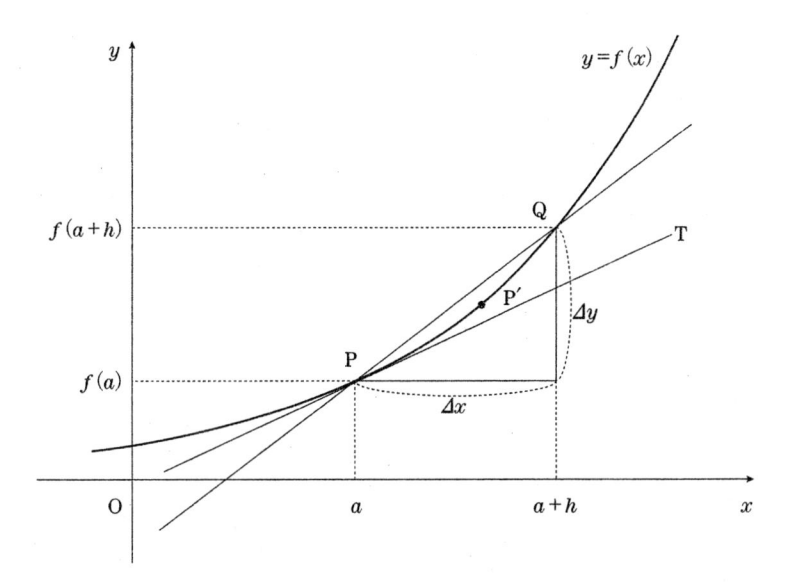

図 3.1 微分係数と接線の傾き

【証明】
$\lim_{x \to a} f(x) - f(a) = \lim_{x \to a} \{f(x) - f(a)\}$ であるから,

$$\lim_{x \to a} f(x) - f(a) = \lim_{x \to a} \frac{f(x) - f(a)}{x - a}(x - a) = f'(a) \times 0 = 0$$

となる. $\lim_{x \to a} f(x) = f(a)$ が成り立つから, $f(x)$ は $x = a$ で連続である. ☐

【注】定理 3.1 の逆は成り立たない. $f(x)$ が $x = a$ で連続であっても, $f(x)$ は $x = a$ で微分可能とは限らない.

例題 3-1 次の関数に対して, $x = 1$ での微分可能性を調べなさい.

$$f(x) = x|x - 1|$$

《解説》$f(x)$ は, すべての x に対して連続である [p.32 例題 **2-3** (1) を参照].

$f(1 + h) - f(1) = (1 + h)|h|$ であるから, 次の計算が成り立つ.

(1) 左微分係数: $f'_-(1) = \lim_{h \to -0} \dfrac{f(1+h) - f(1)}{h} = \lim_{h \to -0} -(1 + h) = -1$

(2) 右微分係数: $f'_+(1) = \lim_{h \to +0} \dfrac{f(1+h) - f(1)}{h} = \lim_{h \to +0} (1 + h) = 1$

$f'_-(1) \neq f'_+(1)$ より，$h \to 0$ に対する極限値が存在せず，$x = 1$ で微分可能でない．

【注】微分可能な点では，グラフの曲線は滑らかで，「x 軸に垂直でない」接線が「1 本だけ」引ける．微分可能でない点では，曲線が尖っていたり，連続でなかったり，激しく振動していたりするために，1 本の接線を引くことができない．また，接線が 1 本だけ引けても，x 軸に垂直であれば，微分可能でない．

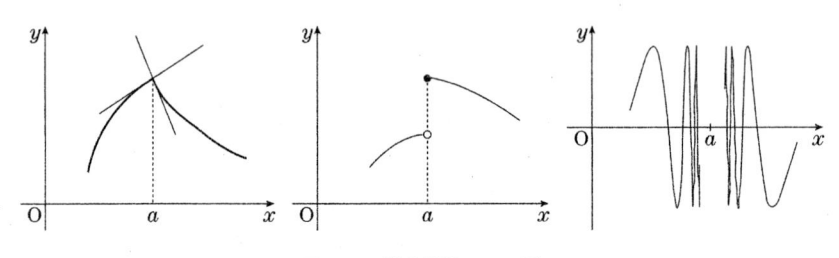

図 3.2 微分可能でない例

関数 $y = f(x)$ の導関数

定義：$f'(x) = \lim\limits_{\Delta x \to 0} \dfrac{\Delta y}{\Delta x} = \lim\limits_{h \to 0} \dfrac{f(x+h) - f(x)}{h}$ (3.4)

意味：
① x が単位量だけ変化するとき，y が変化する割合
　　　（x に対する y の変化率）
② 曲線 $y = f(x)$ の点 $(x, f(x))$ における接線の傾き

例 1 化学反応が進行するとき，反応に関与する物質の量 Q は，時間 t とともに変化する．このとき，$\dfrac{dQ}{dt}$ は単位時間あたりの物質量の変化（瞬間の反応速度）を表す．

例 2 (3.4) の定義に従って，簡単な関数の導関数を計算する．

(1) $f(x) = c$（定数）に対して，$(c)' = \lim\limits_{h \to 0} \dfrac{c - c}{h} = \lim\limits_{h \to 0} \dfrac{0}{h} = 0$

(2) $(x)' = \lim\limits_{h \to 0} \dfrac{(x+h) - x}{h} = \lim\limits_{h \to 0} \dfrac{h}{h} = 1$

(3) $(x^2)' = \lim\limits_{h \to 0} \dfrac{(x+h)^2 - x^2}{h} = \lim\limits_{h \to 0} \dfrac{2xh + h^2}{h} = \lim\limits_{h \to 0} (2x + h) = 2x$

例 3 $\sqrt{x}$ と $\dfrac{1}{\sqrt{x}}$ の導関数を求めるには，$h \to 0$ の極限の計算に有理化が必要である．

(1) $(\sqrt{x})' = \lim\limits_{h \to 0} \dfrac{\sqrt{x+h} - \sqrt{x}}{h} = \lim\limits_{h \to 0} \dfrac{(\sqrt{x+h} - \sqrt{x})(\sqrt{x+h} + \sqrt{x})}{h(\sqrt{x+h} + \sqrt{x})}$

$$= \lim_{h \to 0} \frac{h}{h(\sqrt{x+h}+\sqrt{x})} = \frac{1}{2\sqrt{x}} \quad (\text{ただし}, x=0 \text{ で微分可能でない})$$

(2) $\left(\dfrac{1}{\sqrt{x}}\right)' = \lim_{h \to 0} \dfrac{1}{h}\left\{\dfrac{1}{\sqrt{x+h}} - \dfrac{1}{\sqrt{x}}\right\}$

$= \lim_{h \to 0} \dfrac{-1}{\sqrt{x}\sqrt{x+h}} \left(\dfrac{\sqrt{x+h}-\sqrt{x}}{h}\right) \quad (\text{通分した})$

$= \dfrac{-1}{(\sqrt{x})^2} \times \dfrac{1}{2\sqrt{x}} \quad (\because (1) \text{ の結果を使った})$

$= -\dfrac{1}{2\sqrt{x^3}}$

例題 3-2 次の公式を導きなさい.

$$(x^n)' = nx^{n-1} \quad (n \text{ は自然数}) \tag{3.5}$$

《解説》 $(x+h)^n$ を 2 項定理で展開する.

$$(x+h)^n = x^n + nx^{n-1}h + \frac{n(n-1)}{2}x^{n-2}h^2 + \cdots + nxh^{n-1} + h^n$$

$$\therefore \quad \frac{(x+h)^n - x^n}{h} = nx^{n-1} + \frac{n(n-1)}{2}x^{n-2}h + \cdots + nxh^{n-2} + h^{n-1}$$

$h \to 0$ の極限で, 右辺の第 2 項以下はすべて 0 に収束し, 第 1 項だけが残る.

$$\therefore \quad (x^n)' = \lim_{h \to 0} \frac{(x+h)^n - x^n}{h} = nx^{n-1}$$

● **微分** 微分可能な関数 $y = f(x)$ に対して, x の増分を Δx, y の増分を $\Delta y = f(x+\Delta x) - f(x)$ とする. Δx が十分 0 に近ければ, (3.4) により,

$$\frac{\Delta y}{\Delta x} \fallingdotseq f'(x) \quad \therefore \quad \Delta y \fallingdotseq f'(x)\Delta x$$

となる (上の近似式は, $\Delta x \to 0$ の極限で, 限りなく等式に近づく).

独立変数の増分 Δx を記号 dx で書き, x の**微分**と呼ぶ. それに対して, 次式で定義する dy または $df(x)$ を従属変数 y の**微分**と呼ぶ.

$$dy = f'(x)dx$$

$dx, dy, \Delta y$ の図形的な意味は, 図に示すように, $dx = \text{PR}, dy = \text{RS}, \Delta y = \text{RQ}$ である. $dx = \Delta x$ であるが, dy は Δy に対する近似値である.

$$dy \fallingdotseq \Delta y \quad \text{または} \quad f(x+dx) \fallingdotseq f(x) + f'(x)dx \tag{3.6}$$

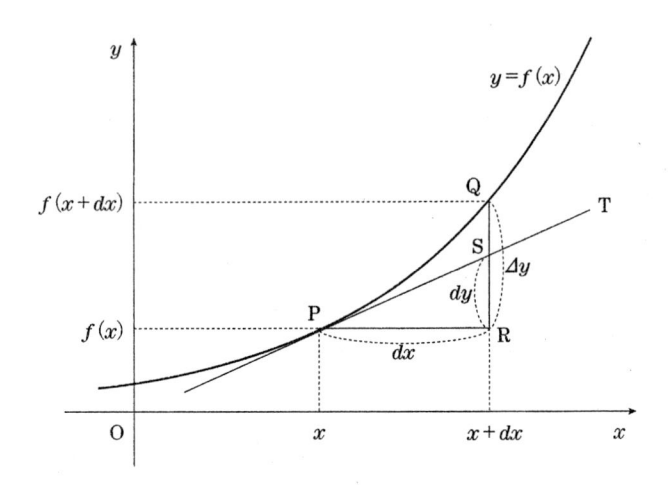

図 3.3 微分と増分

【注】$f(x) = x$ の微分を求めると，$f'(x) = 1$ より，$df(x) = dx$ となる．すなわち，dx は x の増分でもあり，関数 $f(x) = x$ の微分でもある．

関数の微分

関数 $y = f(x)$ の微分 dy は，次式で定義される．

$$dy = f'(x)dx \tag{3.7}$$

dx は x の増分を表し，dy は y の増分に対する近似値を表す．

例 4 $y = x^2$ のとき，$y' = 2x$ より，$dy = 2xdx$ である．
3.05^2 の近似値は，$f(x) = x^2$，$x = 3$，$dx = 0.05$ とし，(3.6) を使って求めることができる．
$$3.05^2 \fallingdotseq 3^2 + 2 \times 3 \times 0.05 = 9 + 0.3 = 9.3 \text{（正確な値は 9.3025）}$$

演習問題

1. 次の関数が $x = 0$ で微分可能かどうかを調べなさい．
   (1) $f(x) = |x|$ 　　(2) $f(x) = \sqrt{x^3 + x^2}$

2. 導関数の定義に従って，次の関数を微分しなさい．
   (1) x^3 　　(2) $\dfrac{1}{x}$
   (3) $\dfrac{1}{x^2}$ 　　(4) $\sqrt[3]{x}$

3. 関数 $y = \sqrt{x}$ の微分を求め，また，$\sqrt{4.1}$ を近似計算しなさい．
4. x 軸上を動く点の座標 x は，時間 t の関数である．点が動く速度 v は，x と t からどのように計算されるものであるか．

━━━━━ 解 答 ━━━━━

1. (1) 微分可能でない　　(2) 微分可能でない
2. (1) $3x^2$　　(2) $-\dfrac{1}{x^2}$ 〔指針：通分して極限を求める〕　　(3) $-\dfrac{2}{x^3}$
   (4) $\dfrac{1}{3\sqrt[3]{x^2}}$ 〔指針：有理化に $(\sqrt[3]{a} - \sqrt[3]{b})(\sqrt[3]{a^2} + \sqrt[3]{a}\sqrt[3]{b} + \sqrt[3]{b^2}) = a - b$ を利用する〕
3. $dy = \dfrac{1}{2\sqrt{x}}dx$, $\sqrt{4.1} \fallingdotseq 2.025$
4. $v = \dfrac{dx}{dt}$ 〔指針：単位時間に進む距離が速度である〕

3.2 導関数の基本公式

導関数の計算は，次の定理が基本になる．

──── 導関数の基本公式 ────

定理 3.2 微分可能な関数 $f(x), g(x)$ に対して，次の関係が成り立つ．

(1) $\{cf(x)\}' = cf'(x)$ 　(c は定数)

(2) $\{f(x) \pm g(x)\}' = f'(x) \pm g'(x)$

(3) $\{f(x)g(x)\}' = f'(x)g(x) + f(x)g'(x)$

(4) $\left\{\dfrac{f(x)}{g(x)}\right\}' = \dfrac{f'(x)g(x) - f(x)g'(x)}{\{g(x)\}^2}$ 　$(g(x) \neq 0)$

(5) $\left\{\dfrac{1}{g(x)}\right\}' = -\dfrac{g'(x)}{\{g(x)\}^2}$ 　$(g(x) \neq 0)$

【証明】
(1) と (2) の証明は省略する．

$$(3) \ \{f(x)g(x)\}' = \lim_{h \to 0} \frac{f(x+h)g(x+h) - f(x)g(x)}{h}$$
$$= \lim_{h \to 0} \left\{\frac{f(x+h) - f(x)}{h}g(x+h) + f(x)\frac{g(x+h) - g(x)}{h}\right\}$$
$$= f'(x)g(x) + f(x)g'(x)$$

計算の最後で，$g(x)$ は連続であるから，$g(x+h) \to g(x)$ $(h \to 0)$ を使った．

(4) $\left\{\dfrac{f(x)}{g(x)}\right\}' = \lim_{h\to 0}\dfrac{1}{h}\left\{\dfrac{f(x+h)}{g(x+h)} - \dfrac{f(x)}{g(x)}\right\}$

$= \lim_{h\to 0}\dfrac{1}{h}\dfrac{f(x+h)g(x) - f(x)g(x+h)}{g(x)g(x+h)}$

$= \lim_{h\to 0}\dfrac{1}{g(x)g(x+h)}\left\{\dfrac{f(x+h)-f(x)}{h}g(x) - f(x)\dfrac{g(x+h)-g(x)}{h}\right\}$

$= \dfrac{1}{\{g(x)\}^2}\{f'(x)g(x) - f(x)g'(x)\}$

(5) (4) において $f(x) = 1$ としたものである． 終

例1 $(2x^2 - 5x + 7)' = (2x^2)' - (5x)' + (7)'$ (∵ 定理 3.2 (2) による)
$= 2(x^2)' - 5(x)' + (7)'$ (∵ 定理 3.2 (1) による)
$= 4x - 5$

例2 $\{x^3(x^2 - x + 2)\}' = (x^3)'(x^2 - x + 2) + x^3(x^2 - x + 2)'$ (∵ 定理 3.2 (3) による)
$= 3x^2(x^2 - x + 2) + x^3(2x - 1) = 5x^4 - 4x^3 + 6x^2$

例3 $\left(\dfrac{3x-5}{2x+3}\right)' = \dfrac{(3x-5)'(2x+3) - (3x-5)(2x+3)'}{(2x+3)^2}$ (∵ 定理 3.2 (4) による)
$= \dfrac{3 \times (2x+3) - (3x-5) \times 2}{(2x+3)^2} = \dfrac{19}{(2x+3)^2}$

例題 3-3 n を自然数とするとき，次の関係を示しなさい．

$$\left(\dfrac{1}{x^n}\right)' = -\dfrac{n}{x^{n+1}} \quad \text{すなわち} \quad (x^{-n})' = -nx^{-n-1} \tag{3.8}$$

《解説》 定理 3.2 (5) を利用する．

$$\left(\dfrac{1}{x^n}\right)' = \dfrac{-(x^n)'}{(x^n)^2} = \dfrac{-nx^{n-1}}{x^{2n}} = -\dfrac{n}{x^{n+1}}$$

なお，$(x^n)' = nx^{n-1}$ を使った [p.49 (3.5) を参照]．

▶▶▶▶▶▶▶▶▶▶ 演 習 問 題 ◀◀◀◀◀◀◀◀◀◀

1. 次の関数を微分しなさい．

(1) $x^3 + 2x^2 + 5$ 　　　　(2) $x^4(x^2 + 2x + 3)$

(3) $(3x^2 - x - 2)(x^2 + x + 1)$ 　　(4) $\dfrac{1}{x^2 + x + 1}$

(5) $\dfrac{x+1}{\sqrt{x}}$ 　　　　(6) $\dfrac{(x+2)(x-3)}{x+1}$

2. $f(x)$, $g(x)$, $h(x)$ がすべて微分可能なとき，次式が成り立つことを示しなさい．

$$(fgh)' = f'gh + fg'h + fgh'$$

解 答

1. (1) $3x^2+4x$ (2) $2x^3(3x^2+5x+6)$ (3) $3(4x^3+2x^2-1)$ (4) $\dfrac{-(2x+1)}{(x^2+x+1)^2}$

(5) $\dfrac{x-1}{2\sqrt{x^3}}$ (6) $\dfrac{x^2+2x+5}{(x+1)^2}$

2. 〔指針：$fgh = (fg)h$ として，積の微分法 $(fgh)' = (fg)'h + (fg)h'$ を適用する〕

3.3 合成関数の微分法

合成関数を微分する方法は，導関数を計算する上で，非常に利用度が高い．

─── 合成関数の微分法 ───

定理 3.3 $u = f(x)$ は区間 I で微分可能，$y = g(u)$ は $u = f(x)$ の値域を含む区間で微分可能ならば，合成関数 $y = g(f(x))$ は I で微分可能で，

$$\frac{dy}{dx} = \frac{dy}{du}\frac{du}{dx} \qquad \text{すなわち} \qquad y' = g'(f(x))f'(x) \qquad (3.9)$$

が成り立つ．

【注】記号 $g'(f(x))$ は，$g(u)$ を u で微分した結果に $u = f(x)$ を代入したものを表す．

【証明】
x が Δx だけ変化すると，u が Δu だけ変化し，続いて y が Δy だけ変化する．

$$\Delta u = f(x+\Delta x) - f(x), \qquad \Delta y = g(u+\Delta u) - g(u) \quad \cdots \text{①}$$

(1) $\Delta u \neq 0$ のとき：
$\Delta x \to 0$ に対して，$\Delta u \to 0$ である（$\because f(x)$ は，微分可能だから，連続である）．

$$\therefore \quad \frac{dy}{dx} = \lim_{\Delta x \to 0} \frac{\Delta y}{\Delta x} = \lim_{\Delta x \to 0} \frac{\Delta y}{\Delta u}\frac{\Delta u}{\Delta x} = \lim_{\Delta u \to 0} \frac{\Delta y}{\Delta u} \lim_{\Delta x \to 0} \frac{\Delta u}{\Delta x} = \frac{dy}{du}\frac{du}{dx}$$

(2) $\Delta u = 0$ のとき：
①より，$f(x+\Delta x) - f(x) = 0$，また，$\Delta y = g(f(x+\Delta x)) - g(f(x)) = 0$ である．

$$\therefore \quad \frac{g(f(x+\Delta x)) - g(f(x))}{\Delta x} = 0, \qquad \frac{f(x+\Delta x) - f(x)}{\Delta x} = 0$$

$\Delta x \to 0$ とすれば，$\dfrac{dy}{dx} = \dfrac{d}{dx}g(f(x)) = 0$，$\dfrac{du}{dx} = \dfrac{d}{dx}f(x) = 0$ が得られる．このとき，(3.9) は，左右両辺ともに 0 となり，成り立つ． 〔終〕

例1　$y=(2x+3)^7$ を微分する．y を $y=u^7$, $u=2x+3$ の合成関数とみなし，合成関数の微分法を適用する．

$$y'=\frac{dy}{du}\frac{du}{dx}=7u^6\times 2=14(2x+3)^6$$

【注】合成関数の微分法の使い方　微分しようとする関数が，複雑な組合せで x を含む場合に，複雑な組合せをひとまとまりとして u とおき，u に関して微分できる形に工夫する．
　慣れてくると，いちいち u と置かなくても，次のようにして暗算でできるようになる．

$$(y \text{ を } x \text{ で微分}) = (y \text{ をひとまとまりで微分}) \times (\text{ひとまとまりを } x \text{ で微分})$$

例題 3-4　次の関数の導関数を求めなさい．ただし，n は整数である．

(1) $y=(ax^2+bx+c)^n$　(2) $y=\sqrt{\dfrac{x+1}{x-1}}$　(3) $y=\left(1+\sqrt{x^2+2}\right)^3$

《解説》どのような組合せを u とおくかの判断が必要である．

(1) $u=ax^2+bx+c$ と $y=u^n$ の合成関数となる．

$$y'=\frac{dy}{du}\frac{du}{dx}=\frac{du^n}{du}\frac{d}{dx}(ax^2+bx+c)=nu^{n-1}(2ax+b)$$
$$=n(2ax+b)(ax^2+bx+c)^{n-1}$$

(2) $u=\dfrac{x+1}{x-1}$ とすると，$y=\sqrt{u}$ である．

$$y'=\frac{dy}{du}\frac{du}{dx}=\frac{1}{2\sqrt{u}}\frac{(x+1)'(x-1)-(x+1)(x-1)'}{(x-1)^2}=-\frac{1}{\sqrt{(x+1)(x-1)^3}}$$

(3) $u=1+\sqrt{x^2+2}$ とすれば $y=u^3$ である．次に，u を x で微分するのに，$v=x^2+2$ とおいて $u=1+\sqrt{v}$ とし，再び合成関数の微分法を使う．

$$y'=\frac{dy}{du}\frac{du}{dx}=\frac{dy}{du}\frac{du}{dv}\frac{dv}{dx}=3u^2\times\frac{1}{2\sqrt{v}}\times 2x=\frac{3x(1+\sqrt{x^2+2})^2}{\sqrt{x^2+2}}$$

【注】上の (3) に見るように，合成関数の微分法を繰り返し使うことがある．これを式で表せば，一般に，

$$\frac{dy}{dx}=\frac{dy}{du}\frac{du}{dv}\cdots\frac{dw}{dx} \tag{3.10}$$

である（形式的に導関数の記号を分数と見なせば，右辺の隣接する分母と分子が次々約分され，左辺が得られる構造である）．

例題 3-5 1秒あたり体積 u の割合で静かに空気を吹き込み，球形にシャボン玉をふくらませる．シャボン玉の半径が r のとき，半径が1秒あたりに増える割合（時間に対する半径の変化率）を求めなさい．また，表面積が1秒あたりに変化する割合はどうか．

《解説》半径 r の球の体積 V は，$V = \dfrac{4}{3}\pi r^3$ である．V は r を通じて時間 t の関数で，V を t で微分するのに，合成関数の微分法を適用する．

$$\frac{dV}{dt} = \frac{dV}{dr}\frac{dr}{dt} = 4\pi r^2 \frac{dr}{dt}$$

条件より $\dfrac{dV}{dt} = u$ を代入し，時間に対する半径の変化率 $\dfrac{dr}{dt}$ に対して次の結果が得られる．

$$\frac{dr}{dt} = \frac{u}{4\pi r^2}$$

表面積 S は，$S = 4\pi r^2$ である．

$$\frac{dS}{dt} = \frac{dS}{dr}\frac{dr}{dt} = 8\pi r \times \frac{u}{4\pi r^2} = \frac{2u}{r}$$

演習問題

1. 次の関数を微分しなさい．

(1) $y = (2x+3)^5$

(2) $y = \sqrt{x^2 - x + 1}$

(3) $y = \left(x + \dfrac{1}{x}\right)^3$

(4) $y = \dfrac{1}{(x^2+1)^n}$

(5) $y = \left(\dfrac{3x+2}{x+1}\right)^5$

(6) $y = \sqrt{\dfrac{x^2+1}{2x+3}}$

2. 微分可能な関数 $f(x)$ について，次の関係を証明しなさい．

(1) $\dfrac{d}{dx}f(ax+b) = af'(ax+b)$

(2) $\dfrac{d}{dx}\{f(x)\}^n = n\{f(x)\}^{n-1}f'(x)$

3. 底面の半径 a，高さ h の直円錐の容器に，底面を上に軸を垂直にして液体を満たし，下端から1秒あたり体積 u の割合で液体を漏出させる．液面の半径が r のとき，液面の高さが変化する速度を求めなさい．

解答

1. (1) $10(2x+3)^4$ (2) $\dfrac{2x-1}{2\sqrt{x^2-x+1}}$ (3) $3\left(1 - \dfrac{1}{x^2}\right)\left(x + \dfrac{1}{x}\right)^2$

(4) $\dfrac{-2nx}{(x^2+1)^{n+1}}$ (5) $\dfrac{5(3x+2)^4}{(x+1)^6}$ (6) $\dfrac{x^2+3x-1}{\sqrt{(x^2+1)(2x+3)^3}}$

2. (1) 〔指針：$u = ax + b$ と $y = f(u)$ の合成関数〕
   (2) 〔指針：$u = f(x)$ と $y = u^n$ の合成関数〕
3. 毎秒 $\dfrac{u}{\pi r^2}$ ずつ減少〔指針：液面の高さ x と半径 r の関係は $\dfrac{x}{r} = \dfrac{h}{a}$，液体の体積は $V = \dfrac{1}{3}\pi \left(\dfrac{a}{h}\right)^2 x^3$〕

3.4 逆関数と媒介変数表示の関数の微分

● **逆関数の微分** 狭義の単調関数 $y = f(x)$ に対して，単調な逆関数 $x = f^{-1}(y)$ が存在する〔p.37 定理 2.5 を参照〕．$y = f(x)$ が微分可能である場合に，逆関数の導関数について，次の定理が成り立つ．

―――― 逆関数の微分法 ――――

定理 3.4 関数 $y = f(x)$ が微分可能な狭義の単調関数であるとき，逆関数 $x = f^{-1}(y)$ は y に関して微分可能で，次の関係が成り立つ．

$$\left(\frac{dx}{dy}\right)\left(\frac{dy}{dx}\right) = 1 \tag{3.11}$$

【証明】
x の増分 Δx に対する y の増分を Δy とすれば，$y + \Delta y = f(x + \Delta x)$ である．逆関数の定義から，$x + \Delta x = f^{-1}(y + \Delta y)$ となる．また，$f(x)$，$f^{-1}(y)$ は連続であるから，$\Delta x \to 0$ のとき $\Delta y \to 0$ であり，$\Delta y \to 0$ のとき $\Delta x \to 0$ である．
このとき，

$$\frac{dx}{dy} = \lim_{\Delta y \to 0} \frac{\Delta x}{\Delta y} = \lim_{\Delta x \to 0} \frac{1}{\left(\dfrac{\Delta y}{\Delta x}\right)} = \frac{1}{\left(\dfrac{dy}{dx}\right)}$$

が得られる．これは求める関係式である． 　　　　　　　　　　　　　　　　　　　　 終

例 1 $y = \sqrt{x}$ のとき，y' を求める．$y = \sqrt{x}$ は狭義の増加関数だから，逆関数 $x = y^2$ が定まる．

$$\frac{dx}{dy} = 2y \quad \therefore \quad \frac{dy}{dx} = \frac{1}{2y} = \frac{1}{2\sqrt{x}}$$

3.4 逆関数と媒介変数表示の関数の微分

例題 3-6 次の関数の導関数を求めなさい.

(1) $y = \sqrt[n]{x}$ ($x > 0$, n は自然数)　(2) $x = y^3 + y$

《解説》

(1) $y = \sqrt[n]{x}$ の逆関数は $x = y^n$ であり, その導関数は $\dfrac{dx}{dy} = ny^{n-1}$ となる.

$$\therefore \quad \frac{dy}{dx} = \frac{1}{\left(\dfrac{dx}{dy}\right)} = \frac{1}{ny^{n-1}} = \frac{1}{n\sqrt[n]{x^{n-1}}}$$

(2) $x = f(y) = y^3 + y$ の逆関数 $y = f^{-1}(x)$ を求めなくても, 逆関数の微分法で y' が求まる.

$$\frac{dx}{dy} = 3y^2 + 1 \quad \therefore \quad \frac{dy}{dx} = \frac{1}{\left(\dfrac{dx}{dy}\right)} = \frac{1}{3y^2 + 1}$$

なお, 以上の計算は, 逆関数が存在することを仮定している. しかし, $h > 0$ に対して,

$$f(y+h) - f(y) = 3hy^2 + 3h^2y + h^3 + h = 3h\left(y + \frac{h}{2}\right)^2 + \frac{1}{4}h^3 + h > 0$$

であるから, $x = f(y)$ は狭義の増加関数で, その逆関数 $y = f^{-1}(x)$ が存在する [p.36 を参照].

● **媒介変数表示の関数の微分**　関数が媒介変数表示で与えられることは多い. このような場合に, 関数を微分する方法が次の定理である.

――― 媒介変数表示の関数の微分法 ―――

定理 3.5 t を媒介変数とする関数 $x = \phi(t)$, $y = \psi(t)$ において, $\phi(t)$, $\psi(t)$ が微分可能で, $\phi(t)$ が狭義の単調関数であるとき, 次式が成り立つ.

$$\frac{dy}{dx} = \frac{\left(\dfrac{dy}{dt}\right)}{\left(\dfrac{dx}{dt}\right)} \quad \text{すなわち} \quad y' = \frac{\psi'(t)}{\phi'(t)} \quad (\phi'(t) \neq 0) \qquad (3.12)$$

【証明】
y を $y = \psi(t)$ と $x = \phi(t)$ の逆関数 $t = \phi^{-1}(x)$ から作られる合成関数 $y = \psi(\phi^{-1}(x))$ と考え，合成関数の微分法を適用する．

$$\frac{dy}{dx} = \frac{dy}{dt}\frac{dt}{dx} = \frac{dy}{dt}\frac{1}{\left(\frac{dx}{dt}\right)} \quad (\because 逆関数の微分法)$$

これは求める関係式である． 終

例 2 $x = t,\ y = t^2$ のとき，$\frac{dx}{dt} = 1,\ \frac{dy}{dt} = 2t$ である．(3.12) を使って，次の結果が得られる．

$$\frac{dy}{dx} = 2t = 2x$$

なお，t を消去すると $y = x^2$ であり，直接 y を x で微分した結果と一致する．

演習問題

1. 次の関数に対して，y' を求めなさい．

 (1) $x = y + \sqrt{y+1}$ 　　 (2) $x = \sqrt{y^2+1} - \dfrac{1}{\sqrt{y^2+1}}$

2. 次の関数の導関数 y' を求めなさい．

 (1) $x = 2t-1,\ y = 3t^2 + 2t$ 　　 (2) $x = t - \dfrac{1}{t},\ y = t + \dfrac{1}{t}$

解 答

1. (1) $y' = \dfrac{2\sqrt{y+1}}{1+2\sqrt{y+1}}$ 　　(2) $y' = \dfrac{\sqrt{(y^2+1)^3}}{y(y^2+2)}$

2. (1) $y' = 3t+1 = \dfrac{3}{2}x + \dfrac{5}{2}$ 　　(2) $y' = \dfrac{t^2-1}{t^2+1} = \dfrac{x}{y}$

第4章

基本関数の微分

4.1 自然対数の底

関数 $y = \left(1 + \dfrac{1}{x}\right)^x$ (定義域は区間 $[-1, 0]$ を除く実数) は，そのグラフの様子から，$x \to \infty$ と $x \to -\infty$ の極限で同じ極限値に収束するように思われる．実際，この予想が正しいことを証明できる．この極限値を文字 e で表し，**自然対数の底** という．

> **自然対数の底**
> $$e = \lim_{x \to \infty} \left(1 + \dfrac{1}{x}\right)^x = \lim_{x \to -\infty} \left(1 + \dfrac{1}{x}\right)^x \tag{4.1}$$

なお，e は無理数で，$e = 2.7182818\cdots$ であることがわかっている．

【証明】
数列の極限として，次式によって自然対数の底を定義した [p.7 (1.5) を参照]．
$$e = \lim_{n \to \infty} \left(1 + \dfrac{1}{n}\right)^n \quad \cdots \text{①}$$

(4.1) の極限値が，この数と等しいことを証明する．

(1) $x \to \infty$ のとき：x を超えない最大の整数を n とすると，$n \leqq x < n+1$ である．正の数の間の不等式では，逆数をとると不等号の向きが変わる．
$$\therefore\ 1 + \dfrac{1}{n+1} < 1 + \dfrac{1}{x} \leqq 1 + \dfrac{1}{n}$$

1 より大きい各辺を順に n, x, $n+1$ 乗しても，$n \leqq x < n+1$ であるから，不等号の

図 4.1 関数 $y = \left(1 + \dfrac{1}{x}\right)^x$ のグラフ

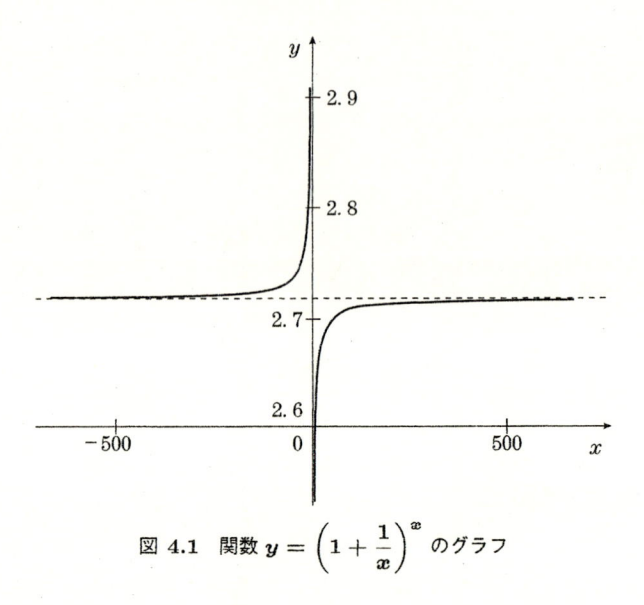

向きは変わらない.
$$\left(1 + \frac{1}{n+1}\right)^n < \left(1 + \frac{1}{x}\right)^x < \left(1 + \frac{1}{n}\right)^{n+1} \cdots ②$$

$x \to \infty$ に対して $n \to \infty$ である. ②の両端の極限は, ①より

$$\lim_{n \to \infty} \left(1 + \frac{1}{n}\right)^{n+1} = \lim_{n \to \infty} \left(1 + \frac{1}{n}\right)^n \left(1 + \frac{1}{n}\right) = e \times 1 = e$$

$$\lim_{n \to \infty} \left(1 + \frac{1}{n+1}\right)^n = \lim_{n \to \infty} \left(1 + \frac{1}{n+1}\right)^{n+1} \left(1 + \frac{1}{n+1}\right)^{-1} = \frac{e}{1} = e$$

であるから, ②の中央の項も e に収束する [p.4 定理 1.2 を参照].

$$\therefore \quad \lim_{x \to \infty} \left(1 + \frac{1}{x}\right)^x = e \cdots ③$$

(2) $x \to -\infty$ のとき: $x = -t$ とおくと, $t \to \infty$ である.

$$\lim_{x \to -\infty} \left(1 + \frac{1}{x}\right)^x = \lim_{t \to \infty} \left(1 - \frac{1}{t}\right)^{-t} = \lim_{t \to \infty} \left(\frac{t}{t-1}\right)^t$$
$$= \lim_{t \to \infty} \left(1 + \frac{1}{t-1}\right)^{t-1} \left(1 + \frac{1}{t-1}\right) = e \times 1 = e \cdots ④$$

③と④から, (4.1) が成り立つ. 終

$x = \dfrac{1}{h}$ とおくと, $x \to \pm\infty$ のとき $h \to 0$ より, 自然対数の底 e は次式のようにも表される.

$$e = \lim_{h \to 0}(1+h)^{\frac{1}{h}} \tag{4.2}$$

後に見るように, e を底とする指数関数 e^x と対数関数 $\log_e x$ には特別の意味がある. 対数 $\log_e x$ を**自然対数**といい, 底 e を省略して書く.

$$e^y = x \iff y = \log x \tag{4.3}$$

【注】自然対数 $\log_e x$ であることを明示したい場合に, 記号 $\ln x$ (natural logarithm) を使うことがある.

例題 4-1 次の極限値を導きなさい.

(1) $\lim_{x \to 0}(1+ax)^{\frac{1}{x}} = e^a$ (2) $\lim_{h \to 0}\dfrac{\log(1+h)}{h} = 1$ (3) $\lim_{h \to 0}\dfrac{e^h - 1}{h} = 1$

《解説》(4.1) と (4.2) は, $(1+\alpha)^\beta$ ($\alpha \to 0$, $\beta \to \pm\infty$) の形である. 大切なことは, $\alpha\beta = 1$ の関係を満たすとき, 極限値が e になることである.

(1) $a \neq 0$ のとき:$ax = y$ とおくと, $x \to 0$ に対して $y \to 0$ である.

$$\lim_{x \to 0}(1+ax)^{\frac{1}{x}} = \lim_{y \to 0}(1+y)^{\frac{a}{y}} = \lim_{y \to 0}\left\{(1+y)^{\frac{1}{y}}\right\}^a = e^a$$

$a = 0$ のとき:常に $(1+ax)^{\frac{1}{x}} = 1$ より極限値も 1 であるが, このとき $e^a = e^0 = 1$ である. したがって, 任意の a に対して極限値は e^a である.

(2) (4.2) を利用する.

$$\lim_{h \to 0}\dfrac{\log(1+h)}{h} = \lim_{h \to 0}\log(1+h)^{\frac{1}{h}} = \log e = 1$$

(3) $k = e^h - 1$ とおくと, $h = \log(k+1)$ であり, $h \to 0$ に対して $k \to 0$ である.

$$\lim_{h \to 0}\dfrac{e^h - 1}{h} = \lim_{k \to 0}\dfrac{k}{\log(k+1)} = \lim_{k \to 0}\dfrac{1}{\log(k+1)^{\frac{1}{k}}} = \dfrac{1}{\log e} = 1$$

===== 演習問題 =====

1. 次の極限値を求めなさい.

(1) $\lim_{x \to 0}(1+2x)^{\frac{3}{x}}$ (2) $\lim_{x \to \infty}\left(1 - \dfrac{3}{x}\right)^x$

(3) $\lim_{x \to 0}\dfrac{\log(1+x)}{x + x^2}$ (4) $\lim_{x \to 0}\dfrac{e^x - e^{-x}}{x}$

解 答

1. (1) e^6 (2) $\dfrac{1}{e^3}$ (3) 1 〔指針 : $\dfrac{\log(1+x)}{x+x^2} = \dfrac{\log(1+x)}{x}\dfrac{1}{1+x}$〕
   (4) 2 〔指針 : $\dfrac{e^x - e^{-x}}{x} = \left(\dfrac{e^x - 1}{x}\right) + \left(\dfrac{e^{-x} - 1}{-x}\right)$〕

4.2 対数関数と指数関数の微分

● **対数関数の微分** 対数関数 $y = \log x$ $(x > 0)$ の導関数を求める.

$$(\log x)' = \lim_{h \to 0} \frac{\log(x+h) - \log x}{h} = \lim_{h \to 0} \frac{1}{h} \log \frac{x+h}{x}$$
$$= \lim_{h \to 0} \frac{1}{x} \log \left(1 + \frac{h}{x}\right)^{\frac{x}{h}} = \frac{1}{x} \log e = \frac{1}{x}$$

$y = \log |x|$ $(x \neq 0)$ の導関数を求める. $\sqrt{x^2} = |x|$ だから, $y = \log |x| = \log \sqrt{x^2} = \dfrac{1}{2} \log x^2$ と変形し, $u = x^2 > 0$ とおき合成関数の微分法を適用する.

$$(\log |x|)' = \frac{dy}{du}\frac{du}{dx} = \frac{1}{2u} \times 2x = \frac{1}{x}$$

すなわち, x の正負にかかわらず, 結果は同じである.

例1 $y = \log |f(x)|$ の導関数を求める. $u = f(x)$ とおき, 合成関数の微分法を適用する.

$$(\log |f(x)|)' = \left(\frac{d}{du} \log |u|\right)\left(\frac{du}{dx}\right) = \frac{1}{u} f'(x) = \frac{f'(x)}{f(x)}$$

対数関数の微分

$$(\log |x|)' = \frac{1}{x} \quad (x \neq 0) \tag{4.4}$$

$$(\log |f(x)|)' = \frac{f'(x)}{f(x)} \quad (f(x) \neq 0) \tag{4.5}$$

例題 4-2 次の関数の導関数を求めなさい.

(1) $y = \log |x + 2|$ (2) $y = \log(\log x)^2$ (3) $y = \dfrac{\log x}{\log x + 1}$

《解説》(1), (2) は (4.5) の形である. (3) は商の微分法を適用する.

(1) $y' = \dfrac{(x+2)'}{x+2} = \dfrac{1}{x+2}$

(2) $y' = \dfrac{\{(\log x)^2\}'}{(\log x)^2} = \dfrac{2\log x(\log x)'}{(\log x)^2} = \dfrac{2}{x\log x}$

(3) $y' = \dfrac{(\log x)'(\log x+1) - \log x(\log x+1)'}{(\log x+1)^2} = \dfrac{1}{x(\log x+1)^2}$

● **対数微分法** 導関数を求めるのに，関数の対数を微分する方法がある．対数微分法と呼ばれるこの方法は，次のような場合に有用である．

$$\text{関数 } f(x) \text{ が} \begin{cases} \text{① 積と商で表されている場合} \\ \text{② 指数を含む場合} \end{cases}$$

負の関数に対しても，その絶対値の対数をとることで，(4.5) を利用できる．

例 2 $y = \sqrt{\dfrac{3x-1}{x+1}}$ を対数微分法で微分する．$y = |3x-1|^{\frac{1}{2}}|x+1|^{-\frac{1}{2}}$ の形に直し，対数をとれば，$\log y = \frac{1}{2}(\log|3x-1| - \log|x+1|)$ となる．次に，両辺を微分する．

$$\dfrac{y'}{y} = \dfrac{1}{2}\left(\dfrac{3}{3x-1} - \dfrac{1}{x+1}\right) = \dfrac{2}{(3x-1)(x+1)}$$
$$\therefore \quad y' = \dfrac{2y}{(3x-1)(x+1)} = \dfrac{2}{\sqrt{(3x-1)(x+1)^3}}$$

例 3 $y = x^\alpha$ (α は実定数, $x > 0$) の導関数を求める．$\log y = \log x^\alpha = \alpha \log x$ である．

$$\dfrac{y'}{y} = \dfrac{\alpha}{x} \quad \therefore \quad y' = \dfrac{\alpha}{x}y = \alpha x^{\alpha-1}$$

指数が整数の場合の公式 [p.49 (3.5), p.52 (3.8) を参照] が，任意の実定数 α に対しても成り立つ．

巾関数の微分

$$(x^\alpha)' = \alpha x^{\alpha-1} \quad (\alpha \text{ は任意の実数}, x > 0) \quad\quad (4.6)$$

● **指数関数の微分** 指数関数 $y = e^x$ の導関数を，逆関数の微分法によって求める [p.56 (3.11) を参照]．逆関数は $x = \log y$ で，$\dfrac{dx}{dy} = \dfrac{1}{y}$ より，次のように求まる．

$$(e^x)' = \dfrac{dy}{dx} = \dfrac{1}{\left(\dfrac{dx}{dy}\right)} = y = e^x$$

例4 $y = e^{ax}$ の導関数は，$u = ax$ とおけば，$y' = \dfrac{dy}{du}\dfrac{du}{dx} = e^u \times a = ae^{ax}$ となる．

例5 $y = a^x$ の導関数を求める．$\log y = \log a^x = x \log a$ とし，対数微分法を利用する．

$$\frac{y'}{y} = \log a \quad \therefore \quad y' = y \log a = a^x \log a$$

指数関数の微分

$$(e^x)' = e^x, \qquad (a^x)' = a^x \log a \qquad (4.7)$$

例題 4-3 次の関数を微分しなさい．

(1) $y = e^{-ax^2}$ 　　　　　　　　(2) $y = e^x \log x$

《解説》
(1) $y = e^u$ と $u = -ax^2$ の合成関数と考え，合成関数の微分法を使う．

$$y' = \frac{dy}{du}\frac{du}{dx} = e^u(-2ax) = -2axe^{-ax^2}$$

(2) 積の微分法による．

$$y' = (e^x)' \log x + e^x (\log x)' = e^x \left(\log x + \frac{1}{x} \right)$$

演習問題

1. 次の関数の導関数を求めなさい．

(1) $\log |x^2 + 2x + 3|$ 　　　　(2) $x^3 \log |x|$

(3) $\log |x + \sqrt{x^2 + a}|$ 　　(4) $\log \sqrt{\dfrac{1+x}{1-x}}$

(5) 2^{-x} 　　　　　　　　　　(6) $\dfrac{1}{e^x + e^{-x}}$

(7) $xe^{\sqrt{x}}$ 　　　　　　　　(8) $e^{-x} \log |2x+1|$

2. 対数微分法によって，次の関数を微分しなさい．

(1) $y = \dfrac{1}{x} e^{\frac{1}{x}}$ 　　　　　　(2) $y = a^{\frac{1}{x}}$

(3) $y = \dfrac{x^3(x+1)^5}{\sqrt{2x+3}}$ 　　(4) $y = \sqrt{(x+1)(x+2)(x+3)}$

解答

1. (1) $\dfrac{2(x+1)}{x^2+2x+3}$ (2) $x^2(3\log|x|+1)$ (3) $\dfrac{1}{\sqrt{x^2+a}}$ (4) $\dfrac{1}{1-x^2}$

(5) $-2^{-x}\log 2$ (6) $-\dfrac{e^x-e^{-x}}{(e^x+e^{-x})^2}$ (7) $e^{\sqrt{x}}\left(1+\dfrac{\sqrt{x}}{2}\right)$

(8) $e^{-x}\left(-\log|2x+1|+\dfrac{2}{2x+1}\right)$

2. (1) $-\dfrac{1}{x^3}(1+x)e^{\frac{1}{x}}$ (2) $-\dfrac{\log a}{x^2}a^{\frac{1}{x}}$ (3) $\dfrac{x^2(x+1)^4}{\sqrt{(2x+3)^3}}(15x^2+29x+9)$

(4) $\dfrac{1}{2}\sqrt{(x+1)(x+2)(x+3)}\left(\dfrac{1}{x+1}+\dfrac{1}{x+2}+\dfrac{1}{x+3}\right)=\dfrac{3x^2+12x+11}{2\sqrt{x^3+6x^2+11x+6}}$

4.3 三角関数の微分

三角関数の導関数を求める上で，次の極限値が基本になっている．

> **基本となる極限値**
> $$\lim_{x\to 0}\dfrac{\sin x}{x}=1 \quad (x\text{ の単位はラジアン}) \qquad (4.8)$$

【注】図形的意味　x が十分小さいとき，半径 1，中心角 x の扇形 OAB の面積 $\dfrac{1}{2}x$ [p.23 (1.23) を参照] と 2 等辺三角形 OAB の面積 $\dfrac{1}{2}\sin x$ は，ほぼ等しい（あるいは，弧長 AB $=x$ と高さ BH $=\sin x$ は，ほぼ等しい）．上の関係は，x が 0 に近づくとき，これら 2 つが限りなく近づくことを意味する．

【証明】
半径 1，中心角 x $(0<x<\pi/2)$ の扇形 OAB をとり，A で円に引いた接線と OB の延長線が交わる点を T とする．面積の間に次の不等式が成り立つ．

$$\triangle\text{OAB} < \text{扇形 OAB} < \triangle\text{OAT}$$

$\triangle\text{OAB}=\dfrac{1}{2}\sin x$，扇形 OAB $=\dfrac{1}{2}x$，$\triangle\text{OAT}=\dfrac{1}{2}\tan x$ を上の不等式に代入し，各項を 2 倍する．

$$\sin x < x < \tan x, \quad \text{各項の逆数をとると} \quad \dfrac{1}{\sin x} > \dfrac{1}{x} > \dfrac{1}{\tan x}$$

各項に正の数 $\sin x$ を掛けると，次の不等式が得られる．

$$1 > \dfrac{\sin x}{x} > \cos x$$

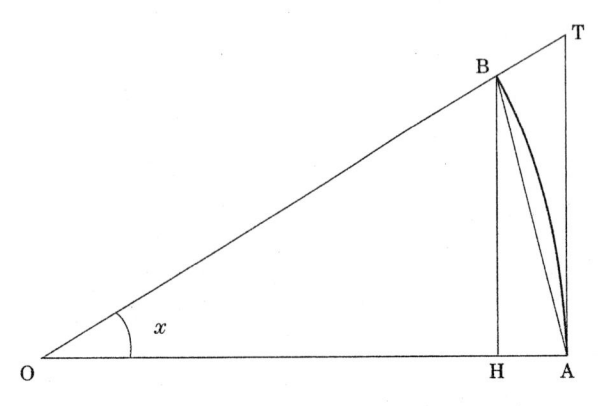

図 4.2 三角形と扇形の面積比較

上式で，$x \to +0$ で $\cos x \to 1$ であるから，間に挟まれた $\dfrac{\sin x}{x}$ は 1 に近づく．

$$\lim_{x \to +0} \frac{\sin x}{x} = 1$$

左側極限値に対しては，$x = -t \ (t > 0)$ とすると，$x \to -0$ は $t \to +0$ である．

$$\therefore \lim_{x \to -0} \frac{\sin x}{x} = \lim_{t \to +0} \frac{\sin(-t)}{-t} = \lim_{t \to +0} \frac{\sin t}{t} = 1$$

右側極限値と左側極限値が一致するから，(4.8) が証明された． 　　終

例1 $\displaystyle \lim_{x \to 0} \frac{\sin ax}{x}$ を求める．$a \ne 0$ のとき，(4.8) を利用するために，正弦関数の角と同じものを対で組合せる．$ax = t$ とおくと，$x \to 0$ のとき $t \to 0$ だから，次の計算が成り立つ．

$$\lim_{x \to 0} \frac{\sin ax}{x} = \lim_{t \to 0} a \frac{\sin t}{t} = a$$

また，$a = 0$ のとき，常に $\dfrac{\sin ax}{x} = 0$ であるから，上の結果は $a = 0$ のときも成り立つ．

例題 4-4　次の極限値を求めなさい．

(1) $\displaystyle \lim_{x \to 0} \frac{\sin x^2}{x}$　　　　　(2) $\displaystyle \lim_{x \to 0} \frac{\sin^{-1} x}{x}$

《解説》

(1) 正弦関数の角と同じものを組合せる．

$$\lim_{x \to 0} \frac{\sin x^2}{x} = \lim_{x \to 0} x \left(\frac{\sin x^2}{x^2} \right) = 0 \times 1 = 0$$

(2) $\sin^{-1} x = \theta$ とおけば, $x = \sin\theta$ で, $x \to 0$ のとき $\theta \to 0$ である.

$$\lim_{x \to 0} \frac{\sin^{-1} x}{x} = \lim_{\theta \to 0} \frac{\theta}{\sin\theta} = 1$$

● **三角関数の微分**　$y = \sin x$ の導関数から求める. 差を積に直す公式を使うと [p.25 (1.31) を参照], $\sin(x+h) - \sin x = 2\cos\left(x + \dfrac{h}{2}\right)\sin\dfrac{h}{2}$ であるから, 次の計算が成り立つ.

$$(\sin x)' = \lim_{h \to 0} \frac{\sin(x+h) - \sin x}{h} = \lim_{h \to 0} \cos\left(x + \frac{h}{2}\right)\frac{2\sin(h/2)}{h}$$
$$= \lim_{h \to 0} \cos\left(x + \frac{h}{2}\right)\frac{\sin(h/2)}{(h/2)} = \cos x$$

$y = \cos x$ も同様であるが, ここでは $\cos x = \sin\left(x + \dfrac{\pi}{2}\right)$ を利用する. $y = \sin u$, $u = x + \dfrac{\pi}{2}$ とおいて合成関数の微分法を使う.

$$(\cos x)' = \frac{dy}{du}\frac{du}{dx} = \cos u = \cos\left(x + \frac{\pi}{2}\right) = -\sin x$$

$y = \tan x$ の導関数は, 商の微分法によって求まる.

$$(\tan x)' = \left(\frac{\sin x}{\cos x}\right)' = \frac{(\sin x)'\cos x - \sin x(\cos x)'}{\cos^2 x}$$
$$= \frac{(\cos x)\cos x - \sin x(-\sin x)}{\cos^2 x} = \frac{1}{\cos^2 x}$$

三角関数の微分

$(\sin x)' = \cos x$, 　　$(\cos x)' = -\sin x$, 　　$(\tan x)' = \dfrac{1}{\cos^2 x}$ 　　(4.9)

例題 4-5　次の関数を微分しなさい.

(1) $y = \sin ax$ 　$(a \neq 0)$ 　　(2) $y = \cos^3 x$ 　　(3) $y = \tan\sqrt{x}$

《解説》 x の適当な関数を u とおき, 合成関数の微分法 $\dfrac{dy}{dx} = \dfrac{dy}{du}\dfrac{du}{dx}$ によって計算する.

(1) $u = ax$ とおけば, $y = \sin u$ である.

$$y' = \frac{dy}{du}\frac{du}{dx} = \cos u \times a = a\cos ax$$

(2) $u = \cos x$ とおけば, $y = u^3$ である.
$$y' = 3u^2(-\sin x) = -3\cos^2 x \sin x$$

(3) $u = \sqrt{x}$ とおけば, $y = \tan u$ である.
$$y' = \frac{1}{\cos^2 u} \times \frac{1}{2\sqrt{x}} = \frac{1}{2\sqrt{x}\cos^2 \sqrt{x}}$$

═══════════ 演 習 問 題 ═══════════

1. 次の極限値を求めなさい.
  (1) $\displaystyle\lim_{x \to 0} \frac{\sin ax}{\sin bx}$ $(b \neq 0)$
  (2) $\displaystyle\lim_{x \to \infty} x \tan^{-1} \frac{1}{x}$

2. 次の関数の導関数を求めなさい.
  (1) $\cos(3x + 1)$
  (2) $\sin(x^2 + x)$
  (3) $\sin^2 x + 3\cos x$
  (4) $\tan(2x - 7)$
  (5) $\dfrac{1}{\sin x + \cos x}$
  (6) $\sqrt{\cos^2 x + \sin x + 1}$
  (7) $e^{ax}\sin bx$
  (8) $(\sin x)^{\tan x}$ $\left(0 < x < \dfrac{\pi}{2}\right)$

3. 媒介変数表示で与えられた次の関数の導関数 y' を求めなさい.
  (1) $x = a\cos bt$, $y = a\sin bt$
  (2) $x = a(t - \sin t)$, $y = a(1 - \cos t)$

═══════════ 解 答 ═══════════

1. (1) $\dfrac{a}{b}$ (2) 1 〔指針: $\tan^{-1}\dfrac{1}{x} = \theta$ とおき, θ で表す〕

2. (1) $-3\sin(3x + 1)$ (2) $(2x + 1)\cos(x^2 + x)$ (3) $(2\cos x - 3)\sin x$
  (4) $\dfrac{2}{\cos^2(2x - 7)}$ (5) $\dfrac{\sin x - \cos x}{(\sin x + \cos x)^2}$ (6) $\dfrac{\cos x(1 - 2\sin x)}{2\sqrt{\cos^2 x + \sin x + 1}}$
  (7) $e^{ax}(a\sin bx + b\cos bx)$ (8) $(\sin x)^{\tan x}\left(1 + \dfrac{\log \sin x}{\cos^2 x}\right)$ 〔指針: 対数微分法〕

3. (1) $y' = -\dfrac{1}{\tan bt}$ (2) $y' = \dfrac{\sin t}{1 - \cos t} = \dfrac{1}{\tan \frac{t}{2}}$

4.4 逆三角関数の微分

$y = \sin^{-1} x$ の導関数を求める. 逆関数 $x = \sin y$ に逆関数の微分法を適用する [p.56 (3.11)] を参照.

4.4 逆三角関数の微分

$$y' = (\sin^{-1} x)' = \frac{1}{\left(\dfrac{dx}{dy}\right)} = \frac{1}{\cos y}$$

$\cos y = 0$ となる $x = \pm 1$ に対しては，微分可能でない．$x \neq \pm 1$ すなわち $-\dfrac{\pi}{2} < y < \dfrac{\pi}{2}$ では $\cos y > 0$ であるから，$\cos y = \sqrt{1 - \sin^2 y} = \sqrt{1 - x^2}$ となる．

$$\therefore \quad (\sin^{-1} x)' = \frac{1}{\sqrt{1 - x^2}}$$

$\cos^{-1} x$ の導関数は，$\sin^{-1} x + \cos^{-1} x = \dfrac{\pi}{2}$ を利用して求める [p.41 (2.9) を参照]．

$$(\cos^{-1} x)' = -(\sin^{-1} x)' = -\frac{1}{\sqrt{1 - x^2}}$$

$y = \tan^{-1} x$ の導関数は，逆関数 $x = \tan y$ に逆関数の微分法を適用して求める．

$$(\tan^{-1} x)' = \frac{1}{(\tan y)'} = \cos^2 y = \frac{1}{1 + \tan^2 y}{}^{*)} = \frac{1}{1 + x^2}$$

逆三角関数の微分

$$(\sin^{-1} x)' = \frac{1}{\sqrt{1 - x^2}}, \qquad (\cos^{-1} x)' = \frac{-1}{\sqrt{1 - x^2}} \tag{4.10}$$

$$(\tan^{-1} x)' = \frac{1}{1 + x^2} \tag{4.11}$$

例題 4-6 次の関数を微分しなさい．

(1) $y = \sin^{-1} \dfrac{x}{a} \ (a > 0)$ \qquad (2) $y = \tan^{-1}(a \tan bx)$

《解説》

(1) $y = \sin^{-1} u, \ u = \dfrac{x}{a}$ とおき，合成関数の微分法を使う．

$$y' = \frac{dy}{du}\frac{du}{dx} = \frac{1}{\sqrt{1 - u^2}} \times \frac{1}{a} = \frac{1}{\sqrt{a^2 - x^2}}$$

---

*) $\cos^2 y = \dfrac{\cos^2 y}{\cos^2 y + \sin^2 y} = \dfrac{1}{1 + \frac{\sin^2 y}{\cos^2 y}}$ (分母，分子を $\cos^2 y$ で割った) $= \dfrac{1}{1 + \tan^2 y}$

(2) $y = \tan^{-1} u$, $u = a\tan v$, $v = bx$ とおき，合成関数の微分法を繰り返す．

$$y' = \frac{dy}{du}\frac{du}{dv}\frac{dv}{dx} = \frac{1}{1+u^2} \times \frac{a}{\cos^2 v} \times b = \frac{ab}{a^2\sin^2 bx + \cos^2 bx}$$

━━━━━━━━━ 演 習 問 題 ━━━━━━━━━

1. 次の関数の導関数を求めなさい．

(1) $\sin^{-1} x - \cos^{-1} x$ (2) $\cos^{-1}(2x-1)$

(3) $\tan^{-1}\dfrac{1}{x}$ (4) $\sin^{-1}\dfrac{x}{\sqrt{1+x^2}}$

(5) $(\cos^{-1} x)^\alpha$ (α は実数)   (6) $e^{\tan^{-1} x}$

━━━━━━━━━ 解 答 ━━━━━━━━━

1. (1) $\dfrac{2}{\sqrt{1-x^2}}$ (2) $-\dfrac{1}{\sqrt{x-x^2}}$ (3) $-\dfrac{1}{1+x^2}$ (4) $\dfrac{1}{1+x^2}$

(5) $-\dfrac{\alpha(\cos^{-1} x)^{\alpha-1}}{\sqrt{1-x^2}}$ (6) $\dfrac{e^{\tan^{-1} x}}{1+x^2}$

4.5 高次導関数

導関数 $y' = f'(x)$ が微分可能ならば，これを微分して新たな導関数を導くことができる．こうして得られる導関数を **2次導関数**または **2階導関数**と呼び，次の記号で表す．

$$y'', \quad \frac{d}{dx}\frac{dy}{dx}, \quad \frac{d^2y}{dx^2}, \quad f''(x), \quad \frac{d}{dx}\frac{df(x)}{dx}, \quad \frac{d^2f(x)}{dx^2}$$

さらに，$y'' = f''(x)$ が微分可能ならば，これを微分して **3次導関数**または **3階導関数**が得られる．

一般に，関数 $y = f(x)$ を次々に n 回微分して得られる関数を **n次導関数**または **n階導関数**と呼び，次の記号で表す．

$$y^{(n)}, \quad \frac{d^n y}{dx^n}, \quad f^{(n)}(x), \quad \frac{d^n f(x)}{dx^n}$$

$f^{(n)}(x)$ $(n \geqq 2)$ を，**高次導関数**または**高階導関数**と総称する．

4.5 高次導関数

n 次導関数 $f^{(n)}(x)$ が存在するとき，$f(x)$ は **n 回微分可能**であるという．また，任意の自然数 n に対して $f^{(n)}(x)$ が存在するとき，$f(x)$ は**無限回微分可能**であるという．

【注】$y^{(0)} = y$ と約束する．3 次導関数までは，$y^{(1)} = y'$, $y^{(2)} = y''$, $y^{(3)} = y'''$ である．なお，4 次導関数以上では，右肩にダッシュをつけて表すことはしない．

代表的な関数の n 次導関数を求める．

● $y = x^\alpha$ (α は自然数でない実数)

$y^{(1)} = \alpha x^{\alpha-1}$, $y^{(2)} = \alpha(\alpha-1)x^{\alpha-2}$, $y^{(3)} = \alpha(\alpha-1)(\alpha-2)x^{\alpha-3}$, $\cdots$ であることから，次の結果が得られる．

$$(x^\alpha)^{(n)} = \alpha(\alpha-1)\cdots(\alpha-n+1)x^{\alpha-n} \tag{4.12}$$

● $y = x^m$ (m は自然数)

$n < m$ であれば (4.12) を適用できる．しかし，$n = m$ に対して $(x^m)^{(m)} = m!$ となり，$n > m$ では $(x^m)^{(n)} = 0$ である．

$$(x^m)^{(n)} = \begin{cases} m(m-1)\cdots(m-n+1)x^{m-n} & (n < m) \\ m! & (n = m) \\ 0 & (n > m) \end{cases} \tag{4.13}$$

● $y = e^x$

$y^{(1)} = e^x$, $y^{(2)} = e^x$, $\cdots$ となり，微分することで関数が変わらない．

$$(e^x)^{(n)} = e^x \tag{4.14}$$

● $y = \log x$

$y^{(1)} = \dfrac{1}{x}$, $y^{(2)} = \dfrac{-1}{x^2}$, $y^{(3)} = \dfrac{(-1)(-2)}{x^3}$, $\cdots$ となることから，次の結果が得られる．

$$(\log x)^{(n)} = \frac{(-1)(-2)\cdots(-n+1)}{x^n} = (-1)^{n-1}\frac{(n-1)!}{x^n} \tag{4.15}$$

● $y = \sin x$

$$y^{(1)} = \cos x = \sin\left(x + \frac{\pi}{2}\right)$$

$$y^{(2)} = \cos\left(x + \frac{\pi}{2}\right) = \sin\left\{\left(x + \frac{\pi}{2}\right) + \frac{\pi}{2}\right\} = \sin\left(x + \frac{2\pi}{2}\right)$$

$$y^{(3)} = \cos\left(x + \frac{2\pi}{2}\right) = \sin\left\{\left(x + \frac{2\pi}{2}\right) + \frac{\pi}{2}\right\} = \sin\left(x + \frac{3\pi}{2}\right)$$

1回微分するごとに，角が $\frac{\pi}{2}$ ずつ増えることを示している．

$$(\sin x)^{(n)} = \sin\left(x + \frac{n\pi}{2}\right) \tag{4.16}$$

● $y = \cos x$

上と同様に計算できる．あるいは，$\cos x = (\sin x)'$ であることを利用して，$(\cos x)^{(n)} = (\sin x)^{(n+1)}$ から求まる．

$$(\cos x)^{(n)} = \sin\left(x + \frac{n+1}{2}\pi\right) = \cos\left(x + \frac{n\pi}{2}\right) \tag{4.17}$$

例題 4-7 次の関数の n 次導関数を求めなさい．

(1) $y = \sin ax$ (2) $y = a^x$ $(a > 0, a \neq 1)$ (3) $y = \dfrac{1}{ax+b}$

《解説》 合成関数の微分法を繰り返し適用する．

(1) $y' = a\cos ax = a\sin\left(ax + \dfrac{\pi}{2}\right)$, $y'' = a^2\cos\left(ax + \dfrac{\pi}{2}\right) = a^2\sin\left(ax + \dfrac{2\pi}{2}\right)$, $\cdots$ となる．

$$\therefore \quad y^{(n)} = a^n \sin\left(ax + \frac{n\pi}{2}\right)$$

(2) $y = e^{\log a^x} = e^{x\log a}$ と書き直す．$y' = \log a \, e^{x\log a}$, $y'' = (\log a)^2 e^{x\log a}$, $\cdots$ となる．

$$\therefore \quad y^{(n)} = (\log a)^n e^{x\log a} = (\log a)^n a^x$$

(3) $y' = \dfrac{-a}{(ax+b)^2}$, $y'' = \dfrac{(-a)(-2a)}{(ax+b)^3}$, $y''' = \dfrac{(-a)(-2a)(-3a)}{(ax+b)^4}$ となる．

$$\therefore \quad y^{(n)} = \frac{(-a)(-2a)\cdots(-na)}{(ax+b)^{n+1}} = \frac{(-1)^n a^n n!}{(ax+b)^{n+1}}$$

演 習 問 題

1. 次の関数の 2 次導関数を求めなさい.
  (1) $(2x+3)^5$
  (2) $\log|ax+b|$
  (3) $\tan^{-1} x$
  (4) $(x^2+1)^{\frac{2}{3}}$

2. 次の関数の n 次導関数を求めなさい.
  (1) $\cos ax$
  (2) e^{3x-1}
  (3) $\log\sqrt{3x+1}$
  (4) $\dfrac{1}{(x+1)(x+2)}$

解 答

1. (1) $80(2x+3)^3$ (2) $-\dfrac{a^2}{(ax+b)^2}$ (3) $-\dfrac{2x}{(1+x^2)^2}$ (4) $\dfrac{4(x^2+3)}{9(x^2+1)^{\frac{4}{3}}}$

2. (1) $a^n \cos\left(ax+\dfrac{n\pi}{2}\right)$ (2) $3^n e^{3x-1}$ (3) $\dfrac{3^n(-1)^{n-1}(n-1)!}{2(3x+1)^n}$
  (4) $(-1)^n n!\left\{\dfrac{1}{(x+1)^{n+1}} - \dfrac{1}{(x+2)^{n+1}}\right\}$ 〔指針: $\dfrac{1}{(x+1)(x+2)} = \dfrac{1}{x+1} - \dfrac{1}{x+2}$〕

4.6 ライプニッツの公式

関数の積 $f(x)g(x)$ の高次導関数を計算する.

$$(fg)^{(1)} = f^{(1)}g + fg^{(1)}$$
$$(fg)^{(2)} = (f^{(1)}g)' + (fg^{(1)})' = (f^{(2)}g + f^{(1)}g^{(1)}) + (f^{(1)}g^{(1)} + fg^{(2)})$$
$$= f^{(2)}g + 2f^{(1)}g^{(1)} + fg^{(2)}$$
$$(fg)^{(3)} = (f^{(2)}g)' + 2(f^{(1)}g^{(1)})' + (fg^{(2)})'$$
$$= (f^{(3)}g + f^{(2)}g^{(1)}) + 2(f^{(2)}g^{(1)} + f^{(1)}g^{(2)}) + (f^{(1)}g^{(2)} + fg^{(3)})$$
$$= f^{(3)}g + 3f^{(2)}g^{(1)} + 3f^{(1)}g^{(2)} + fg^{(3)}$$

以上の計算から, 導関数の係数の現れ方は, 2 項展開 $(f+g)^n$ の係数を定めるパスカルの三角形と同じである.

$(fg)^{(1)}$ の係数 ……　　　　1　1
$(fg)^{(2)}$ の係数 ……　　1　2　1
$(fg)^{(3)}$ の係数 …… 1　3　3　1

第4章 基本関数の微分

この関係を一般的に述べたものが，次のライプニッツの公式である．

──── ライプニッツの公式 ────

定理 4.1 $f(x), g(x)$ が n 回微分可能なとき，次式が成り立つ．

$$(fg)^{(n)} = f^{(n)}g + {}_n C_1 f^{(n-1)} g^{(1)} + \cdots$$
$$+ {}_n C_k f^{(n-k)} g^{(k)} + \cdots + {}_n C_{n-1} f^{(1)} g^{(n-1)} + f g^{(n)}$$
(4.18)

【注】${}_n C_k$ は異なる n 個から k 個を取り出す組合せの数である．

$${}_n C_k = {}_n C_{n-k} = \frac{n!}{(n-k)!k!} = \frac{n(n-1)\cdots(n-k+1)}{k(k-1)(k-2)\cdots 2 \cdot 1} \quad (4.19)$$

ただし，$0! = 1$ とする決まりで，これより，${}_n C_0 = {}_n C_n = 1$ である．

【証明】
n 次導関数について成り立つと仮定し，$(n+1)$ 次導関数についても成り立つことを示す (数学的帰納法)．

(4.18) の両辺を微分して $(fg)^{(n+1)}$ を求めたとき，右辺に現れる $f^{(n+1-k)} g^{(k)}$ の項は，${}_n C_k f^{(n-k)} g^{(k)}$ の $f^{(n-k)}$ を微分したものと，${}_n C_{k-1} f^{(n+1-k)} g^{(k-1)}$ の $g^{(k-1)}$ を微分したものから得られる．$f^{(n+1-k)} g^{(k)}$ の係数は

$$\begin{aligned} {}_n C_k + {}_n C_{k-1} &= \frac{n!}{(n-k)!k!} + \frac{n!}{(n-k+1)!(k-1)!} \\ &= \frac{n!}{(n-k+1)!k!}\{(n-k+1)+k\} = \frac{(n+1)!}{(n-k+1)!k!} = {}_{n+1} C_k \end{aligned}$$

となる．したがって，$(n+1)$ 次導関数についても成り立つ． 終

例 1 $y = x^2 e^x$ の n 次導関数 $(n \geq 2)$ を求める．x^2 は 3 次導関数以上は 0 であることに注意する．

$$\begin{aligned} y^{(n)} &= {}_n C_0 x^2 (e^x)^{(n)} + {}_n C_1 (x^2)' (e^x)^{(n-1)} + {}_n C_2 (x^2)'' (e^x)^{(n-2)} \\ &= x^2 e^x + n \cdot 2x e^x + \frac{n(n-1)}{2} \cdot 2 e^x = (x^2 + 2nx + n^2 - n) e^x \end{aligned}$$

例題 4-8 次の関数で，括弧に示した高次導関数を求めなさい．

(1) $y = e^{ax} \sin bx$ [3 次導関数]　　(2) $y = x \log x$ [n 次導関数, $n \geq 2$]

《解説》ライプニッツの公式に当てはめる．

(1) $(e^{ax})^{(n)} = a^n e^{ax}$ と $(\sin bx)^{(n)} = b^n \sin\left(bx + \dfrac{n}{2}\pi\right)$ を使う．

$$y^{(3)} = (e^{ax})''' \sin bx + 3(e^{ax})''(\sin bx)' + 3(e^{ax})'(\sin bx)'' + e^{ax}(\sin bx)'''$$
$$= a^3 e^{ax} \sin bx + 3a^2 b e^{ax} \cos bx - 3ab^2 e^{ax} \sin bx - b^3 e^{ax} \cos b$$
$$= a(a^2 - 3b^2) e^{ax} \sin bx + b(3a^2 - b^2) e^{ax} \cos bx$$

(2) x は 2 次以上の導関数が 0 であることに注意し，$\log x$ の高次導関数に (4.15) を使う．

$$y^{(n)} = x(\log x)^{(n)} + nx'(\log x)^{(n-1)}$$
$$= x \frac{(-1)^{n-1}(n-1)!}{x^n} + n \frac{(-1)^{n-2}(n-2)!}{x^{n-1}} = \frac{(-1)^n (n-2)!}{x^{n-1}}$$

═══ 演 習 問 題 ═══

1. ライプニッツの公式を利用して，次の関数の n 次導関数を求めなさい．

(1) $x \sin x$ 　　　　(2) $x(ax + b)^n$

═══ 解 答 ═══

1. (1) $x \sin\left(x + \dfrac{n\pi}{2}\right) - n \cos\left(x + \dfrac{n\pi}{2}\right)$ 　　(2) $n! a^{n-1}\{(n+1)ax + nb\}$

第5章

微分法の応用

5.1 平均値の定理

次のロールの定理は，単純であるが応用範囲が広く，微分積分学で基本的な役割を演じるものである．

――― ロールの定理 ―――

定理 5.1 $f(x)$ が $[a,b]$ で連続，(a,b) で微分可能，$f(a)=f(b)$ ならば，
$$f'(c) = 0 \qquad (a < c < b)$$
を満たす c が少なくとも 1 つある．

《説明》 $f(x)$ が定数のとき，(a,b) のすべての点 c に対して $f'(c)=0$ である．
$f(x)$ が定数でないとする．$[a,b]$ で連続だから，曲線 $y=f(x)$ は切れ目なくつながり，$f(x)$ が最大または最小となる点 $x=c$ が，a と b の間にある．また，$f(x)$ は (a,b) で微分可能だから，区間内のあらゆる点で，曲線 $y=f(x)$ に x 軸に垂直でない接線が引ける．最大または最小となる点 $x=c$ で曲線に引いた接線は x 軸に平行であるから，$f'(c)=0$ を満たす．

例 1 関数 $f(x)=\sqrt{1-x^2}$ に対して，$a=-1$，$b=1$ としてロールの定理を適用する．
$f(x)$ は $[-1,1]$ で連続，$(-1,1)$ で微分可能，$f(-1)=f(1)=0$ で，ロールの定理の条件を満たす．$f'(x)=-\dfrac{x}{\sqrt{1-x^2}}$ より，$c=0$ に対して $f'(c)=0$ となり，$a<c<b$ である．
図形的には，曲線 $y=\sqrt{1-x^2}$ は，xy 座標平面の上半円である．円の接線は半径に垂直だ

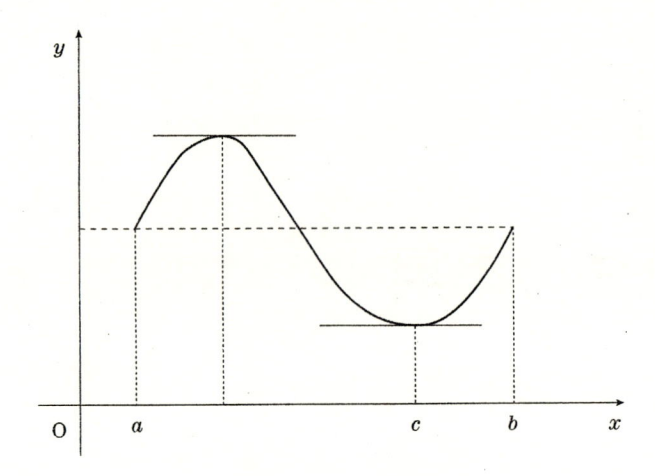

図 5.1 ロールの定理

から, $x=0$ で引いた接線の傾きが 0 になる.

次の平均値の定理は, ロールの定理の一般化である.

──── 平均値の定理 ────

定理 5.2 $f(x)$ が $[a,b]$ で連続, (a,b) で微分可能ならば,

$$\frac{f(b)-f(a)}{b-a}=f'(c) \qquad (a<c<b) \tag{5.1}$$

を満たす c が少なくとも 1 つある.

【証明】
$F(x)=f(x)-f(a)-\dfrac{f(b)-f(a)}{b-a}(x-a)$ とする. $F(x)$ は $[a,b]$ で連続, (a,b) で微分可能, $F(a)=F(b)=0$ となるから, ロールの定理より, $F'(c)=0$ を満たす c $(a<c<b)$ が存在する.

$$F'(x)=f'(x)-\frac{f(b)-f(a)}{b-a} \quad \therefore \quad F'(c)=f'(c)-\frac{f(b)-f(a)}{b-a}=0$$

これより, 求める結果が得られる.　　　　　　　　　　　　　　　　　終

【注】**図形的な意味**　(5.1) の左辺は, 関数 $y=f(x)$ のグラフ上の 2 点 $\mathrm{A}(a,f(a))$, $\mathrm{B}(b,f(b))$ を結ぶ直線 AB の傾きである. 曲線 $y=f(x)$ に接線を引くとき, AB と傾きが等しいものが区間 (a,b) に少なくとも 1 つある. これが平均値の定理の意味である.

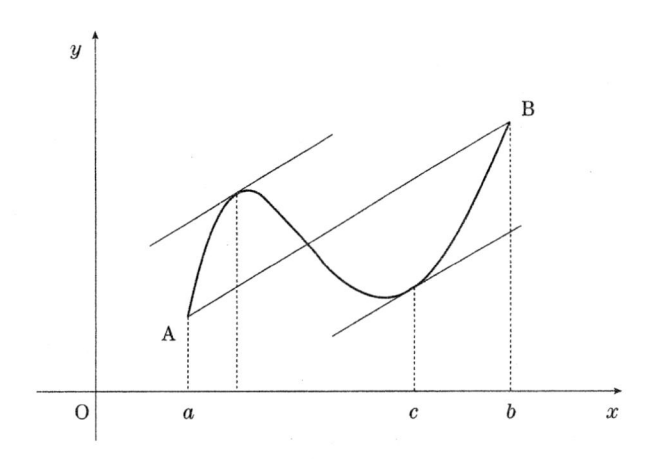

図 5.2 平均値の定理の図形的意味

|例 2|　$f(x) = x^2$ に対して平均値の定理 (5.1) を適用する．

$$(左辺) = \frac{b^2 - a^2}{b - a} = b + a, \quad (右辺) = 2c \quad \therefore \quad c = \frac{a + b}{2}$$

この場合の c は，a と b の中点である．

例題 5-1 ある区間で常に $f'(x) = 0$ ならば，その区間で
$$f(x) = C \quad (C は定数)$$
であることを示しなさい．

《解説》区間内の異なる 2 点を x_1, x_2 ($x_1 < x_2$) とする．平均値の定理により，
$$f(x_2) - f(x_1) = (x_2 - x_1)f'(x_3) \quad (x_1 < x_3 < x_2)$$
となる x_3 がある．$f'(x_3) = 0$ であるから，$f(x_2) = f(x_1)$ となる．これは，$f(x)$ が x に無関係な定数であることを示すものである．

● **平均値の定理の表し方**　ロールの定理も平均値の定理も，c を a と b の間の数とすれば，a と b の大小にかかわらず成り立つ．なぜなら，(5.1) の左辺は，a と b の役割を取り換えても変わらないからである．

c が a と b の間の数であることは，a と b の大小にかかわらず，
$$\theta = \frac{c - a}{b - a} \quad とおけば \quad 0 < \theta < 1$$
と同等である．これより，$c = a + \theta(b - a)$ と表される．

図 5.3　a と b の間の数

平均値の定理は，次のさまざまな形式で表される．

$$f(b) = f(a) + (b-a)f'(c) \quad (c \text{ は } a \text{ と } b \text{ の間の数}) \tag{5.2}$$

$$f(b) = f(a) + (b-a)f'(a + \theta(b-a)) \quad (0 < \theta < 1) \tag{5.3}$$

$$f(a+h) = f(a) + hf'(a + \theta h) \quad (0 < \theta < 1) \tag{5.4}$$

$$f(x) = f(0) + xf'(\theta x) \quad (0 < \theta < 1) \tag{5.5}$$

これらは，a と b の大小，h と x の正負にかかわらず，成り立つ．

=============== 演 習 問 題 ===============

1. 次の関数と括弧に示した区間に平均値の定理を適用し，c と θ を求めなさい．
 (1) $f(x) = x^3 - 3x^2$, $[0, 3]$
 (2) $f(x) = \sqrt{x}$, $[1, 4]$
 (3) $f(x) = \dfrac{1}{x}$, $[1, 9]$
 (4) $f(x) = px^2 + qx + r$ $(p \neq 0)$, $[a, b]$

2. $f(x), g(x)$ が $[a, b]$ で連続，(a, b) で $f'(x) = g'(x)$ ならば，$f(x) = g(x) + C$ であることを示しなさい．

3. 上の関係を利用して，次の等式を証明しなさい．
 (1) $\sin^{-1} \dfrac{x}{\sqrt{1+x^2}} = \tan^{-1} x$ 　　(2) $\tan^{-1} \dfrac{x}{\sqrt{1-x^2}} = \sin^{-1} x$

===== 解 答 =====

1. (1) $c = 2$, $\theta = \dfrac{2}{3}$ 　(2) $c = \dfrac{9}{4}$, $\theta = \dfrac{5}{12}$ 　(3) $c = 3$, $\theta = \dfrac{1}{4}$
 (4) $c = \dfrac{a+b}{2}$, $\theta = \dfrac{1}{2}$

2. 〔指針：$F(x) = f(x) - g(x)$ に対して例題 **5-1** を適用する〕

3. 〔指針：左辺を $f(x)$, 右辺を $g(x)$ とする．$f'(x) = g'(x)$ を示し，次に $f(x) = g(x) + C$ で $x = 0$ とおき，定数 C を定める〕

5.2 不定形の極限

平均値の定理を 2 つの関数の間の関係に一般化したものが，コーシーの平均値の定理である．

コーシーの平均値の定理

定理 5.3 $f(x)$ と $g(x)$ が $[a,b]$ で連続，(a,b) で微分可能ならば，

$$\frac{f(b)-f(a)}{g(b)-g(a)} = \frac{f'(c)}{g'(c)} \qquad (a<c<b) \tag{5.6}$$

を満たす c が少なくとも 1 つある．ただし，$g'(x) \neq 0$ とする．

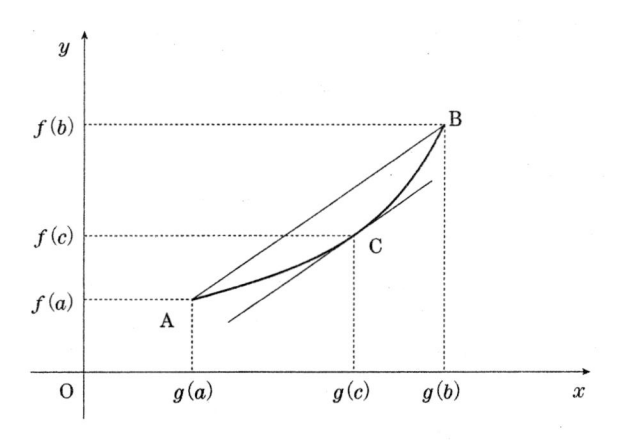

図 5.4 コーシーの平均値の定理

【証明】
 $F(x) = \{g(b)-g(a)\}f(x) - \{f(b)-f(a)\}g(x)$ とする．$F(x)$ は $[a,b]$ で連続，(a,b) で微分可能で，

$$F(a) = g(b)f(a) - f(b)g(a) = F(b)$$

である．ロールの定理の条件をすべて満たすから，$F'(c)=0$ となる c が区間 (a,b) に存在する．

$$\{g(b)-g(a)\}f'(c) - \{f(b)-f(a)\}g'(c) = 0$$

これを書き直せば，求める結果が得られる．

なお，条件 $g'(x) \neq 0$ より $g'(c) \neq 0$，さらに平均値の定理から $g(b) - g(a) \neq 0$ である． |終|

【注】図形的な解釈　t を媒介変数とする関数 $x = g(t)$, $y = f(t)$ があるとき，t が $[a,b]$ を動けば，A$(g(a), f(a))$, B$(g(b), f(b))$ を両端とする連続的な曲線が，xy 座標平面に描かれる．(5.6) の左辺は直線 AB の傾き，右辺は曲線上の点 C$(g(c), f(c))$ で引いた接線の傾き y' を表す [p.57 (3.12) を参照]．定理 5.3 は，これら 2 つの傾きが等しい点 C が A と B の間に存在することを述べるものである．

● **不定形の極限**　関数の商の極限 $\lim_{x \to a} \dfrac{f(x)}{g(x)}$ は，分子 $\lim_{x \to a} f(x)$ と分母 $\lim_{x \to a} g(x)$ がともに 0 に収束するか $\pm\infty$ に発散するとき，**不定形の極限**といい，それぞれ $\dfrac{0}{0}$ 型および $\dfrac{\infty}{\infty}$ 型の極限と呼ぶ．他にも，$0 \times \infty$, 0^0, 1^∞, ∞^0, $\infty - \infty$ 型の不定形の極限がある．これらは，そのままでは極限値がわからない．

不定形の極限を調べるのに，次の**ロピタルの定理**が有効である．

―――― ロピタルの定理 ――――

定理 5.4　$f(x)$, $g(x)$ が a を含む区間で微分可能ならば，$\dfrac{0}{0}$ 型の極限について，次の関係が成り立つ．

$$\lim_{x \to a} \frac{f(x)}{g(x)} = \lim_{x \to a} \frac{f'(x)}{g'(x)} \tag{5.7}$$

【証明】
$f(x)$, $g(x)$ は，a を含む区間で微分可能だから $x = a$ で連続で，$f(a) = g(a) = 0$ である．また，a の近くで $g'(x) \neq 0$ $(x \neq a)$ であるとする．コーシーの平均値の定理により，次の関係が成り立つ．

$$\frac{f(x)}{g(x)} = \frac{f(x) - f(a)}{g(x) - g(a)} = \frac{f'(t)}{g'(t)}$$

t は a と x の間の数で，$x \to a$ のとき $t \to a$ である．

$$\therefore \lim_{x \to a} \frac{f(x)}{g(x)} = \lim_{t \to a} \frac{f'(t)}{g'(t)} = \lim_{x \to a} \frac{f'(x)}{g'(x)}$$

なお，上式の最後で，文字を t から x に直した． |終|

|例 1|　$\lim_{x \to 0} \dfrac{e^x - e^{-x}}{x} = \lim_{x \to 0} \dfrac{(e^x - e^{-x})'}{(x)'} = \lim_{x \to 0} \dfrac{e^x + e^{-x}}{1} = 2$

ロピタルの定理は，$\dfrac{\infty}{\infty}$ 型の極限にも適用できる（その証明は込み入っているので省略する）．

5.2 不定形の極限

【注】ロピタルの定理を適用する上で，以下の諸点に注意することが大切である．
(1) $\dfrac{0}{0}$ 型と $\dfrac{\infty}{\infty}$ 型の極限だけに適用できる（そうでないものに適用してはならない）．
(2) 分母と分子を別々に微分する（分数全体を微分するのではない）．
(3) ロピタルの定理を適用した結果が不定型ならば，繰り返して適用できる．
(4) $x \to a$（有限値）だけでなく，$x \to \pm\infty$ や片側極限に対しても適用できる．

例題 5-2　次の極限を調べなさい．

(1) $\displaystyle\lim_{x\to 0}\dfrac{1-\cos x}{x^2}$ 　　(2) $\displaystyle\lim_{x\to\infty}\dfrac{e^x}{x}$ 　　(3) $\displaystyle\lim_{x\to 0}\left(\dfrac{1}{\sin x}-\dfrac{1}{x}\right)$

《解説》

(1) $\dfrac{0}{0}$ 型である．$\displaystyle\lim_{x\to 0}\dfrac{1-\cos x}{x^2}=\lim_{x\to 0}\dfrac{(1-\cos x)'}{(x^2)'}=\lim_{x\to 0}\dfrac{\sin x}{2x}=\dfrac{1}{2}\lim_{x\to 0}\dfrac{\sin x}{x}=\dfrac{1}{2}$

(2) $\dfrac{\infty}{\infty}$ 型である．$\displaystyle\lim_{x\to\infty}\dfrac{e^x}{x}=\lim_{x\to\infty}\dfrac{(e^x)'}{(x)'}=\lim_{x\to\infty}e^x=\infty$

(3) $(\infty-\infty)$ 型である．通分すれば，$\dfrac{0}{0}$ 型になる．

$$\lim_{x\to 0}\left(\dfrac{1}{\sin x}-\dfrac{1}{x}\right)=\lim_{x\to 0}\dfrac{x-\sin x}{x\sin x}=\lim_{x\to 0}\dfrac{1-\cos x}{\sin x+x\cos x}\quad\left(\text{なおも }\dfrac{0}{0}\text{ 型である}\right)$$
$$=\lim_{x\to 0}\dfrac{\sin x}{2\cos x-x\sin x}=0$$

$0\times\infty$ 型の不定形の極限は，分数に直すことで，$\dfrac{0}{0}$ 型または $\dfrac{\infty}{\infty}$ 型になる．また，0^0, 1^∞, ∞^0 型は，対数をとることで，$0\times\infty$ 型に変形できる．

例題 5-3　次の極限を調べなさい．

(1) $\displaystyle\lim_{x\to +0}x\log x$ 　　(2) $\displaystyle\lim_{x\to +0}x^x$ 　　(3) $\displaystyle\lim_{x\to 0}(1+x)^{\frac{1}{\sin x}}$

《解説》

(1) $0\times\infty$ 型である．分数にして $\dfrac{\infty}{\infty}$ 型に直す．

$$\lim_{x\to +0}x\log x=\lim_{x\to +0}\dfrac{\log x}{1/x}=\lim_{x\to +0}\dfrac{(\log x)'}{(1/x)'}=\lim_{x\to +0}\dfrac{1/x}{-1/x^2}=\lim_{x\to +0}(-x)=0$$

(2) 0^0 型である．$y=x^x$ とおき，$\log y=\log x^x=x\log x$ の極限を調べる．

$$\lim_{x\to +0}\log y=\lim_{x\to +0}x\log x=0\quad(\because\text{上の (1) の結果による})$$
$$\therefore\ \lim_{x\to +0}y=1\quad(\because\ y=e^{\log y}\to e^0=1)$$

(3) 1^∞ 型である. $y = (1+x)^{\frac{1}{\sin x}}$ とおくと, $\log y = \dfrac{\log(1+x)}{\sin x}$ となる.

$$\lim_{x \to 0} \log y = \lim_{x \to 0} \frac{\log(1+x)}{\sin x} = \lim_{x \to 0} \frac{1}{(1+x)\cos x} = 1 \quad \therefore \quad \lim_{x \to 0} y = e$$

━━━━━━━ 演 習 問 題 ━━━━━━━

1. 次の極限を調べ, 収束する場合には極限値を求めなさい.

(1) $\displaystyle\lim_{x \to 1} \frac{x^n - 1}{x - 1}$ (n は自然数) (2) $\displaystyle\lim_{x \to +0} \frac{\sqrt{x+4} - 2}{\sqrt{x}}$

(3) $\displaystyle\lim_{x \to \infty} \frac{\log(1 + e^x)}{x}$ (4) $\displaystyle\lim_{x \to 0} \frac{\tan^{-1} x}{x}$

(5) $\displaystyle\lim_{x \to 0} \frac{x - \sin x}{x^3}$ (6) $\displaystyle\lim_{x \to \infty} \frac{\log x}{x}$

2. 次の極限を調べ, 収束する場合には極限値を求めなさい.

(1) $\displaystyle\lim_{x \to 1} \left(\frac{1}{x - 1} - \frac{1}{\log x} \right)$ (2) $\displaystyle\lim_{x \to \infty} x \left(\frac{\pi}{2} - \tan^{-1} x \right)$

(3) $\displaystyle\lim_{x \to \infty} x^{\frac{1}{x}}$ (4) $\displaystyle\lim_{x \to 0} (\cos x)^{\frac{1}{x^2}}$

━━━━━━━ 解 答 ━━━━━━━

1. (1) n (2) 0 (3) 1 (4) 1 (5) $\dfrac{1}{6}$ (6) 0

2. (1) $-\dfrac{1}{2}$ (2) 1 (3) 1 (4) $\dfrac{1}{\sqrt{e}}$

5.3 テーラーの定理

有理関数, 無理関数, 指数関数, 対数関数, 三角関数, 逆三角関数およびそれらの合成関数として得られる関数を, **初等関数**という. 初等関数は最も基本的な関数であるが, 初等関数でさえ, 振る舞いを調べたり値を求めたりすることは, 特別な場合を除いて, 一般に容易でない.

多項式関数は, もっとも扱いが簡単で, 加減乗除をくり返すことで値を計算することもできる. もしも一般の関数を多項式関数に関係づけることができれば, 非常に有用である. 実際, 必要な回数だけ微分可能な関数に対しては, これが可能である. その基礎となるのが**テーラーの定理**である.

テーラーの定理は, 平均値の定理を高次導関数に拡張したものと考えるこ

ともできる．

── テーラーの定理 ──

定理 5.5 $f(x)$ が $[a,b]$ で連続, (a,b) で $(n+1)$ 回微分可能なとき,

$$f(b) = f(a) + \frac{f'(a)}{1!}(b-a) + \frac{f''(a)}{2!}(b-a)^2 + \cdots$$
$$+ \frac{f^{(n)}(a)}{n!}(b-a)^n + R_{n+1} \qquad (5.8)$$

ただし, $R_{n+1} = \dfrac{f^{(n+1)}(c)}{(n+1)!}(b-a)^{n+1} \quad (a<c<b) \qquad (5.9)$

を満たす c が少なくとも 1 つある.

R_{n+1} を**剰余項**という．なお，テーラーの定理は，$n=0$ とすれば，平均値の定理になる [p.80 (5.2) を参照].

【注】テーラーの定理 (5.8) の右辺の各項は，剰余項を除いて，一定の規則に従っている．剰余項において，$f^{(n+1)}(c)$ の $c\ (a<c<b)$ だけが規則から外れている．

$$f(b) = \sum_{m=0}^{n} \frac{f^{(m)}(a)}{m!}(b-a)^m + \frac{f^{(n+1)}(c)}{(n+1)!}(b-a)^{n+1}$$

【証明】
　　ロールの定理に基づいて証明する．

$$f(b) = f(a) + \frac{f'(a)}{1!}(b-a) + \frac{f''(a)}{2!}(b-a)^2 + \cdots$$
$$+ \frac{f^{(n)}(a)}{n!}(b-a)^n + A(b-a)^{n+1} \quad \cdots ①$$

としたとき，$A = \dfrac{f^{(n+1)}(c)}{(n+1)!}$ となることを示せばよい．

次の関数 $F(x)$ を考える．

$$F(x) = f(b) - \left\{ f(x) + \frac{f'(x)}{1!}(b-x) + \frac{f''(x)}{2!}(b-x)^2 + \cdots \right.$$
$$\left. + \frac{f^{(n)}(x)}{n!}(b-x)^n + A(b-x)^{n+1} \right\} \quad \cdots ②$$

$F(x)$ は $[a,b]$ で連続，(a,b) で微分可能，①により $F(a)=0$, $F(b)=0$ であるから，ロールの定理の条件を満たし，$F'(c)=0$ となる c が a と b の間にある．

積の微分法を繰り返し使って $F'(x)$ を計算すると，隣り合う項がつぎつぎ打ち消しあい，次式が得られる．

$$F'(x) = -\frac{f^{(n+1)}(x)}{n!}(b-x)^n + (n+1)A(b-x)^n$$

$$= (n+1)(b-x)^n \left\{ -\frac{1}{(n+1)!}f^{(n+1)}(x) + A \right\}$$

$F'(c) = 0$ より，$b \neq c$ であるから，$A = \dfrac{f^{(n+1)}(c)}{(n+1)!}$ が得られる． □終

【注】テーラーの定理は，a と b の大小にかかわらず成り立つ．また，平均値の定理に (5.2) ～ (5.5) の表し方があるのと同様に，テーラーの定理にもさまざまな表し方がある．

テーラーの定理 5.5 の (5.8) において，$a = 0$，$b = x$ としたものを，特に**マクローリンの定理**という．

マクローリンの定理

定理 5.6 $f(x)$ が $x = 0$ を含む区間で $(n+1)$ 回微分可能なとき，この区間内の x に対して，

$$f(x) = f(0) + \frac{f'(0)}{1!}x + \frac{f''(0)}{2!}x^2 + \cdots + \frac{f^{(n)}(0)}{n!}x^n + R_{n+1} \tag{5.10}$$

ただし，$R_{n+1} = \dfrac{f^{(n+1)}(\theta x)}{(n+1)!}x^{n+1} \quad (0 < \theta < 1) \tag{5.11}$

を満たす θ が少なくとも1つある．

マクローリンの定理は，$(n+1$ 回微分可能な）任意の関数 $f(x)$ を，x の n 次多項式関数とそうでない剰余項に書き直すものである．

例1 $f(x) = a_n x^n + a_{n-1} x^{n-1} + \cdots + a_1 x + a_0$

$f^{(n+1)}(x) = 0$ である．テーラーの定理 5.5 の (5.8) を $x = b$ として適用すれば，$f(x)$ を $x - a$ の多項式にまとめ直したものが得られる．

例2 $f(x) = e^x$

$f^{(k)}(x) = e^x$ であるから，$f^{(k)}(0) = e^0 = 1$，$f^{(n+1)}(\theta x) = e^{\theta x}$ となる．マクローリンの定理の (5.10), (5.11) に代入すると，次式が得られる．

$$e^x = 1 + \frac{x}{1!} + \frac{x^2}{2!} + \frac{x^3}{3!} + \cdots + \frac{x^n}{n!} + \frac{e^{\theta x}}{(n+1)!}x^{n+1} \quad (0 < \theta < 1) \tag{5.12}$$

5.3 テーラーの定理

例 3 $f(x) = \sin x$

$f^{(k)}(x) = \sin\left(x + \dfrac{k}{2}\pi\right)$ である [p.72 (4.16) を参照]．$f^{(k)}(0) = \sin\left(\dfrac{k}{2}\pi\right)$ は，k が偶数のとき 0 である．$n = 2m - 1$ $(m = 1, 2, \cdots)$ とするとき，マクローリンの定理の剰余項は，

$$R_{2m} = \frac{\sin(\theta x + m\pi)}{(2m)!}x^{2m} = (-1)^m \frac{\sin\theta x}{(2m)!}x^{2m}$$

となる．

$$\therefore \quad \sin x = x - \frac{1}{3!}x^3 + \cdots + \frac{(-1)^{m-1}}{(2m-1)!}x^{2m-1} + \frac{(-1)^m \sin\theta x}{(2m)!}x^{2m} \tag{5.13}$$

なお，左辺の $\sin x$ は奇関数であるから，右辺も x の奇関数である．

例 4 $\cos x$ も $\sin x$ と同様である．$n = 2m$ $(m = 1, 2, \cdots)$ とするとき，次の結果が得られる．

$$\cos x = 1 - \frac{1}{2!}x^2 + \cdots + \frac{(-1)^m}{(2m)!}x^{2m} + \frac{(-1)^{m+1}\sin\theta x}{(2m+1)!}x^{2m+1} \tag{5.14}$$

$\cos x$ は偶関数であるから，右辺も偶関数である．

例 5 $f(x) = \log(1+x)$

$f'(x) = \dfrac{1}{x+1},\ f''(x) = \dfrac{-1}{(x+1)^2},\ \cdots,\ f^{(k)}(x) = \dfrac{(-1)^{k-1}(k-1)!}{(1+x)^k}$ である．

$$\therefore \quad \log(1+x) = x - \frac{1}{2}x^2 + \frac{1}{3}x^3 - \cdots + \frac{(-1)^{n-1}}{n}x^n + \frac{(-1)^n x^{n+1}}{(n+1)(1+\theta x)^{n+1}} \tag{5.15}$$

例 6 $f(x) = (1+x)^\alpha$ (α は自然数でない実数)

$f^{(k)}(x) = \alpha(\alpha-1)\cdots(\alpha-k+1)(1+x)^{\alpha-k}$ である [p.71 (4.12) を参照]．

$$(1+x)^\alpha = 1 + \alpha x + \frac{\alpha(\alpha-1)}{2!}x^2 + \cdots + \frac{\alpha(\alpha-1)\cdots(\alpha-n+1)}{n!}x^n$$
$$+ \frac{\alpha(\alpha-1)\cdots(\alpha-n)(1+\theta x)^{\alpha-n-1}}{(n+1)!}x^{n+1} \tag{5.16}$$

以上の例は，高次導関数の一般形が求まる場合である．そうでない場合には，最初のいくつかの項を順に計算する．

例題 5-4 次の関数に，括弧に示した n に対して，マクローリンの定理を適用しなさい．

(1) $f(x) = e^{2x}\cos x$ $\ [n = 1]$ (2) $f(x) = \log(1 + \sin x)$ $\ [n = 2]$

《解説》
(1) $f'(x) = e^{2x}(2\cos x - \sin x)$, $f''(x) = e^{2x}(3\cos x - 4\sin x)$ である．これより，$f(0) = 1$, $f'(0) = 2$, $f''(\theta x) = e^{2\theta x}(3\cos\theta x - 4\sin\theta x)$ が得られる．

$$\therefore\ e^{2x}\cos x = 1 + 2x + \frac{1}{2}e^{2\theta x}(3\cos\theta x - 4\sin\theta x)x^2 \quad (0 < \theta < 1)$$

(2) $f'(x) = \dfrac{\cos x}{1+\sin x}$, $f''(x) = \dfrac{-1}{1+\sin x}$, $f'''(x) = \dfrac{\cos x}{(1+\sin x)^2}$ となるから，$f(0) = 0$, $f'(0) = 1$, $f''(0) = -1$, $f'''(\theta x) = \dfrac{\cos\theta x}{(1+\sin\theta x)^2}$ である．

$$\therefore\ \log(1+\sin x) = x - \frac{x^2}{2} + \frac{\cos\theta x}{6(1+\sin\theta x)^2}x^3 \quad (0 < \theta < 1)$$

━━━━━━━━━━━━━━━ 演 習 問 題 ━━━━━━━━━━━━━━━

1. 次の関数に，$n=2$ としてマクローリンの定理を適用しなさい．
 (1) $\dfrac{x}{x+1}$ (2) $\tan^{-1}x$

2. 次の関数に，$n=2$ としてマクローリンの定理を適用しなさい．なお，剰余項 R_3 は求めなくてよい．
 (1) $e^{\sin x}$ (2) $x^2\cos x - \sqrt{1+x}$

━━━━━━━━━━━━━━━ 解 答 ━━━━━━━━━━━━━━━

1. (1) $x - x^2 + \dfrac{x^3}{(1+\theta x)^4}$ $(0<\theta<1)$ (2) $x - \dfrac{1-3(\theta x)^2}{3[1+(\theta x)^2]^3}x^3$ $(0<\theta<1)$

2. (1) $1 + x + \dfrac{1}{2}x^2 + R_3$ (2) $-1 - \dfrac{1}{2}x + \dfrac{9}{8}x^2 + R_3$

5.4 テーラー展開

関数 $f(x)$ は何回でも微分可能（無限回微分可能）であるとする．テーラーの定理の (5.8) において，$b = x$ とおく．このとき，$n \to \infty$ に対して剰余項が $R_{n+1} \to 0$ となるならば，$f(x)$ は $\dfrac{f^{(m)}(a)}{m!}(x-a)^m$ を一般項とする無限級数で表される．これを，関数 $f(x)$ の点 $x = a$ における**テーラー展開**という．

同様なことが，マクローリンの定理 (5.10) についても成り立ち，**マクローリン展開**という．すなわち，(無限回微分可能な) 一般の関数は，テーラー展開またはマクローリン展開を施すことによって，多項式関数の項数を無限大にしたもので書き表すことが可能になるのである．

5.4 テーラー展開

テーラー展開

$$f(x) = f(a) + \frac{f'(a)}{1!}(x-a) + \frac{f''(a)}{2!}(x-a)^2 + \cdots$$
$$+ \frac{f^{(n)}(a)}{n!}(x-a)^n + \cdots \quad (5.17)$$

マクローリン展開

$$f(x) = f(0) + \frac{f'(0)}{1!}x + \frac{f''(0)}{2!}x^2 + \cdots + \frac{f^{(n)}}{n!}(0)x^n + \cdots$$
$$(5.18)$$

$R_{n+1} \to 0 \ (n \to \infty)$ が満たされるかどうかは,関数 $f(x)$ だけでなく,$|x-a|$ の大きさにも依存し,詳しく検討しなければならないことである.これについて,次の定理がある.

テーラー展開の十分条件

定理 5.7 $|x-a| < R$ の範囲にある x とすべての k に対して,

$$|f^{(k)}(x)| \leqq M \quad (k = 1, 2, 3, \cdots)$$

となる定数 M が存在するならば,$f(x)$ は $|x-a| < R$ を満たす x に対して,テーラー展開が可能である.

【証明】
剰余項に対して (5.9) を使う.$|x-a| < R$ の範囲にある x に対して,R より大きい自然数 m が必ず存在する.このとき,$m < n$ である n に対して,

$$|R_{n+1}| = \frac{|f^{(n+1)}(a + \theta(x-a))|}{(n+1)!}|x-a|^{n+1} \leqq |M|\frac{R^{n+1}}{(n+1)!}$$
$$= |M|\frac{R^{m-1}}{(m-1)!} \cdot \frac{R}{m} \cdot \frac{R}{m+1} \cdots \frac{R}{n} \cdot \frac{R}{n+1}$$
$$< |M|\frac{R^{m-1}}{(m-1)!} \cdot \frac{R}{n+1} \to 0 \quad (n \to \infty)$$

となる.なお,上の計算で,$\frac{R}{m} < 1, \cdots, \frac{R}{n} < 1$ および $\frac{R}{n+1} \to 0 \ (n \to \infty)$ を使った. □

例1 $f(x) = e^x$ のマクローリン展開:
$f^{(k)}(x) = e^x$ であるから,$|x| < R$ に対して,$|f^{(k)}(x)| = e^x < e^R$ となる.R は任意だか

ら，$-\infty < x < \infty$ に対してマクローリン展開が可能である．
(5.12) から，次の結果が得られる．

$$e^x = 1 + \frac{x}{1!} + \frac{x^2}{2!} + \frac{x^3}{3!} + \cdots + \frac{x^n}{n!} + \cdots \quad (|x| < \infty) \tag{5.19}$$

例 2 $f(x) = \sin x$ と $f(x) = \cos x$ のマクローリン展開：
$f^{(k)}(x) = \sin\left(x + \dfrac{k}{2}\pi\right)$ であるから，$|x| < \infty$ に対して，$|f^{(k)}(x)| \leqq 1$ となる．したがって，$-\infty < x < \infty$ に対してマクローリン展開が可能である．
同様の理由で，$f(x) = \cos x$ は，$-\infty < x < \infty$ に対してマクローリン展開が可能である．
(5.13) と (5.14) から，次の結果が得られる．

$$\sin x = x - \frac{1}{3!}x^3 + \frac{1}{5!}x^5 - \cdots + \frac{(-1)^{n-1}}{(2n-1)!}x^{2n-1} + \cdots \quad (|x| < \infty) \tag{5.20}$$

$$\cos x = 1 - \frac{1}{2!}x^2 + \frac{1}{4!}x^4 - \cdots + \frac{(-1)^n}{(2n)!}x^{2n} + \cdots \quad (|x| < \infty) \tag{5.21}$$

《参考》 定理 5.7 は，テーラー展開できるための十分条件の 1 つである．この条件を満たさない x に対しても，テーラー展開が可能であることがある．
その他の初等関数に対するマクローリン展開を示しておく．以下の関数では，$|x| < 1$ に対してマクローリン展開が可能である．

$$\log(1+x) = x - \frac{1}{2}x^2 + \frac{1}{3}x^3 - \cdots + \frac{(-1)^{n-1}}{n}x^n + \cdots \tag{5.22}$$

$$(1+x)^\alpha = 1 + \alpha x + \frac{\alpha(\alpha-1)}{2!}x^2 + \cdots + \frac{\alpha(\alpha-1)\cdots(\alpha-n+1)}{n!}x^n + \cdots \tag{5.23}$$

$$\sin^{-1} x = x + \frac{1}{6}x^3 + \frac{3}{40}x^5 + \cdots + \frac{(2n-1)!!}{(2n)!!(2n+1)}x^{2n+1} + \cdots \tag{5.24}$$

$$\tan^{-1} x = x - \frac{1}{3}x^3 + \frac{1}{5}x^5 - \cdots + \frac{(-1)^n}{2n+1}x^{2n+1} + \cdots \tag{5.25}$$

【注】 記号 $n!!$ は，次の掛け算で定義されるものである．

$$n!! = \begin{cases} n(n-2)(n-4)\cdots 4\cdot 2 & (n:偶数) \\ n(n-2)(n-4)\cdots 3\cdot 1 & (n:奇数) \end{cases} \tag{5.26}$$

なお，$0!! = 1$, $(-1)!! = 1$ とする決まりである．

=== 演 習 問 題 ===

1. マクローリン展開を利用して，次の関数に対して $f^{(n)}(0)$ ($n \geqq 3$) を求めなさい．
　　(1) $f(x) = x^2 \log(1+x)$ 　　(2) $f(x) = x \tan^{-1} x$

2. 次の極限値を，マクローリン展開を利用して求めなさい．

(1) $\displaystyle\lim_{x \to 0} \frac{\sin x - x}{x^3}$ (2) $\displaystyle\lim_{x \to 0} \frac{\log(1+x) - x + \frac{1}{2}x^2}{x^3}$

解 答

1. (1) $\dfrac{(-1)^{n-1}n!}{n-2}$ 〔指針：(5.22) の両辺に x^2 を掛け，右辺で x^n の係数を調べる〕

   (2) n が奇数のとき 0, $n = 2m$ (m は自然数) のとき $\dfrac{(-1)^{m-1}(2m)!}{2m-1}$

2. (1) $-\dfrac{1}{6}$ (2) $\dfrac{1}{3}$

5.5 関数の多項式近似

テーラーの定理およびマクローリンの定理において，剰余項 R_{n+1} の絶対値がその他の項の絶対値に比べて小さければ，剰余項を無視することで，関数 $f(x)$ を x の n 次の多項式で近似することができる．関数に対するこの取り扱いは，応用上，非常に有用である．

関数の多項式近似

$$f(x) \fallingdotseq f(a) + \frac{f'(a)}{1!}(x-a) + \frac{f''(a)}{2!}(x-a)^2 + \cdots + \frac{f^{(n)}(a)}{n!}(x-a)^n \tag{5.27}$$

$$f(x) \fallingdotseq f(0) + \frac{f'(0)}{1!}x + \frac{f''(0)}{2!}x^2 + \cdots + \frac{f^{(n)}(0)}{n!}x^n \tag{5.28}$$

【注】関数の多項式近似は，R_{n+1} が近似式に比べて小さいことが前提になっている．R_{n+1} は，(分母に $(n+1)!$ があるために) n が大きければ，また，(分子に $(x-a)^{n+1}$ を含むために) $|x-a| < 1$ であれば，小さくなる可能性が高い．

近似の程度にもよるが，応用で現れる関数のほとんどは，n が大きいか $|x-a| < 1$ のいずれかが満たされれば，R_{n+1} は近似式より小さくなると考えてよい（正確には，$f^{(n+1)}(\theta x)$ の具体形に依存する）．

例 1 指数関数 e^x, 正弦関数 $\sin x$ に対する多項式近似は，(5.12), (5.13) から得られる．

$$e^x \fallingdotseq 1 + \frac{x}{1!} + \frac{x^2}{2!} + \frac{x^3}{3!} + \cdots + \frac{x^n}{n!}$$

$$\sin x \fallingdotseq x - \frac{1}{3!}x^3 + \cdots + \frac{(-1)^{m-1}}{(2m-1)!}x^{2m-1}$$

近似の精度が，n または m の増加とともに，どのように変化するかをグラフに示した．多項式の項が多いほど，また，$|x|$ が小さいほど，精度がよいことがわかる．

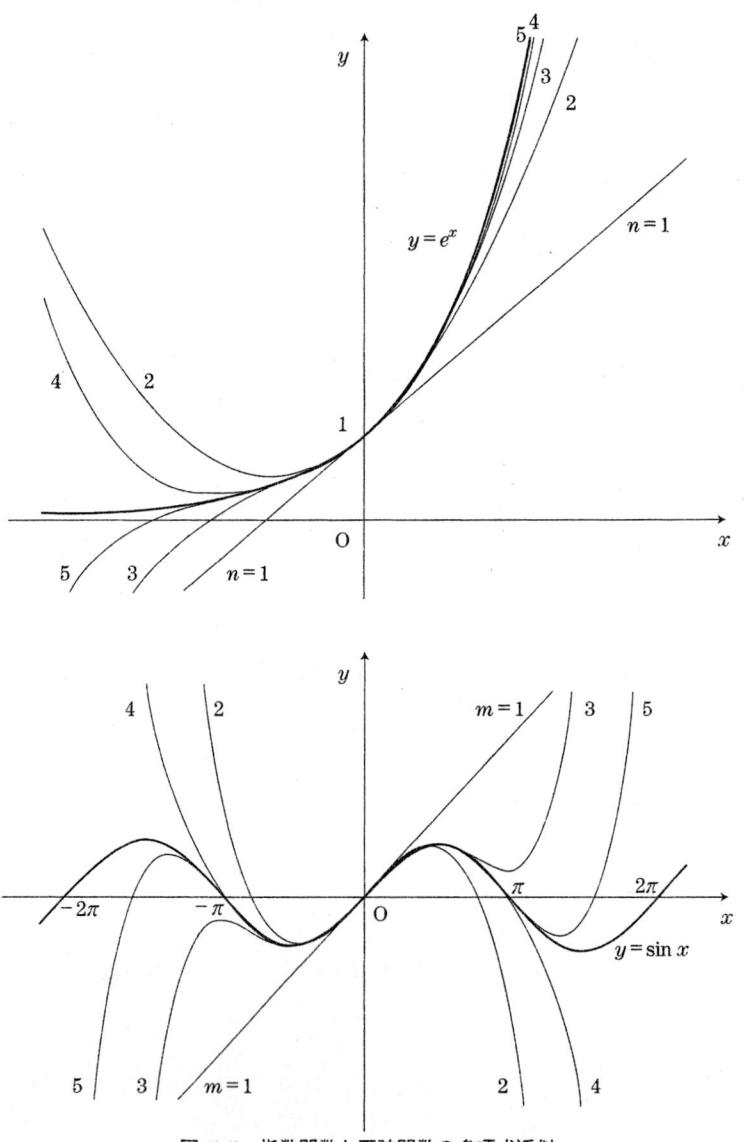

図 5.5 指数関数と正弦関数の多項式近似

例 2 　**自然対数の底の近似値** 　e^x の近似式で $x=1$ とおくと，e の近似値に対する式が得られる．

$$e \fallingdotseq 1 + \frac{1}{1!} + \frac{1}{2!} + \frac{1}{3!} + \cdots + \frac{1}{n!}$$

$n=6$ として計算した近似値は，$e \fallingdotseq 1 + 1 + 0.5 + 0.1\dot{6} + 0.041\dot{6} + 0.008\dot{3} + 0.0013\dot{8} = 2.718055\cdots$ である．

正確な値との誤差は，剰余項 R_7 で $x=1$ としたものである．$2 < e < 3$ は既知だから [p.7 を参照]，誤差は次のように評価される．

$$R_7 = \frac{e^\theta}{7!} < \frac{e}{7!} < \frac{3}{7!} = \frac{1}{1680} = 0.000595\cdots$$

例題 5-5 　次の値を近似計算によって求めなさい．

(1) $\sqrt{27}$ 　　　　　　　　　　　　(2) $\sin 32°$

《解説》

(1) $\sqrt{25} = 5$ に注目して，$\sqrt{27} = \sqrt{25+2} = 5\sqrt{1 + \frac{2}{25}}$ と考える．
$f(x) = \sqrt{1+x}$，$x = \frac{2}{25}$ とし，x は十分小さいから，(5.28) で $n=2$ とする．

$$\sqrt{1 + \frac{2}{25}} \fallingdotseq 1 + \frac{1}{2}\left(\frac{2}{25}\right) - \frac{1}{2}\left(\frac{1}{2}\right)^2\left(\frac{2}{25}\right)^2 = 1 + 0.04 - 0.0008 = 1.0392$$

$\sqrt{27} \fallingdotseq 5 \times 1.0392 = 5.196$ となる（正確な値は，$\sqrt{27} = 5.19615\cdots$）．

(2) 関数 $f(x) = \sin x$ において，$x = 32° = \frac{\pi}{6} + \frac{\pi}{90}$，$a = \frac{\pi}{6}$ として (5.27) を適用する．
$x - a = \frac{\pi}{90} = 0.0349\cdots$ は 1 より十分小さい．$n=2$ の近似式を用いる．

$$\sin 32° \fallingdotseq \sin \frac{\pi}{6} + \left(\frac{\pi}{90}\right)\cos\frac{\pi}{6} - \frac{1}{2!}\left(\frac{\pi}{90}\right)^2 \sin\frac{\pi}{6}$$
$$= 0.5 + 0.0302\cdots - 0.0003\cdots = 0.5299\cdots$$

なお，正確な値は $\sin 32° = 0.5299\cdots$ である．

【注】 上の例題の計算に見られるように，微小量について 2 次の項は，1 次の項に比べ，ごく小さい補正にしかならない．微小量の大きさと要求する近似の精度によるが，実用上は，微少量についてせいぜい 2 次までを残せば十分なことが多い．

演習問題

1. 次の関数を x の 2 次式で近似したものを書きなさい. なお, $|x|$ は十分小さいものとする.

(1) $\cos x$ (2) e^{-x}
(3) $\sqrt{4+x}$ (4) $\sin^{-1} x$

2. 次の近似値を求めなさい.

(1) $e^{0.1}$ (2) $\sqrt[3]{24}$

解 答

1. (1) $1 - \dfrac{x^2}{2}$ (2) $1 - x + \dfrac{x^2}{2}$ (3) $2 + \dfrac{x}{4} - \dfrac{x^2}{64}$ (4) x

2. (1) $1.105\cdots$ (2) $2.884\cdots$ 〔指針:$\sqrt[3]{24} = \sqrt[3]{27-3} = 3\sqrt[3]{1-(1/9)}$〕

第6章

関数の変化

6.1 関数の増減と極値

導関数を調べることで関数の変化を知ることができる．微分可能な関数が増加または減少の状態にあることは，次の定理によって判別できる．

―――――― 関数の増減の判定 ――――――

定理 6.1 関数 $f(x)$ は，$[a,b]$ で連続，(a,b) で微分可能とする．(a,b) のすべての点で，

$f'(x) > 0$ ならば，$f(x)$ は $[a,b]$ で増加の状態にあり，

$f'(x) < 0$ ならば，$f(x)$ は $[a,b]$ で減少の状態にある．

【証明】
区間 $[a,b]$ の任意の2点を x_1, x_2 $(x_1 < x_2)$ とし，平均値の定理 (5.1) を適用する．
$$f(x_2) - f(x_1) = (x_2 - x_1)f'(c) \qquad (x_1 < c < x_2)$$
$f'(x) > 0$ ならば $f'(c) > 0$ であり，$x_2 - x_1 > 0$ より，$f(x_2) - f(x_1) > 0$ となり，$f(x)$ は増加の状態にある [p.11 を参照]．$f'(x) < 0$ の場合も同様である． 　　　終

● **関数の極値** 　関数 $f(x)$ が，$x = c$ を含む微小区間において，$x = c$ での値 $f(c)$ が，他のどのような点での値よりも大きい（小さい）ならば，$f(x)$ は $x = c$ で**極大**（**極小**）であるといい，また，そのときの $f(c)$ を**極大値**（**極小値**）という．なお，極大値と極小値を合わせて**極値**という．

極大と極小の定義は，$f(x)$ が微分可能かどうかに無関係である．以下で取り扱うのは，微分可能な関数に限ることにする．

―――― 極値の必要条件 ――――

定理 6.2 微分可能な関数 $f(x)$ が $x = c$ で極値をとるならば，

$$f'(c) = 0 \tag{6.1}$$

である．

【注】この定理は極値になるための必要条件を述べたものである．$f'(c) = 0$ を満たす点 $x = c$ は，極値をとる候補ではあるが，必ずしも極値になるとは限らない．

【証明】
　$f(x)$ は微分可能であるから，曲線上のあらゆる点で，$y = f(x)$ に x 軸に垂直でない 1 本の接線を引くことができ，$f'(x)$ はその接線の傾きを表す．極値を取る点 $x = c$ で引いた接線は x 軸に平行になるから，$f'(c) = 0$ でなければならない． 　　　　終

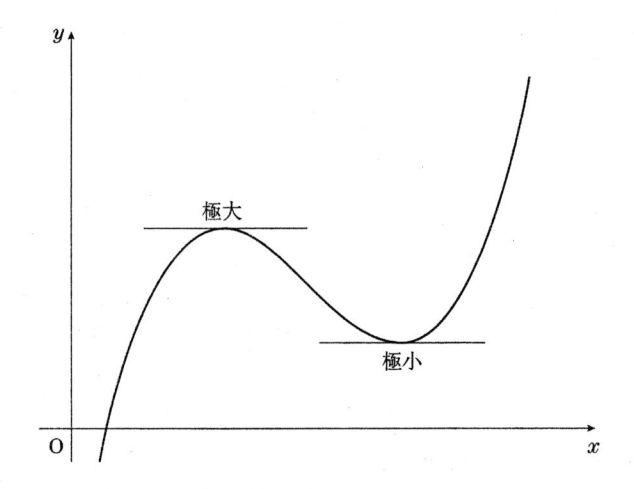

図 6.1　関数が極値をとる条件

微分可能な関数 $f(x)$ が極大になるか極小になるかを判定するのに，増減表によって調べる方法と，高次導関数によって調べる方法がある．

6.1 関数の増減と極値

── 極値の判定 (1) ──

定理 6.3 $f(x)$ は $x = c$ を含む区間で微分可能とする．$f'(x)$ が $x = c$ を境に正から負に変わるとき $f(x)$ は $x = c$ で極大，負から正に変わるとき極小である．

【証明】
$f'(x)$ の正負は，関数が増加あるいは減少の状態にあることを表す．関数 $f(x)$ が $x = c$ の近くでどのように変わるかを増減表で示す．

x	$\cdots$	c	$\cdots$
$f'(x)$	$+$	0	$-$
$f(x)$	↗	極大	↘

x	$\cdots$	c	$\cdots$
$f'(x)$	$-$	0	$+$
$f(x)$	↘	極小	↗

これらの増減表から，定理が成り立つことがわかる． □

例題 6-1 関数 $f(x) = x^2 e^{-x}$ の極値を調べなさい．

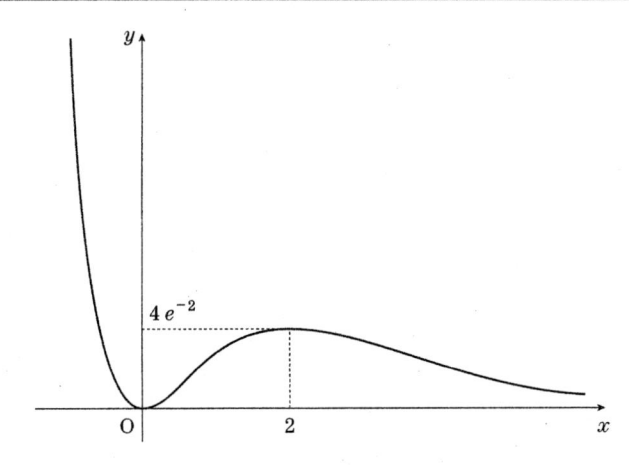

図 6.2 関数 $y = x^2 e^{-x}$ のグラフ

《解説》$f'(x) = 2xe^{-x} - x^2 e^{-x} = x(2-x)e^{-x}$ であるから，$x = 0,\ 2$ で極値を持つ可能性がある．

x	$\cdots$	0	$\cdots$	2	$\cdots$
$f'(x)$	$-$	0	$+$	0	$-$
$f(x)$	↘	極小	↗	極大	↘

増減表から，$x = 0$ で極小値 $f(0) = 0$, $x = 2$ で極大値 $f(2) = 4e^{-2}$ をとることがわかる．

高次導関数を用いて極値を判定するのが次の定理である．

― 極値の判定 (2) ―

定理 6.4 n 回微分可能な関数 $f(x)$ において，$f^{(n)}(x)$ が連続で，

$$f'(c) = f''(c) = \cdots = f^{(n-1)}(c) = 0, \quad f^{(n)}(c) \neq 0$$

が成り立っているとき，$n \geqq 2$ に対して

n が偶数で $\begin{cases} f^{(n)}(c) > 0 \text{ ならば}, f(x) \text{ は } x = c \text{ で極小}, \\ f^{(n)}(c) < 0 \text{ ならば}, f(x) \text{ は } x = c \text{ で極大}, \end{cases}$

n が奇数ならば，$f(x)$ は $x = c$ で極値をとらない．

【証明】
　$f(x)$ にテーラーの定理を適用する [p.85 (5.8) を参照]．

$$f(c+h) = f(c) + hf'(c) + \frac{h^2}{2!}f''(c) + \cdots + \frac{h^{n-1}}{(n-1)!}f^{(n-1)}(c) + \frac{h^n}{n!}f^{(n)}(c+\theta h)$$

条件 $f'(c) = f''(c) = \cdots = f^{(n-1)}(c) = 0$ により，次式が得られる．

$$f(c+h) - f(c) = \frac{h^n}{n!}f^{(n)}(c+\theta h) \quad \cdots \; ①$$

　$f^{(n)}(x)$ は $x = c$ で連続であるから，十分小さい h に対して，$f^{(n)}(c+\theta h)$ の正負は $f^{(n)}(c)$ と同じである．

(1) n が偶数の場合：
　$h \neq 0$ に対して $h^n > 0$ であるから，①の右辺の符号は $f^{(n)}(c+\theta h)$ すなわち $f^{(n)}(c)$ と同じになる．$f^{(n)}(c)$ が正ならば $f(c+h) - f(c) > 0$ で，$f(c)$ は極小値である．また，$f^{(n)}(c)$ が負ならば $f(c+h) - f(c) < 0$ で，$f(c)$ は極大値である．

(2) n が奇数の場合：
　h の正負により，h^n の符号が変わる．$c+h$ が c より大きいか小さいかで，①の右辺の符号が変わり，$f(c)$ は極値でない．　　　　　　　　　　　　　　　　　　　|終|

|例1| 例題 6-1 の関数 $f(x) = x^2 e^{-x}$ では，$x = 0, 2$ に対して $f'(x) = 0$ で，$f''(x) = (x^2 - 4x + 2)e^{-x}$ である．$f''(0) = 2 > 0$ であるから $x = 0$ で極小，$f''(2) = -2e^{-2} < 0$ であるから $x = 2$ で極大である．

|例2| $f(x) = x^3$ では，$f'(0) = f''(0) = 0$ であるが $f'''(0) = 6$ となる．$n = 3$ であるから x^3 は $x = 0$ で極値をとらない．

|例3| $f(x) = x^4$ では，$f'(0) = f''(0) = f'''(0) = 0$ であるが $f^{(4)}(0) = 24 > 0$ となる．$n = 4$ であるから，x^4 は $x = 0$ で極小になる．

6.1 関数の増減と極値

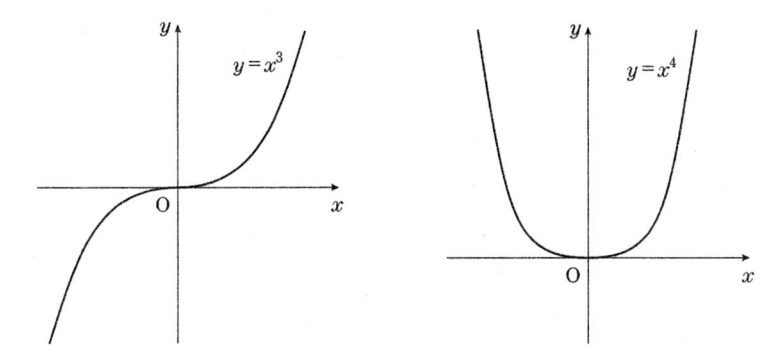

図 6.3 関数 $y = x^3$ と $y = x^4$ のグラフ

例題 6-2 点 A から出て点 B に至る光は，最も短い時間で到達できる経路を通る（フェルマーの原理という）．

媒質 I と II が平面を境に接している．I の点 A から II の点 B に至る光の屈折について，境界面に立てた法線と光の進路がなす角を θ_1, θ_2 とするとき，

$$\frac{\sin\theta_1}{\sin\theta_2} = \frac{v_1}{v_2} \quad \text{（屈折の法則という）} \tag{6.2}$$

が成り立つことを示しなさい．なお，v_1, v_2 は I と II を光が進む速さである．

《解説》 A と B を含み境界面に垂直に xy 平面，境界を x 軸，A が y 軸上にあるように xy 座標をとり，$A(0, a)$, $B(c, -b)$ とする．

I と II の中では直線に沿って進むのが最短だから，境界上の屈折点 $P(x, 0)$ を求めることが残された問題である．A を出た光が P を経由して B に至る所要時間 $f(x)$ は，

$$f(x) = \frac{\sqrt{x^2 + a^2}}{v_1} + \frac{\sqrt{(c-x)^2 + b^2}}{v_2}$$

である．導関数を求めると，次の結果が得られる．

$$f'(x) = \frac{x}{v_1\sqrt{x^2 + a^2}} - \frac{c - x}{v_2\sqrt{(c-x)^2 + b^2}}$$

$$f''(x) = \frac{a^2}{v_1\sqrt{(x^2 + a^2)^3}} + \frac{b^2}{v_2\sqrt{[(c-x)^2 + b^2]^3}}$$

$f''(x) > 0$ より，$f'(x)$ は x の単調増加関数で，

$$f'(0) = \frac{-c}{v_2\sqrt{b^2 + c^2}} < 0, \quad f'(c) = \frac{c}{v_1\sqrt{a^2 + c^2}} > 0$$

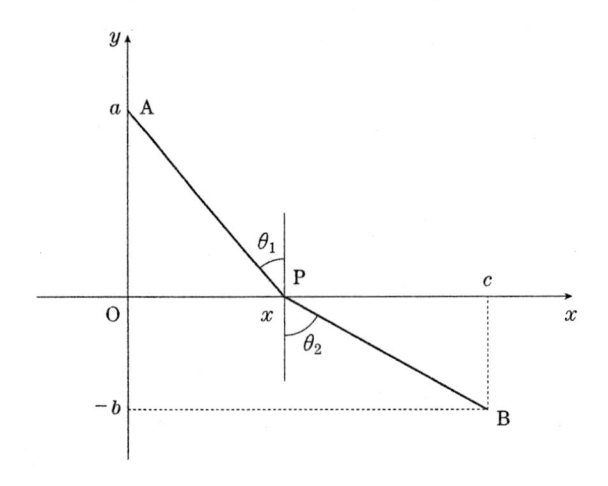

図 6.4 光の屈折

であるから，中間値の定理により，区間 $(0, c)$ に $f'(x_0) = 0$ を満たす x_0 がただ 1 つ存在し，

$$\frac{x_0}{v_1\sqrt{x_0^2 + a^2}} = \frac{c - x_0}{v_2\sqrt{(c - x_0)^2 + b^2}} \quad \text{すなわち} \quad \frac{\sin\theta_1}{v_1} = \frac{\sin\theta_2}{v_2}$$

である．また，$f''(x_0) > 0$ より $f(x_0)$ は極小であるが，最小でもある（増減表で確かめられる）．

演習問題

1. 高次導関数を調べることで，次の関数の極値を判定しなさい．
   (1) $f(x) = x^5$
   (2) $f(x) = 2x - \log(1 + x)$
   (3) $f(x) = \sqrt{x} - x$
   (4) $f(x) = x^n$ (n は自然数)

2. 何かを測定するとき，必ず誤差が伴う．同程度の正確さをもった n 回の測定で得られたデータ $a_1, a_2, \cdots, a_n$ に対して，最も確からしい値 x は，誤差の平方の和 $f(x) = (x - a_1)^2 + (x - a_2)^2 + \cdots + (x - a_n)^2$ が最小になるものとする（**最小 2 乗法**という）．最適値 x を決定しなさい．

解答

1. (1) 極値をとらない　(2) $x = -\dfrac{1}{2}$ で極小値 $-1 + \log 2$　(3) $x = \dfrac{1}{4}$ で極大値 $\dfrac{1}{4}$
   (4) n が偶数なら $x = 0$ で極小値 0，n が奇数なら極値をとらない

2. $\dfrac{a_1 + a_2 + \cdots + a_n}{n}$　〔指針：$f'(x) = 0$, $f''(x) > 0$ となる x を求める〕

6.2 曲線の凹凸と変曲点

連続な関数 $f(x)$ の導関数 $f'(x)$ がある区間で増加ならば，曲線 $y = f(x)$ のグラフに引いた接線は，その区間で x が増えるにつれて傾きが増加し，左回りに回転する．このとき，曲線は下に凸（または上に凹）であるといい，グラフは下にふくれた状態である．同様に，$f'(x)$ がある区間で減少ならば，上に凸（または下に凹）といい，グラフは上にふくれた状態である．また，グラフの凹凸が変わる点を**変曲点**という．

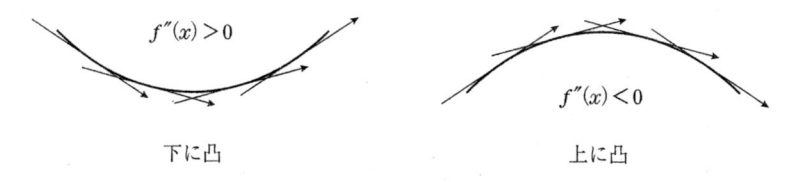

$f''(x) > 0$ 下に凸

$f''(x) < 0$ 上に凸

図 6.5　曲線の凹凸

──────── グラフの凹凸の判定 ────────

定理 6.5　$f(x)$ がある区間で 2 回微分可能であるとき，

(1) その区間で常に $f''(x) > 0$ ならば下に凸，

(2) その区間で常に $f''(x) < 0$ ならば上に凸，

(3) その区間内の点 c で $f''(c) = 0$ で，$x = c$ を境に $f''(x)$ の符号が変わるならば，点 $(c, f(c))$ は変曲点である．

【証明】
(1) ある区間で $f''(x) > 0$ ならば，その区間で $f'(x)$ が増加している［p.95 定理 6.1 を参照］．したがって，定義により，$f(x)$ は下に凸である．
(2) ある区間で $f''(x) <$ の場合も (1) と同様である．
(3) $x = c$ の前後で $f''(x)$ の符号が変われば，(1) と (2) により，$x = c$ を境にグラフの凹凸が変わるから，点 $(c, f(c))$ は変曲点である． 　終

例 1 $f(x) = x^3$ に対して，$f''(x) = 6x$ である．

x	$\cdots$	0	$\cdots$
$f''(x)$	$-$	0	$+$
$f(x)$	$\frown$	変曲点	$\smile$

$x < 0$ で上に凸（記号 $\frown$ で表す），$x > 0$ で下に凸（記号 $\smile$），また，点 $(0,0)$ は変曲点である［p.99 図 6.3 を参照］．

========== 演 習 問 題 ==========

1. 次の関数の凹凸と変曲点を調べなさい．
   (1) $y = x^3 + 3x^2 + 9x + 2$
   (2) $y = xe^{-x}$
   (3) $y = x\log|x+1|$
   (4) $y = 4x^2 - \dfrac{1}{2x}$

========== 解 答 ==========

1. (1) 変曲点 $(-1, -5)$，区間 $(-\infty, -1)$ で上に凸，区間 $(-1, \infty)$ で下に凸
   (2) 変曲点 $(2, 2e^{-2})$，区間 $(-\infty, 2)$ で上に凸，区間 $(2, \infty)$ で下に凸
   (3) 変曲点 $(-2, 0)$，区間 $(-\infty, -2)$ で上に凸，区間 $(-2, -1), (-1, \infty)$ で下に凸
   (4) 変曲点 $\left(\dfrac{1}{2}, 0\right)$，区間 $(-\infty, 0), \left(\dfrac{1}{2}, \infty\right)$ で下に凸，区間 $\left(0, \dfrac{1}{2}\right)$ で上に凸

6.3 曲線の概形

関数のグラフの概形を描くとき，次の諸点に留意して，特徴を把握することが大切である．

(1) 曲線が存在する範囲（定義域と値域）
(2) x 軸，y 軸との交点
(3) 直線あるいは点に関する対称性
(4) 原点から遠く離れたところでの振る舞い（漸近形）
(5) 関数の増減と極大，極小
(6) 曲線の凹凸と変曲点

【注】今日では，コンピューターを利用すれば，正確な曲線を簡単に描かせることができる．しかし，分析的な方法によって，曲線の特徴を把握することが大切であることに変わりはない．

例題 6-3 次の関数のグラフを描きなさい.

(1) $f(x) = x^3 - 3x^2 - 9x$ (2) $g(x) = x + \dfrac{1}{x}$

《解説》

(1) 定義域は $(-\infty, +\infty)$ である. $f(x) = x(x^2 - 3x - 9)$ より, x 軸と $x = 0, \dfrac{3}{2}(1 \pm \sqrt{5})$ で交わる.

$$f'(x) = 3x^2 - 6x - 9 = 3(x+1)(x-3), \qquad f''(x) = 6x - 6$$

$f'(x) = 0$ となるのは $x = -1, 3$, これらの点で極値をとる可能性がある. 増減表は次の通りである.

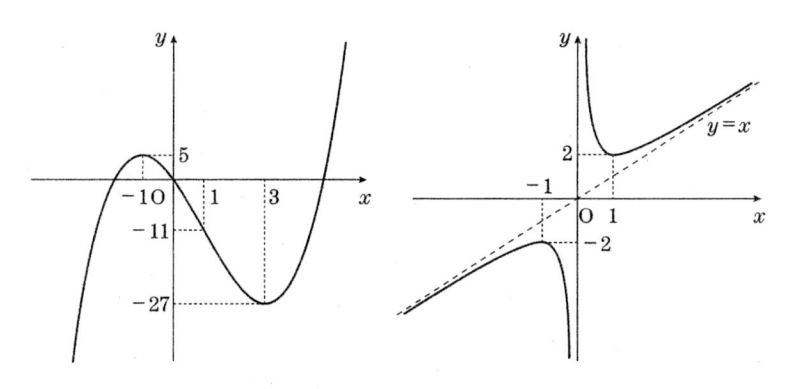

x	$\cdots$	-1	$\cdots$	1	$\cdots$	3	$\cdots$
$f'(x)$	$+$	0	$-$	$-$	$-$	0	$+$
$f''(x)$	$-$	$-$	$-$	0	$+$	$+$	$+$
$f(x)$	↗	5	↘	-11	↘	-27	↗
	⌢	極大	⌢	変曲点	⌣	極小	⌣

図 6.6　2 つの曲線の概形

(2) 奇関数 $g(-x) = -g(x)$ であるから, 曲線は原点に関して対称である. 定義域は $x = 0$ を除くすべての実数である. $x \to 0$ では, $\dfrac{1}{x}$ のために, $g(x)$ は正あるいは負の無限大になる.

$$\lim_{x \to +0} g(x) = +\infty, \qquad \lim_{x \to -0} g(x) = -\infty$$

$x \to \pm\infty$ では, $\dfrac{1}{x}$ が 0 に近づくために, $g(x)$ は限りなく x に近づく.

$$g(x) \to x \quad (x \to \pm\infty)$$

極値と変曲点を調べるために導関数を求める．

$$g'(x) = 1 - \frac{1}{x^2} = \frac{(x+1)(x-1)}{x^2}, \qquad g''(x) = \frac{2}{x^3}$$

$g'(x) = 0$ となるのは $x = \pm 1$ である．増減表は次の通りである．

x	$\cdots$	-1	$\cdots$	0	$\cdots$	1	$\cdots$
$g'(x)$	$+$	0	$-$		$-$	0	$+$
$g''(x)$	$-$	$-$	$-$		$+$	$+$	$+$
$g(x)$	↗	-2	↘	$\pm\infty$	↘	2	↗
	⌢	極大	⌢	発散	⌣	極小	⌣

例題 6-4 次の関数（ガウス関数という）のグラフを描きなさい．

$$f(x) = c e^{-\frac{x^2}{2a^2}} \qquad (a > 0,\ c > 0)$$

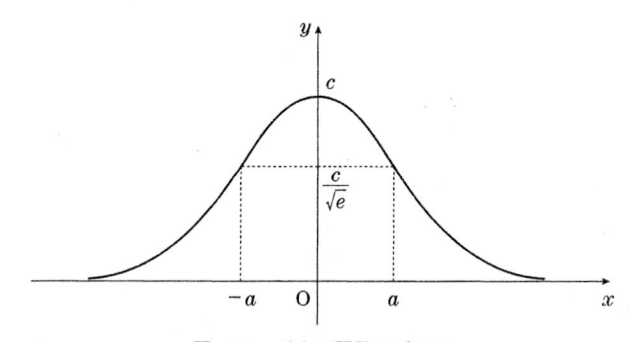

図 6.7 ガウス関数のグラフ

《解説》 偶関数 $f(-x) = f(x)$ であるから，曲線は y 軸に関して対称である．定義域は $(-\infty, +\infty)$ で，$\displaystyle\lim_{x \to \pm\infty} e^{-\frac{x^2}{2a^2}} = 0$ であるから，$f(x) \to 0\ (x \to \pm\infty)$ となる．

$$f'(x) = -\frac{c}{a^2} x e^{-\frac{x^2}{2a^2}} \qquad \therefore\ f'(x) = 0 \text{ となるのは } x = 0$$

$$f''(x) = -\frac{c}{a^2}\left(1 - \frac{x^2}{a^2}\right) e^{-\frac{x^2}{2a^2}} = \frac{c}{a^4}(x-a)(x+a) e^{-\frac{x^2}{2a^2}}$$

x	$\cdots$	$-a$	$\cdots$	0	$\cdots$	a	$\cdots$
$f'(x)$	$+$	$+$	$+$	0	$-$	$-$	$-$
$f''(x)$	$+$	0	$-$	$-$	$-$	0	$+$
$f(x)$	↗	$\frac{c}{\sqrt{e}}$	↗	c	↘	$\frac{c}{\sqrt{e}}$	↘
	⌣	変曲点	⌢	極大値	⌢	変曲点	⌣

$f(x)$ は $x = 0$ で極大値 $f(0) = c$ をとり，$x = \pm a$ で $f(\pm a) = c/\sqrt{e}$ になる．

【注】ガウス関数は，$x = \pm a$ で最大値 c の $1/\sqrt{e} = 0.60653\cdots$ 倍になる．c はグラフの高さを，また，a はグラフの広がりを表す（a が大きいほど広がっている）．

例題 6-5 器官中の薬物量 z は，時間 t の関数である．薬液を $t = 0$ に静脈内に一時投与したとき，a, b, y_0 を正の定数として，z は次式にしたがって変化することが知られている [p.225 (11.34) を参照]．

$$z = \frac{ay_0}{b-a}(e^{-at} - e^{-bt}) \qquad (a \neq b)$$

z の変化をグラフに表しなさい．

《解説》定義域は $t \geq 0$ である．始めに $z(0) = 0$ であるが，$t \to \infty$ に対して $z(t) \to 0$ となる．

$$\frac{dz}{dt} = \frac{ay_0}{b-a}(-ae^{-at} + be^{-bt})$$

$$\frac{d^2z}{dt^2} = \frac{ay_0}{b-a}(a^2 e^{-at} - b^2 e^{-bt})$$

$\frac{dz}{dt} = 0$ となる t は，$ae^{-at} = be^{-bt}$ より $e^{(b-a)t} = \frac{b}{a}$ となり，両辺の対数をとることで $t = \frac{1}{b-a} \log \frac{b}{a} (= t_0$ とする$)$ である．

同様にして，$\frac{d^2z}{dt^2} = 0$ となるのは，$t = \frac{2}{b-a} \log \frac{b}{a} = 2t_0$ である．

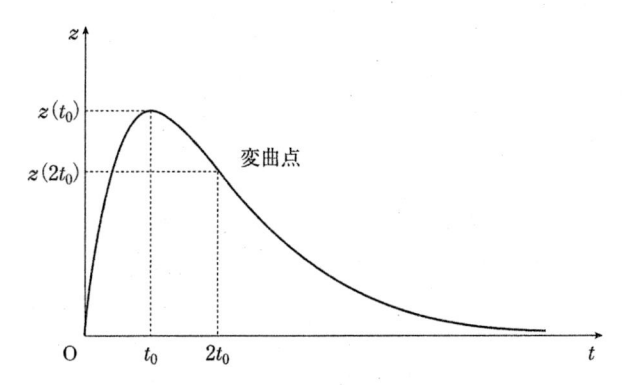

図 **6.8** 薬物量の変化

t	0	$\cdots$	t_0	$\cdots$	$2t_0$	$\cdots$
z'	ay_0	$+$	0	$-$	$-$	$-$
z''	$-ay_0(a+b)$	$-$	$-$	$-$	0	$+$
z	0	↗	$z(t_0)$	↘	$z(2t_0)$	↘
		⌢	極大	⌢	変曲点	⌣

なお，$z(t_0)$ と $z(2t_0)$ は次式で与えられる．

$$z(t_0) = \frac{ay_0}{b-a}\left\{\left(\frac{a}{b}\right)^{\frac{a}{b-a}} - \left(\frac{a}{b}\right)^{\frac{b}{b-a}}\right\}, \quad z(2t_0) = \frac{ay_0}{b-a}\left\{\left(\frac{a}{b}\right)^{\frac{2a}{b-a}} - \left(\frac{a}{b}\right)^{\frac{2b}{b-a}}\right\}$$

━━━━━━━━━━ 演 習 問 題 ━━━━━━━━━━

1. 次の曲線の概形を描きなさい．
  (1) $y = \dfrac{a}{2}\left(e^{\frac{x}{a}} + e^{-\frac{x}{a}}\right)$ $(a > 0)$ (2) $y = x \log x$
  (3) $y = x + \sqrt{4 - x^2}$ (4) $y = \sin x(1 - \cos x)$ $(-\pi \leqq x \leqq \pi)$

《参考》 曲線 $y = \dfrac{a}{2}\left(e^{\frac{x}{a}} + e^{-\frac{x}{a}}\right)$ は**懸垂線**と呼ばれる．密度が一様で自由に変形する鎖や電線などが，重力の作用のもとで垂れたとき描く曲線である．

━━━━━ 解 答 ━━━━━

1.

(1) グラフ：頂点 $(0, a)$ の懸垂線

(2) グラフ：最小値 $(1, -e^{-1})$，y 切片に開点，x 軸との交点 $-e^{-1}$

(3) グラフ：$-2 \leqq x \leqq 2$，最大値 $(\sqrt{2}, 2\sqrt{2})$，$(-\sqrt{2}, 0)$，$(2, 2)$，$(-2, -2)$

(4) 変曲点 $x = 0, \pm\alpha$
$\alpha = \cos^{-1}\dfrac{1}{4}$
$\beta = \dfrac{3}{16}\sqrt{15}$
極大 $\left(\dfrac{2}{3}\pi, \dfrac{3}{4}\sqrt{3}\right)$，極小 $\left(-\dfrac{2}{3}\pi, -\dfrac{3}{4}\sqrt{3}\right)$

6.4 極座標表示による曲線

xy 座標平面上の点 P は，原点 O から P までの距離 r と，x 軸を始線とする半直線 OP の偏角 θ を指定すれば定まる．(r, θ) の組を P の**極座標**とい

う．極座標がとる区間は，一般に，$r \geqq 0$ および $0 \leqq \theta < 2\pi$ （あるいは $-\pi < \theta \leqq \pi$）である．

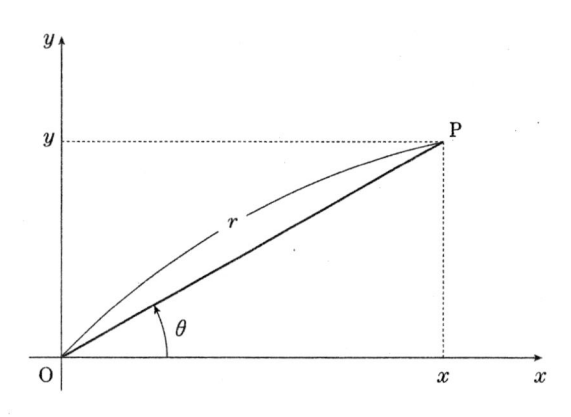

図 6.9　極座標

直交座標 (x, y) と極座標 (r, θ) は，次の関係を通じて，相互に移り変わることができる．

$$\left.\begin{array}{l} x = r\cos\theta \\ y = r\sin\theta \end{array}\right\} \iff \left\{\begin{array}{l} r = \sqrt{x^2 + y^2} \\ \tan\theta = \dfrac{y}{x} \quad (x \neq 0) \end{array}\right. \tag{6.3}$$

例 1　$(x, y) = (\sqrt{3}, 1)$ を極座標で表せば，$(r, \theta) = \left(2, \dfrac{\pi}{6}\right)$ である．

平面上の曲線は，直交座標 (x, y) を使うとき $y = f(x)$ で与えられたように，極座標 (r, θ) を用いて，

$$r = f(\theta) \tag{6.4}$$

で与えられることがある．これを曲線の**極方程式**という．

例 2　原点 O を中心とする半径 a の上半円の方程式は，直交座標では $y = \sqrt{a^2 - x^2}$，極方程式では $r = a \ (0 \leqq \theta \leqq \pi)$ である．

例題 6-6　極方程式 $r = 1 + \cos\theta \ (-\pi < \theta \leqq \pi)$ のグラフを描きなさい．

《解説》角 θ のそれぞれの値に対して,原点からの距離 r をとり,このように定めた点を順につなぐ.θ が 0 から π まで変化する間に,r は単調に減少し,$\theta = 0$ のとき最大値 2,$\theta = \dfrac{\pi}{2}$ のとき 1,そして $\theta = \pi$ のとき最小値 0 をとる.また,$\cos\theta = \cos(-\theta)$ より,曲線は x 軸に関して対称である.

なお,この曲線は,その形から,**カルジオイド**(心臓形)と呼ばれる.

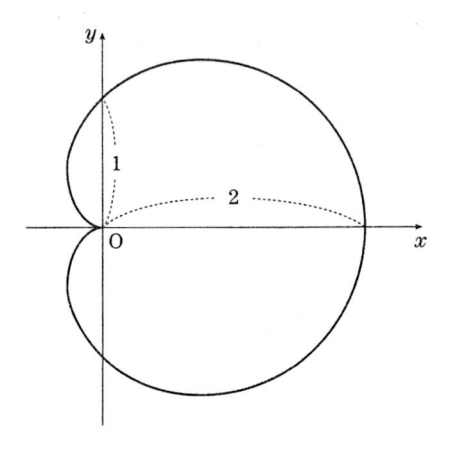

図 6.10 カルジオイド

=============== 演 習 問 題 ===============

1. 次の直交座標を極座標に,極座標を直交座標に直しなさい.ただし,$-\pi < \theta \leqq \pi$ とする.

(1) $(x, y) = (-1, 1)$　　　(2) $(x, y) = (\sqrt{2}, -\sqrt{6})$

(3) $(r, \theta) = (2, \pi)$　　　(4) $(r, \theta) = \left(4, -\dfrac{1}{6}\pi\right)$

2. 極方程式で与えられた次の曲線の概形を描きなさい.ただし,$0 \leqq \theta < 2\pi$ とする.

(1) $r = \theta$(アルキメデスのスパイラル)　(2) $r^2 = \cos 2\theta$(レムニスケート(連珠形))

6.4 極座標表示による曲線

解 答

1. (1) $\left(\sqrt{2}, \dfrac{3}{4}\pi\right)$　(2) $\left(2\sqrt{2}, -\dfrac{1}{3}\pi\right)$　(3) $(-2, 0)$　(4) $(2\sqrt{3}, -2)$

2. (1)　　　　　　　　　　　　　　(2)

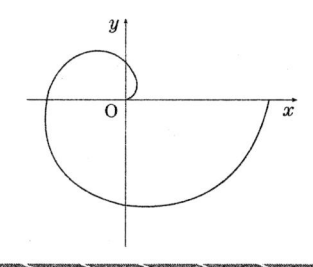

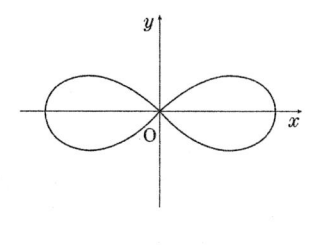

第7章

多変数関数と偏微分

7.1 多変数の関数と極限

2つの量 x と y の値が与えられると，それに応じて別な量 z の値がただ1つ定まるとき，z は x と y の関数であるという．このことを記号で，

$$z = f(x, y) \tag{7.1}$$

と書き，x, y を**独立変数**，z を**従属変数**と呼ぶ．

例1 $z = x^2 y + 3x \sin y$ のとき，z は x, y の関数である．

例2 1モルの気体では，気体の温度 T と圧力 p の値が与えられると体積 V の値が定まる．V は温度 T と圧力 p の関数で，$V = f(T, p)$ である．
　実際，理想気体ならば，$f(T, p) = R\dfrac{T}{p}$（R は気体定数）である．

【注】独立変数が n 個あるものを **n 変数関数**といい，$n \geq 2$ であるものを**多変数関数**という．多変数関数の取り扱いや理論は，2変数関数の場合から推測できることが多い．

　xy 座標平面の境界を含まないひと続きの広がりを持つ区域を，**領域**（特に**開領域**ということがある）という．また，領域にその境界上の点をすべてつけ加えたものを**閉領域**と呼ぶ．領域を表すのに，文字 D などで使われる．
　関数 $f(x, y)$ の**定義域**は，独立変数の組 (x, y) が変化する範囲である．定義域を xy 座標平面に図示すれば，広がりを持つ区域となる．以下では，関数

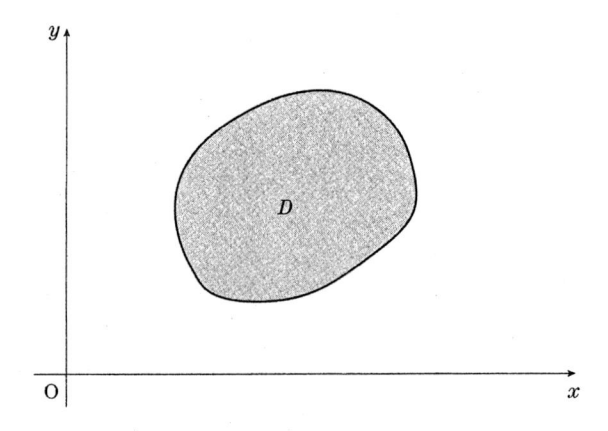

図 7.1 領域

$f(x, y)$ は開領域で定義されているものとする．

関数 $z = f(x, y)$ の変化を図示するには，xyz 座標空間を考え，独立変数 (x, y) の値を xy 平面上の点とし，従属変数 z の値をそれに垂直な高さ z として表す．独立変数が領域 D を動くとき，点 (x, y, z) の集合は D の上に 1 つの**曲面**を作る．この曲面を関数 $z = f(x, y)$ の**グラフ**という．

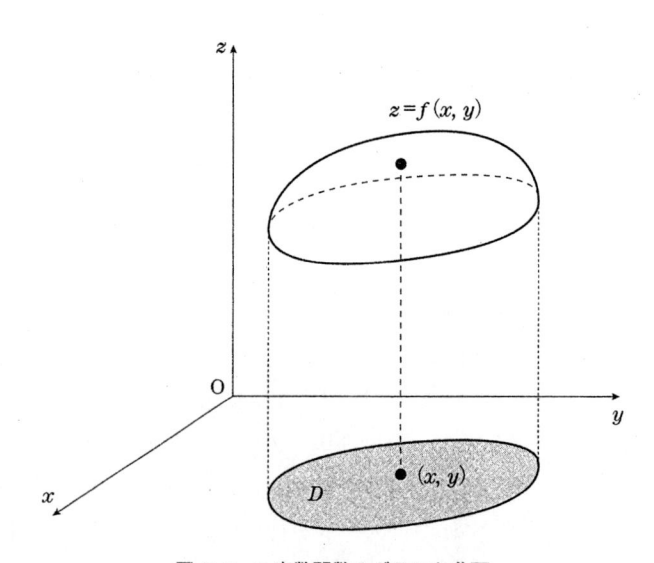

図 7.2 2 変数関数のグラフと曲面

7.1 多変数の関数と極限

● **極限** (x,y) が「$(x,y) \neq (a,b)$ を保ちながら」限りなく (a,b) に近づき，「どのような近づき方をしても」$f(x,y)$ が有限確定値 γ に限りなく近づくならば，(x,y) が (a,b) に近づくとき $f(x,y)$ は γ に**収束する**といい，

$$\lim_{(x,y)\to(a,b)} f(x,y) = \gamma \quad \text{または} \quad f(x,y) \to \gamma \quad ((x,y) \to (a,b)) \quad (7.2)$$

と書く．このとき，γ を $(x,y) \to (a,b)$ に対する $f(x,y)$ の**極限値**という．

【注】1 変数関数 $f(x)$ では，数直線上を動く x が $x \neq a$ を保ちながら左側からも右側からも a に限りなく近づくとき，$f(x)$ が有限確定値 γ に近づくならば，極限値 γ があると定義した [p.27 を参照]．これの自然な拡張である．

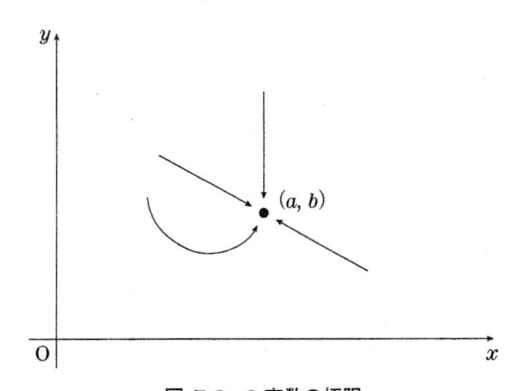

図 7.3 2 変数の極限

関数の極限値の計算について，以下の定理が基本的である．

極限値の基本定理

定理 7.1 $\displaystyle\lim_{(x,y)\to(a,b)} f(x,y) = \alpha$, $\displaystyle\lim_{(x,y)\to(a,b)} g(x,y) = \beta$ のとき，次の関係が成り立つ．

(1) $\displaystyle\lim_{(x,y)\to(a,b)} cf(x,y) = c\alpha$ （c は定数）

(2) $\displaystyle\lim_{(x,y)\to(a,b)} \{f(x,y) \pm g(x,y)\} = \alpha \pm \beta$

(3) $\displaystyle\lim_{(x,y)\to(a,b)} \{f(x,y)g(x,y)\} = \alpha\beta$

(4) $\displaystyle\lim_{(x,y)\to(a,b)} \frac{f(x,y)}{g(x,y)} = \frac{\alpha}{\beta}$ （$\beta \neq 0$）

例題 7-1　次の極限を調べなさい．

(1) $\displaystyle\lim_{(x,y)\to(1,2)}\frac{x+y}{x^2+y^2}$
(2) $\displaystyle\lim_{(x,y)\to(0,0)}\frac{xy}{x^2+y^2}$

《解説》

(1) $(x,y)\to(1,2)$ のとき $x+y\to 3$, $x^2+y^2\to 5$ である．定理 7.1 (4) により，次の結果が得られる．
$$\lim_{(x,y)\to(1,2)}\frac{x+y}{x^2+y^2}=\frac{3}{5}$$

(2) $(x,y)\to(0,0)$ のとき $xy\to 0$, $x^2+y^2\to 0$ であるから，$\dfrac{0}{0}$ 型の不定形である．そこで，$x=r\cos\theta$, $y=r\sin\theta$ によって極座標に移して考える．$(x,y)\to(0,0)$ は $r\to 0$ (θ は任意) である．
$$\lim_{(x,y)\to(0,0)}\frac{xy}{x^2+y^2}=\lim_{r\to 0}\frac{r^2\sin\theta\cos\theta}{r^2\cos^2\theta+r^2\sin^2\theta}=\lim_{r\to 0}\frac{1}{2}\sin 2\theta$$

θ は任意だから，確定値に近づかず，極限値は存在しない．

【注】2 変数関数の極限 $(x,y)\to(a,b)$ を調べるのに，$x-a=r\cos\theta, y-b=r\sin\theta$ ($r\to 0$) とおくのは，有効なことが多い．

演 習 問 題

1. 次の極限を調べ，収束する場合には極限値を求めなさい．

(1) $\displaystyle\lim_{(x,y)\to(1,2)}\frac{2x+y}{x^2+y^2}$
(2) $\displaystyle\lim_{(x,y)\to(1,1)}\frac{\cos(x-y)}{x^2+y^2}$

(3) $\displaystyle\lim_{(x,y)\to(1,1)}\frac{x}{x^2-2xy+y^2}$
(4) $\displaystyle\lim_{(x,y)\to(0,0)}\frac{x^2-y^2}{\sqrt{x^2+y^2}}$

(5) $\displaystyle\lim_{(x,y)\to(0,0)}\frac{x^2y}{x^2+y^2}$
(6) $\displaystyle\lim_{(x,y)\to(0,0)}\frac{x-y}{\sqrt{x^2+y^2}}$

解 答

1. (1) 極限値 $\dfrac{4}{5}$　(2) 極限値 $\dfrac{1}{2}$　(3) 存在しない　(4) 極限値 0　(5) 極限値 0
(6) 存在しない

7.2　関数の連続性と合成関数

● **連続と不連続**　関数 $f(x,y)$ は，次の 3 つの条件をすべて満たすとき，

$(x, y) = (a, b)$ で**連続**であるという.

$$\begin{cases} ① \ f(a,b) \text{ が定義されている} \\ ② \ \lim_{(x,y) \to (a,b)} f(x,y) \text{ の極限値が存在する} \\ ③ \ \lim_{(x,y) \to (a,b)} f(x,y) = f(a,b) \text{ が成り立つ} \end{cases}$$

また,$f(x, y)$ が領域 D のすべての点で連続であるとき,$f(x, y)$ は D で連続であるという.

$f(x, y)$ が $(x, y) = (a, b)$ で連続であるとき,$z = f(x, y)$ が描く曲面は点 (a, b) で途切れることなくつながっている.また,領域 D で連続ならば,$z = f(x, y)$ のグラフは D で切れ目ないひと続きの曲面になる.

$f(x, y)$ が $(x, y) = (a, b)$ で連続でないとき,点 (a, b) で**不連続**であるという.$f(x, y)$ が不連続な点では,グラフの曲面はつながっていない.

【注】2 変数関数の連続性の定義は,1 変数関数の場合とほぼ同様である [p.30 を参照].

――― 連続関数の基本定理 ―――

定理 7.2 $f(x, y)$,$g(x, y)$ が $(x, y) = (a, b)$ で連続ならば,次の関数も $(x, y) = (a, b)$ で連続である.

(1) $cf(x, y)$ (c は定数)　　(2) $f(x, y) \pm g(x, y)$

(3) $f(x, y)g(x, y)$　　(4) $\dfrac{f(x, y)}{g(x, y)}$　($g(a, b) \neq 0$)

2 変数関数の連続性についての定理 7.2 は,1 変数関数の場合と同様の内容である [p.31 定理 2.2 を参照].

● **合成関数**　2 変数関数についても,合成関数が定義される.

|例 1|　$z = f(u)$ と $u = g(x, y)$ があるとき,u を代入することで,合成関数 $z = f(g(x, y))$ が得られ,z は x, y の 2 変数関数となる.

|例 2|　$z = f(x, y)$ と $x = \phi(t)$,$y = \psi(t)$ があるとき,x,y を z の式に代入すれば,合成関数 $z = f(\phi(t), \psi(t))$ が得られ,z は t の関数となる.

|例 3|　$z = f(x, y)$,$x = \phi(u, v)$ と $y = \psi(u, v)$ に対して,合成関数 $z = f(\phi(u, v), \psi(u, v))$ が得られ,z は u, v の 2 変数関数となる.

1 変数関数の合成関数の連続性と同様に [p.35 定理 2.4 を参照],2 変数関数の

場合にも，上に示した合成関数について，連続性が成り立つ．すなわち，合成のもとになる関数が，それぞれの定義域で連続であるとき，合成によって得られた合成関数も定義域で連続となる．

この事実と定理 7.2 から，連続な関数から加減乗除と合成によって得られる関数は，定義域で連続であることになる．

例 4 $z = \sin(x^2 + 2y)$ はすべての点 (x, y) で連続である．なぜなら，$z = \sin u$ と $u = x^2 + 2y$ はすべての点で連続で，$z = \sin(x^2 + 2y)$ はそれらの合成関数だからである．

=== 演 習 問 題 ===

1. 次の関数の連続性を調べなさい．
  (1) $f(x, y) = \dfrac{x^3 + y^3}{x^2 + y^2}$ $(x, y) \neq (0, 0);$ $f(0, 0) = 0$
  (2) $f(x, y) = \dfrac{x^2 - y^2}{2x^2 + y^2}$ $(x, y) \neq (0, 0);$ $f(0, 0) = 0$
  (3) $f(x, y) = xy \log(x^2 + y^2)$ $(x, y) \neq (0, 0);$ $f(0, 0) = 0$

2. 次の場合に，合成関数を求めなさい．
  (1) $u = ax + by,\ z = u^2 \log |u|$ (2) $u = xe^y,\ v = 2x + y^2,\ z = u \sin v$

=== 解 答 ===

1. (1) すべての点で連続　(2) $(0, 0)$ 以外で連続〔指針：$y = mx$ に沿って $(0, 0)$ に近づくとすれば，$f(x, y) = \dfrac{1 - m^2}{2 + m^2}$ である〕　(3) すべての点で連続〔指針：極座標で表し，$r^2 \log r^2 \to 0\ (r \to 0)$ を使う〕

2. (1) $z = (ax + by)^2 \log |ax + by|$ (2) $z = xe^y \sin(2x + y^2)$

7.3　偏導関数

2 変数関数 $f(x, y)$ において，y を b に固定したまま，x を $x = a$ から $x = a + h$ に変化させる場合を考える．x が $\Delta x = h$ だけ変わる間に，z は $\Delta z = f(a + h, b) - f(a, b)$ だけ変化し，平均変化率は $\dfrac{\Delta z}{\Delta x}$ である．このとき，極限 $\lim\limits_{\Delta x \to 0} \dfrac{\Delta z}{\Delta x}$ が収束するならば，$z = f(x, y)$ は点 (a, b) で x に関して**偏微分可能**であるという．そして，その極限値を $z = f(x, y)$ の x に関する**偏微**

分係数といい，$\dfrac{\partial}{\partial x}f(a,b)$, $f_x(a,b)$ などの記号で表す．

$$\frac{\partial}{\partial x}f(a,b) = \lim_{h\to 0}\frac{f(a+h,b)-f(a,b)}{h} \tag{7.3}$$

【注】∂ は「ラウンド（まるい）ディー」と読む．

同様に，x を a に固定したまま，y を $y=b$ から $y=b+k$ に変化させるとき，z の y に関する偏微分係数が定義される．

$$\frac{\partial}{\partial y}f(a,b) = \lim_{k\to 0}\frac{f(a,b+k)-f(a,b)}{k} \tag{7.4}$$

$f(x,y)$ が領域 D のすべての点で x および y に関して偏微分可能なとき，$f(x,y)$ は D で偏微分可能であるという．このとき，D の点 (x,y) での偏微分係数は**偏導関数**と呼ばれる．

$z=f(x,y)$ の偏導関数は，次に示すさまざまな記号で表される．

$$\frac{\partial}{\partial x}f(x,y),\quad \frac{\partial f}{\partial x},\quad f_x(x,y),\quad \partial_x f(x,y),\quad \frac{\partial z}{\partial x},\quad z_x,\quad \partial_x z$$
$$\frac{\partial}{\partial y}f(x,y),\quad \frac{\partial f}{\partial y},\quad f_y(x,y),\quad \partial_y f(x,y),\quad \frac{\partial z}{\partial y},\quad z_y,\quad \partial_y z$$

また，$f(x,y)$ の偏導関数を求めることを，$f(x,y)$ を**偏微分する**という．

偏導関数の定義とその意味

$$\frac{\partial}{\partial x}f(x,y) = \lim_{h\to 0}\frac{f(x+h,y)-f(x,y)}{h} \tag{7.5}$$
y は一定のまま x が変化するときの z の変化率
$$\frac{\partial}{\partial y}f(x,y) = \lim_{k\to 0}\frac{f(x,y+k)-f(x,y)}{k} \tag{7.6}$$
x は一定のまま y が変化するときの z の変化率

● **偏導関数の計算** x に関する偏導関数の定義 (7.5) において，y は一定として扱われ，x に関する部分の構造は1変数関数 $f(x)$ の導関数 $f'(x)$ の定義と同じである [p.48 (3.4) を参照]．したがって，$f_x(x,y)$ を求めるには，y を定数とみなして $f(x,y)$ を x で微分すればよい．同様に，$f_y(x,y)$ を求めるには，x を定数とみなして $f(x,y)$ を y で微分すればよい．

偏微分するとき，1変数関数に対する和差積商の微分法 [p.51 定理 3.2 を参照]，合成関数の微分法 [p.53 定理 3.3 を参照] は，そのまま適用できる．

例1 $z = x^2y + x + y^3$ のとき，和の微分法により，$z_x = 2xy + 1$, $z_y = x^2 + 3y^2$ となる．

例2 $z = ye^{xy}$ のとき，積の微分法と合成関数の微分法を適用する．

$$z_x = y(e^{xy})_x = y^2 e^{xy}, \quad z_y = (y)_y e^{xy} + y(e^{xy})_y = e^{xy} + xye^{xy}$$

例題 7-2 1モルの理想気体の体積 V，温度 T，圧力 p の間に状態方程式 $V = R\dfrac{T}{p}$ (R は気体定数) が成り立つ．V を T と p で偏微分しなさい．

《解説》

$$\frac{\partial V}{\partial T} = \frac{R}{p}, \quad \frac{\partial V}{\partial p} = -\frac{RT}{p^2}$$

なお，$\dfrac{\partial V}{\partial T} > 0$ は，圧力を一定にして温度を上げれば体積が増すことを，また，$\dfrac{\partial V}{\partial p} < 0$ は，温度を一定にして圧力を上げれば体積が減ることを意味する．

例題 7-3 ある領域で偏微分可能な関数 $f(x, y)$ に対して，

(1) 常に $f_x(x, y) = 0$ ならば，$f(x, y)$ は x に無関係，

(2) 常に $f_y(x, y) = 0$ ならば，$f(x, y)$ は y に無関係，

(3) 常に $f_x(x, y) = f_y(x, y) = 0$ ならば，$f(x, y)$ は定数

であることを示しなさい．

《解説》

(1) $f_x(x, y) = 0$ は，y を固定して x で微分したものが 0 を意味するから，$f(x, y)$ は x を含まない [p.79 例題 5-1 を参照]．

(2) x と y の役割を入れ換えて，(1) と同様に考える．

(3) $f_x(x, y) = 0$ より $f(x, y)$ は x を含まず，$f_y(x, y) = 0$ より y を含まない．したがって，$f(x, y)$ は x, y を含まない定数である．

===== 演 習 問 題 =====

1. 次の関数を偏微分しなさい．

(1) $z = x^2 y^5 - xy^2 + y - 1$ 　　(2) $z = \dfrac{x-y}{x+y}$

(3) $z = \tan^{-1} \dfrac{y}{x}$ 　　(4) $z = \log \sqrt{x^2 + y^2}$

(5) $z = \sin(x^2 + y)$ 　　(6) $z = x^y$ ($x > 0$)

2. 3変数 x,y,z の関数 $w=f(x,y,z)$ について，y,z を一定に保ち x を変化させるときの変化率を $\dfrac{\partial w}{\partial x}$ と書く．$\dfrac{\partial w}{\partial y}$, $\dfrac{\partial w}{\partial z}$ も同様である．以下の関数について，$\dfrac{\partial w}{\partial x}$, $\dfrac{\partial w}{\partial y}$, $\dfrac{\partial w}{\partial z}$ を求めなさい．

(1) $w = xy^2 + yz^2 + zx^2$ (2) $w = \dfrac{x-y}{x+y+z}$

(3) $w = \sqrt{x+y^2+z^3}$ (4) $w = (x-y)\log(1+z)$

解 答

1. (1) $z_x = 2xy^5 - y^2$, $z_y = 5x^2y^4 - 2xy + 1$ (2) $z_x = \dfrac{2y}{(x+y)^2}$, $z_y = -\dfrac{2x}{(x+y)^2}$

(3) $z_x = -\dfrac{y}{x^2+y^2}$, $z_y = \dfrac{x}{x^2+y^2}$ (4) $z_x = \dfrac{x}{x^2+y^2}$, $z_y = \dfrac{y}{x^2+y^2}$

(5) $z_x = 2x\cos(x^2+y)$, $z_y = \cos(x^2+y)$ (6) $z_x = yx^{y-1}$, $z_y = x^y \log x$ 〔指針：対数微分法により，$\log z = y\log x$ として偏微分する〕

2. (1) $w_x = y^2 + 2xz$, $w_y = z^2 + 2xy$, $w_z = x^2 + 2yz$

(2) $w_x = \dfrac{2y+z}{(x+y+z)^2}$, $w_y = -\dfrac{2x+z}{(x+y+z)^2}$, $w_z = -\dfrac{x-y}{(x+y+z)^2}$

(3) $w_x = \dfrac{1}{2\sqrt{x+y^2+z^3}}$, $w_y = \dfrac{y}{\sqrt{x+y^2+z^3}}$, $w_z = \dfrac{3z^2}{2\sqrt{x+y^2+z^3}}$

(4) $w_x = \log(1+z)$, $w_y = -\log(1+z)$, $w_z = \dfrac{x-y}{1+z}$

7.4 接平面と全微分

関数 $z=f(x,y)$ のグラフは，xyz 座標空間の曲面である．偏導関数と曲面の間の関係を調べる（関数 $y=f(x)$ の導関数は，関数が xy 座標平面に描く曲線と密接に関係している．これと同様に考える）．

● **平面の方程式と接平面** xyz 座標空間の平面について考える．空間の点 P(a,b,c) を通り，法線ベクトルの成分が (l,m,n) である平面上の点を Q(x,y,z) とするとき，x,y,z は次式（**平面の方程式**という）を満たす．

$$l(x-a) + m(y-b) + n(z-c) = 0 \qquad (7.7)$$

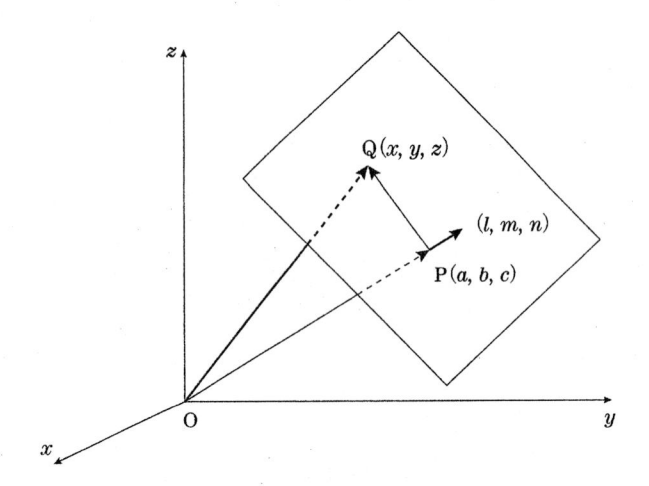

図 7.4 平面とその上の点

【証明】
点 Q(x, y, z) が平面上にある条件は，ベクトル $\overrightarrow{PQ} = (x-a, y-b, z-c)$ が法線ベクトル $\vec{e} = (l, m, n)$ と垂直であることである．2 つのベクトルが垂直であるために，それらの内積が 0 であればよい．
$$\therefore \quad \overrightarrow{PQ} \cdot \vec{e} = l(x-a) + m(y-b) + n(z-c) = 0$$
これは求める方程式である． 終

関数 $z = f(x, y)$ によって描かれる曲面上の点 P$(a, b, f(a, b))$ のごく近くで曲面を拡大すると，曲面が十分に滑らかならば，拡大するにつれて曲面の曲がりは次第に見えなくなり，1 つの平面に限りなく近づく．この平面を，曲面 $z = f(x, y)$ の点 P における**接平面**という．

定義域 D の点 (a, b) の近くの (x, y) に対して，関数 $f(x, y)$ が

$$\rho = \sqrt{(x-a)^2 + (y-b)^2} \tag{7.8}$$

$$f(x, y) = l(x-a) + m(y-b) + f(a, b) + \varepsilon\rho \tag{7.9}$$

と表されるとする．右辺の l, m は (a, b) に依存する量である．図形的には，ρ は D の 2 点 (a, b) と (x, y) の間の距離を表す．また，$\varepsilon\rho$ は，点 (x, y) において，曲面 $z = f(x, y)$ の高さと曲面上の点 P$(a, b, f(a, b))$ を通る平面 $z = l(x-a) + m(y-b) + f(a, b)$ の高さの差 QS を意味する．

曲面 $z = f(x, y)$ の $\mathrm{P}(a, b, f(a, b))$ における接平面とは, (7.9) において

$$\lim_{\rho \to 0} \varepsilon = 0 \tag{7.10}$$

が成り立つときの平面 $z = l(x - a) + m(y - b) + f(a, b)$ のことである.

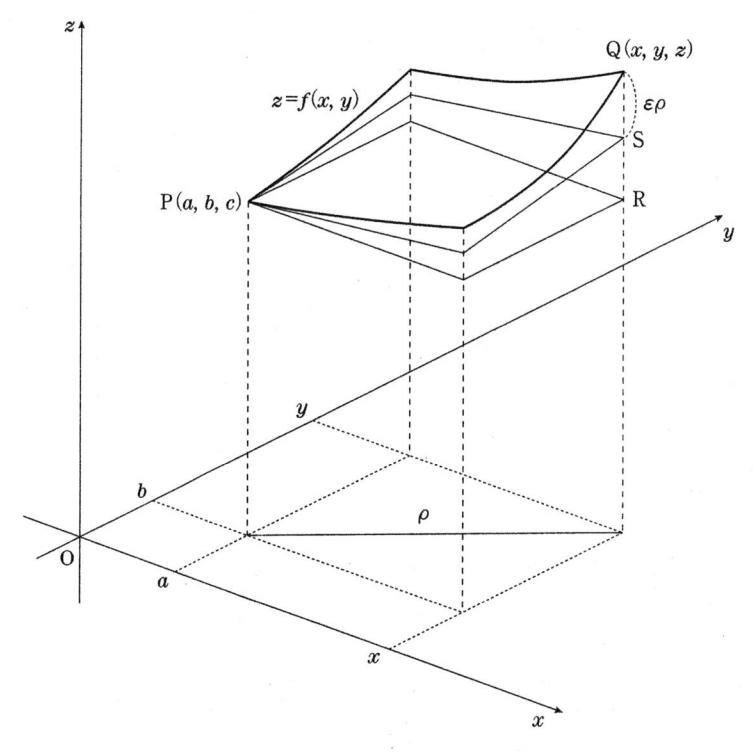

図 7.5 全微分可能性の図形的な意味

● **全微分可能性**　関数 $f(x, y)$ が (7.9) に対して (7.10) を満たすとき, $f(x, y)$ は点 (a, b) で**全微分可能**であるという. また, 領域 D のすべての点で全微分可能であるとき, $f(x, y)$ は D で全微分可能であるという.

───── 全微分可能性と連続性 ─────
定理 7.3　$f(x, y)$ が (a, b) で全微分可能ならば, 点 (a, b) で連続である.

【証明】
(7.8),(7.10) より,$x \to a, y \to b$ のとき,$\rho \to 0, \varepsilon \to 0$ である.(7.9) より,

$$\lim_{x \to a, y \to b} f(x,y) = \lim_{x \to a, y \to b} \{l(x-a) + m(y-b) + f(a,b) + \varepsilon\rho\} = f(a,b)$$

となる.これは,$f(x,y)$ が (a,b) で連続であることを示すものである. 終

関数 $f(x,y)$ が全微分可能であるとき,曲面 $z = f(x,y)$ の接平面が定まる (1 変数関数 $f(x)$ が微分可能なとき,曲線 $y = f(x)$ の接線が定まるのと同じである).

―――― 接平面の方程式 ――――

定理 7.4 $f(x,y)$ が (a,b) で全微分可能であるとき,曲面 $z = f(x,y)$ の点 (a,b) における(xy 平面に垂直でない)接平面の方程式は,

$$z - f(a,b) = f_x(a,b)(x-a) + f_y(a,b)(y-b) \tag{7.11}$$

である.

【証明】
(7.9) において,$l = f_x(a,b)$ であることを示す.$y = b$ とおけば,(7.8) より $\rho = |x-a|$,(7.9) より $f(x,b) = l(x-a) + f(a,b) + \varepsilon|x-a|$ である.

$$l = \frac{f(x,b) - f(a,b)}{x-a} - \varepsilon\frac{|x-a|}{x-a} \quad \text{ただし} \quad \lim_{x \to a}\varepsilon = 0$$

$$\therefore\ l = \lim_{x \to a}\left\{\frac{f(x,b)-f(a,b)}{x-a} \pm \varepsilon\right\} = \lim_{x \to a}\frac{f(x,b)-f(a,b)}{x-a} = f_x(a,b)$$

同様にして,$x = a$ とおくことで,$m = f_y(a,b)$ が示される. 終

【注】**全微分可能性の意味** 全微分可能性は,1 変数関数の微分可能性に相当する.$z = f(x,y)$ が点 (a,b) で全微分可能であるならば,① 点 (a,b) で連続,② 点 (a,b) で偏微分可能で,同時に (7.11) により,③ 接平面が定まる.このとき,(7.9) と (7.10) より,④ 点 (a,b) に十分近いところで,曲面の高さと接平面の高さの差 $\varepsilon\rho$ は,(a,b) と (x,y) の間の距離 ρ よりはるかに小さい.このことは,(a,b) のごく近くで,曲面を接平面で置き換えることができ,⑤ 関数 $z = f(x,y)$ の振る舞いが,x, y の 1 次式 $z = f_x(a,b)(x-a) + f_y(a,b)(y-b) + f(a,b)$ で近似できることを意味する.

関数 $f(x,y)$ が全微分可能であるかどうかを判定する十分条件として,次の定理がある.

7.4 接平面と全微分

全微分可能性の十分条件

定理 7.5 $f_x(x,y)$, $f_y(x,y)$ が連続な領域で, $f(x,y)$ は全微分可能である.

なお,応用で現れる関数のほとんどは,全微分可能であると考えてよい.

【証明】

$f_x(x,y)$, $f_y(x,y)$ が連続な領域の任意の点を (x,y) とする.平均値の定理により,次式を満たす θ_1, θ_2 $(0<\theta_1<1, 0<\theta_2<1)$ が存在する [p.80 (5.4) を参照].

$$f(x+h, y+k) - f(x,y) = [f(x+h, y+k) - f(x, y+k)] + [f(x, y+k) - f(x,y)]$$
$$= hf_x(x+\theta_1 h, y+k) + kf_y(x, y+\theta_2 k)$$

$f_x(x,y)$, $f_y(x,y)$ は連続であるから,

$$f_x(x+\theta_1 h, y+k) = f_x(x,y) + \varepsilon_1, \qquad f_y(x, y+\theta_2 k) = f_x(x,y) + \varepsilon_2$$

とおくと,$h\to 0$, $k\to 0$ に対して $\varepsilon_1 \to 0$, $\varepsilon_2 \to 0$ $\cdots$ ① である.

$$\therefore \quad f(x+h, y+k) - f(x,y) = hf_x(x,y) + kf_y(x,y) + \varepsilon\rho$$

ただし,$\rho = \sqrt{h^2+k^2}$, $\varepsilon = \dfrac{h\varepsilon_1 + k\varepsilon_2}{\rho}$

$\rho > |h|, \rho > |k|$ より,$|\varepsilon| \leq \dfrac{|h|}{\rho}|\varepsilon_1| + \dfrac{|k|}{\rho}|\varepsilon_2| < |\varepsilon_1| + |\varepsilon_2|$ $\cdots$ ② である.$\rho \to 0$ のとき $h\to 0$, $k\to 0$ であるから,①,②より,$\lim_{\rho\to 0}\varepsilon = 0$ が成り立つ.よって,定義により,$f(x,y)$ は全微分可能である. □ 終

例題 7-4 曲面 $z = x^2 y + xy^3$ の点 $(x,\ y) = (1, -1)$ における接平面を求めなさい.

《解説》 (7.11) を適用する.$f(x,y) = x^2 y + xy^3$ に対して,$f_x(x,y) = 2xy + y^3$, $f_y(x,y) = x^2 + 3xy^2$ より,$f_x(1,-1) = -3$, $f_y(1,-1) = 4$, また $f(1,-1) = -2$ である.

$$\therefore \quad z = -3(x-1) + 4(y+1) - 2 \qquad \text{すなわち} \qquad z = -3x + 4y + 5$$

● **全微分** 独立変数が (x,y) から $(x+h, y+k)$ へわずかに変化する場合を考える.$z = f(x,y)$ が全微分可能なとき,点 (x,y) における接平面が存在し,$f(x,y)$ の増分 Δf の主要部分は,曲面上の点を x, y 座標が同じ接平面上の点で置き換えることで得られる.これを $z = f(x,y)$ の**全微分**といい,記号 dz あるいは $df(x,y)$ で表す.

$$dz = f_x(x,y)h + f_y(x,y)k$$

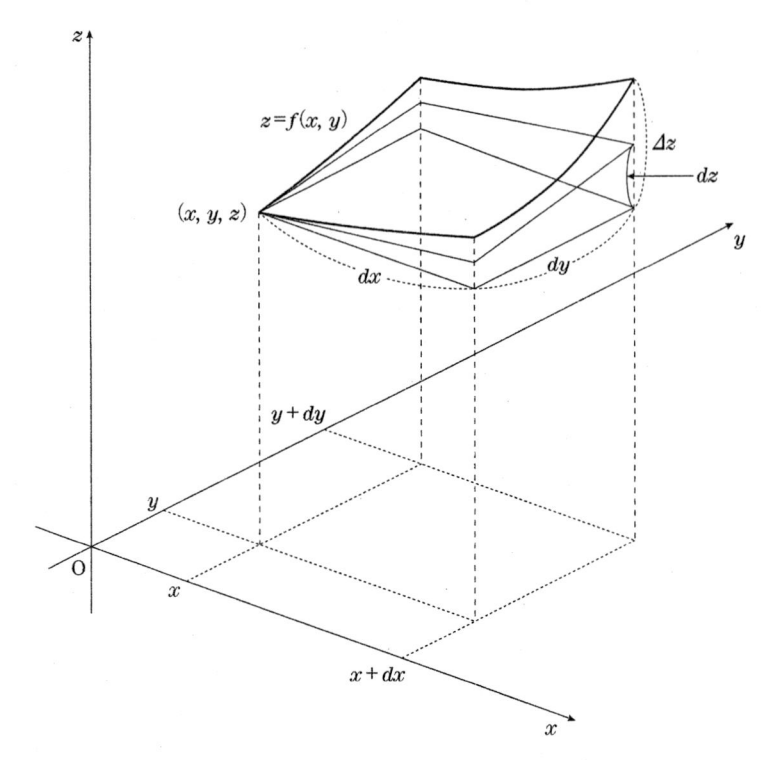

図 7.6 全微分の図形的な意味

特に，$f(x,y) = x$ の場合に，全微分は $dx = h$ となるから，dx は関数 x の全微分であると同時に x の増分を表す．同様に，$f(x,y) = y$ とすれば，dy は関数 y の全微分であると同時に y の増分を表す．それに対して，全微分 dz は，独立変数が (x,y) から $(x+dx, y+dy)$ に微小な変化をしたとき，関数 $z = f(x,y)$ の増分を十分高い精度で近似するものである．

例1 $z = ye^{xy}$ の全微分は，$z_x = y^2 e^{xy}$, $z_y = (1+xy)e^{xy}$ より，次式で与えられる．
$$dz = y^2 e^{xy} dx + (1+xy)e^{xy} dy = e^{xy}\{y^2\, dx + (1+xy)\, dy\}$$

例2 半径 r，高さ h の円柱の体積 $V = \pi r^2 h$ を考える．r と h が微少量 dr, dh だけ変化するとき，体積の増分 ΔV は全微分 dV で近似できる．
$$dV = \frac{\partial V}{\partial r} dr + \frac{\partial V}{\partial h} dh = 2\pi rh\, dr + \pi r^2\, dh = V\left(2\frac{dr}{r} + \frac{dh}{h}\right)$$

7.4 接平面と全微分

> **関数の全微分**
>
> 全微分可能な関数 $z = f(x,y)$ の全微分は，次式で定義される．
>
> $$dz = f_x(x,y)dx + f_y(x,y)dy \tag{7.12}$$
>
> dx は x の増分，dy は y の増分を表す．また，dz は z の増分に対する近似値を表す．

例題 7-5 1 モルの理想気体において，温度と圧力の変化に対する体積の全微分を求めなさい．

《解説》 状態方程式 $V = R\dfrac{T}{p}$ に (7.12) を当てはめる．

$$dV = \left(\frac{\partial V}{\partial T}\right)dT + \left(\frac{\partial V}{\partial p}\right)dp = \frac{R}{p}dT - \frac{RT}{p^2}dp = V\left(\frac{dT}{T} - \frac{dp}{p}\right)$$

得られた結果は，温度と体積の両方がわずかに変化したとき，体積の増分を高い精度で近似して表すものである．

＝＝＝＝＝＝ 演 習 問 題 ＝＝＝＝＝＝

1. 次の曲面の括弧で指定した点における接平面を求めなさい．

   (1) $z = 3x^2y + xy$ $[(1, 1)]$ (2) $z = \dfrac{1}{xy}$ $[(1, -1)]$

   (3) $z = \tan^{-1}\dfrac{y}{x}$ $[(1, -1)]$ (4) $z = \sqrt{r^2 - x^2 - y^2}$ $[(a, b)]$

2. 次の関数の全微分を求めなさい．

   (1) $z = x^3 y^2$ (2) $z = \sin(x - y)$

   (3) $z = \dfrac{xy}{x+y}$ (4) $z = \log(1 + x^2 + y^2)$

3. 関数 $f(x,y)$, $g(x,y)$ に対して，次の関係が成り立つことを示しなさい．

   (1) $d(f \pm g) = df \pm dg$ (2) $d(cf) = c\,(df)$

   (3) $d(fg) = (df)g + f(dg)$ (4) $d\left(\dfrac{f}{g}\right) = \dfrac{(df)g - f(dg)}{g^2}$ $(g \neq 0)$

＝＝＝ 解 答 ＝＝＝

1. (1) $7x + 4y - z = 7$ (2) $x - y - z = 3$ (3) $x + y - 2z = \dfrac{\pi}{2}$

   (4) $ax + by + \sqrt{r^2 - a^2 - b^2}\,z = r^2$

2. (1) $dz = 3x^2y^2 dx + 2x^3 y\, dy$ (2) $dz = \cos(x - y)(dx - dy)$

(3) $dz = \dfrac{1}{(x+y)^2}(y^2 dx + x^2 dy)$　　(4) $dz = \dfrac{2}{1+x^2+y^2}(xdx + ydy)$

3. (1) 略　　(2) 略　　(3)〔指針：$(fg)_x = f_x g + fg_x$, $(fg)_y = f_y g + fg_y$ を $d(fg)$ の定義に代入する〕　　(4)〔指針：商の微分法による〕

7.5　合成関数の微分法

$z = f(x,y)$ と $x = \phi(t)$, $y = \psi(t)$ から得られる合成関数 $z = f(\phi(t), \psi(t))$ を t で微分するのに，次の定理が成り立つ．

―― 合成関数の微分法 (1) ――

定理 7.6　$z = f(x,y)$ が全微分可能，$x = \phi(t)$, $y = \psi(t)$ が微分可能ならば，合成関数 $z = f(\phi(t), \psi(t))$ は微分可能で，次式が成り立つ．
$$\frac{dz}{dt} = \frac{\partial z}{\partial x}\frac{dx}{dt} + \frac{\partial z}{\partial y}\frac{dy}{dt} \tag{7.13}$$

【証明】
　t の増分 Δt に対する x, y の増分を，Δx, Δy とする．
$$\Delta x = \phi(t + \Delta t) - \phi(t), \quad \Delta y = \psi(t + \Delta t) - \psi(t)$$
このとき，z の増分を Δz とすれば，z は全微分可能であるから，(7.9)，(7.11) より，
$$\Delta z = f(x + \Delta x, y + \Delta y) - f(x,y) = \frac{\partial z}{\partial x}\Delta x + \frac{\partial z}{\partial y}\Delta y + \varepsilon \rho$$
とおけば，$\rho = \sqrt{(\Delta x)^2 + (\Delta y)^2}$ に対して $\lim_{\rho \to 0} \varepsilon = 0$ が成り立っている．
$$\therefore \ \frac{dz}{dt} = \lim_{\Delta t \to 0}\left\{\frac{\partial z}{\partial x}\frac{\Delta x}{\Delta t} + \frac{\partial z}{\partial y}\frac{\Delta y}{\Delta t} + \varepsilon\frac{\rho}{\Delta t}\right\} = \frac{\partial z}{\partial x}\frac{dx}{dt} + \frac{\partial z}{\partial y}\frac{dy}{dt} + \lim_{\Delta t \to 0}\varepsilon\frac{\rho}{\Delta t} \ \cdots \ ①$$
$\Delta t \to 0$ に対して，$\Delta x \to 0, \Delta y \to 0$ より，$\rho \to 0$ であり，このとき $\varepsilon \to 0$ であるから
$$\lim_{\Delta t \to 0}\varepsilon\frac{\rho}{|\Delta t|} = \lim_{\Delta t \to 0}\varepsilon\sqrt{\left(\frac{\Delta x}{\Delta t}\right)^2 + \left(\frac{\Delta y}{\Delta t}\right)^2} = 0 \times \sqrt{\left(\frac{dx}{dt}\right)^2 + \left(\frac{dy}{dt}\right)^2} = 0 \ \cdots \ ②$$
となる．①，②から (7.13) が得られる．　　　　　　　　　　　　　　　　　■

例1　$z = x^2 + xy$, $x = t^2$, $y = e^t$ であるとき，$\dfrac{dz}{dt}$ の計算に (7.13) を適用する．
$$\frac{dz}{dt} = (x^2 + xy)_x (t^2)' + (x^2 + xy)_y (e^t)' = 2t(2x + y) + xe^t$$

なお，x, y を消去すると $z = t^4 + t^2 e^t$ となるが，これから得られる結果と同じである．

関数 $z = f(\phi(u,v), \psi(u,v))$ は $z = f(x,y)$ と $x = \phi(u,v)$，$y = \psi(u,v)$ の合成関数である．z の u, v に関する偏導関数について，次の定理が成り立つ．

―― 合成関数の微分法 (2) ――

定理 7.7 $z = f(x,y)$ が全微分可能で，$x = \phi(u,v)$，$y = \psi(u,v)$ が偏微分可能ならば，合成関数 $z = f(\phi(u,v), \psi(u,v))$ は偏微分可能で，次式が成り立つ．

$$\frac{\partial z}{\partial u} = \frac{\partial z}{\partial x}\frac{\partial x}{\partial u} + \frac{\partial z}{\partial y}\frac{\partial y}{\partial u}, \qquad \frac{\partial z}{\partial v} = \frac{\partial z}{\partial x}\frac{\partial x}{\partial v} + \frac{\partial z}{\partial y}\frac{\partial y}{\partial v} \qquad (7.14)$$

【証明】 v を定数とみなせば，x, y, z は u だけの関数である．このとき，$z = f(\phi(u,v), \psi(u,v))$ の u に関する微分について (7.13) が適用できる．

$$\frac{dz}{du} = \frac{\partial z}{\partial x}\frac{dx}{du} + \frac{\partial z}{\partial x}\frac{dx}{du}$$

$\dfrac{dz}{du}$ は，v を定数とみなしたときの u に関する微分であるから，$\dfrac{\partial z}{\partial u}$ と記すべきである．同様に，$\dfrac{dx}{du}$ は $\dfrac{\partial x}{\partial u}$ と，$\dfrac{dy}{du}$ は $\dfrac{\partial y}{\partial u}$ と記すべきであるから，(7.14) の第 1 式が得られる．

また，u を定数とみなして z を v で微分することで，(7.14) の第 2 式が得られる． 終

例 2 $z = x^2 + y^2$，$x = uv$，$y = u - v$ のとき，z_u, z_v を (7.14) によって求める．

$$z_u = (x^2+y^2)_x (uv)_u + (x^2+y^2)_y (u-v)_u = 2xv + 2y$$
$$z_v = (x^2+y^2)_x (uv)_v + (x^2+y^2)_y (u-v)_v = 2xu - 2y$$

なお，$z = (uv)^2 + (u-v)^2$ であるが，これから求めた結果と同じである．

例題 7-6 $z = f(x,y)$ において，直交座標 (x,y) と極座標 (r,θ) の間の変換 $x = r\cos\theta$，$y = r\sin\theta$ について

$$\frac{\partial z}{\partial r} = \cos\theta \frac{\partial z}{\partial x} + \sin\theta \frac{\partial z}{\partial y}, \qquad \frac{\partial z}{\partial \theta} = -r\sin\theta \frac{\partial z}{\partial x} + r\cos\theta \frac{\partial z}{\partial y}$$

となることを示しなさい．

《解説》 $z = f(x,y)$ において $x = \phi(r,\theta) = r\cos\theta$，$y = \psi(r,\theta) = r\sin\theta$ の場合である．

$$\frac{\partial x}{\partial r} = \cos\theta, \quad \frac{\partial y}{\partial r} = \sin\theta, \quad \frac{\partial x}{\partial \theta} = -r\sin\theta, \quad \frac{\partial y}{\partial \theta} = r\cos\theta$$

この結果を (7.14) に適用すれば，次の関係が導かれる．

$$\frac{\partial z}{\partial r} = \frac{\partial z}{\partial x}\frac{\partial x}{\partial r} + \frac{\partial z}{\partial y}\frac{\partial y}{\partial r} = \frac{\partial z}{\partial x}\cos\theta + \frac{\partial z}{\partial y}\sin\theta$$

$$\frac{\partial z}{\partial \theta} = \frac{\partial z}{\partial x}\frac{\partial x}{\partial \theta} + \frac{\partial z}{\partial y}\frac{\partial y}{\partial \theta} = \frac{\partial z}{\partial x}(-r\sin\theta) + \frac{\partial z}{\partial y}(r\cos\theta)$$

【注】偏微分についての注意　$r = \sqrt{x^2+y^2}$ であるから，

$$\frac{\partial r}{\partial x} = \frac{x}{\sqrt{x^2+y^2}} = \frac{r\cos\theta}{r} = \cos\theta$$

である．一方，上で計算したように，$\dfrac{\partial x}{\partial r} = \cos\theta$ であり，$\left(\dfrac{\partial r}{\partial x}\right)\left(\dfrac{\partial x}{\partial r}\right) \neq 1$ である．

1 変数関数に関する逆関数の微分法 [p.56 (3.11) を参照] は，偏微分では成り立たない．その理由は，$\dfrac{\partial r}{\partial x}$ では y を一定にして x で偏微分しているのに，$\dfrac{\partial x}{\partial r}$ では θ を一定にして r で偏微分している．2 つの偏導関数で，一定にしている変数が異なるのである．このことを明示して書けば，$\left(\dfrac{\partial r}{\partial x}\right)_y \left(\dfrac{\partial x}{\partial r}\right)_\theta \neq 1$ である．なお，偏微分するとき一定に保つ変数を，偏微分記号の右下に付けて表している．

演習問題

1. 合成関数の微分法により，z を t で微分しなさい．

(1) $z = x^2 - y$　$(x = e^t,\ y = e^{-t})$　　(2) $z = \sqrt{x}\sin y$　$(x = t^2+1,\ y = 2t)$

(3) $z = \log\sqrt{x^2+y^2}$　$(x = a\cos t,\ y = b\sin t)$

2. 合成関数の微分法により，z を $u,\ v$ で偏微分しなさい．

(1) $z = x^2 y^3$　$(x = u+2v,\ y = 3u-4v)$

(2) $z = \dfrac{xy}{x+y}$　$(x = e^u \cos v,\ y = e^u \sin v)$

(3) $z = \tan^{-1}(x-y)$　$(x = u+v,\ y = uv)$

3. $z = f(u),\ u = g(x,y)$ のとき，$\dfrac{\partial z}{\partial x},\ \dfrac{\partial z}{\partial y}$ の計算式を示しなさい．

4. $z = f\left(\dfrac{y}{x}\right)$ は，$x\dfrac{\partial z}{\partial x} + y\dfrac{\partial z}{\partial y} = 0$ を満たすことを示しなさい．

5. 関数 z を直交座標 (x,y) と極座標 (r,θ) で表すとき，次の関係を導きなさい．

(1) $\dfrac{\partial r}{\partial x} = \cos\theta,\ \dfrac{\partial r}{\partial y} = \sin\theta,\quad \dfrac{\partial \theta}{\partial x} = -\dfrac{\sin\theta}{r},\ \dfrac{\partial \theta}{\partial y} = \dfrac{\cos\theta}{r}$

(2) $\dfrac{\partial z}{\partial x} = \cos\theta \dfrac{\partial z}{\partial r} - \dfrac{\sin\theta}{r}\dfrac{\partial z}{\partial \theta},\quad \dfrac{\partial z}{\partial y} = \sin\theta \dfrac{\partial z}{\partial r} + \dfrac{\cos\theta}{r}\dfrac{\partial z}{\partial \theta}$

解答

1. (1) $z' = 2xe^t + e^{-t}$　　(2) $z' = \dfrac{\sin y}{\sqrt{x}}t + 2\sqrt{x}\cos y$

    (3) $z' = \dfrac{1}{x^2 + y^2}(-ax\sin t + by\cos t)$

2. (1) $z_u = 2xy^3 + 9x^2y^2$, $z_v = 4xy^3 - 12x^2y^2$

    (2) $z_u = \dfrac{e^u}{(x+y)^2}(y^2\cos v + x^2\sin v)$, $z_v = \dfrac{e^u}{(x+y)^2}(-y^2\sin v + x^2\cos v)$

    (3) $z_u = \dfrac{1}{1+(x-y)^2}(1-v)$, $z_v = \dfrac{1}{1+(x-y)^2}(1-u)$

3. $\dfrac{\partial z}{\partial x} = \dfrac{df}{du}\dfrac{\partial g}{\partial x}$, $\dfrac{\partial z}{\partial y} = \dfrac{df}{du}\dfrac{\partial g}{\partial y}$

4. 〔指針: $z_x = -\dfrac{y}{x^2}f'\left(\dfrac{y}{x}\right)$, $z_y = \dfrac{1}{x}f'\left(\dfrac{y}{x}\right)$〕

5. 〔指針: $\dfrac{\partial \theta}{\partial x}$ は, $\theta = \tan^{-1}\dfrac{y}{x}$ より, $\dfrac{\partial \theta}{\partial x} = -\dfrac{y}{x^2+y^2}$ とする. $\dfrac{\partial \theta}{\partial y}$ も同様〕

7.6 陰関数

●**2変数の間の陰関数**　変数 x, y が等式 $f(x, y) = 0$ で結ばれているとき, x の値を与えれば, この等式を満たす y が定まる. あるいは, この等式を y について解けば, 関数 $y = g(x)$ が定まる. 等式 $f(x, y) = 0$ によって定まる x の関数 y を $f(x, y) = 0$ の**陰関数**という.

|例1| 等式 $x^2 - y = 0$ から定まる陰関数は, $y = x^2$ である.

|例2| 等式 $xe^y - \cos xy = 0$ は陰関数を定めるものであるが, この場合に y を x で具体的に表すことができない.

【注】厳密なことをいうと, 等式 $f(x, y) = 0$ は x を独立変数とする関数 y を定義するとは限らない. なぜなら, $f(x, y) = 0$ によって, x の値にただ1つの y が対応するかどうか, わからないからである(関数というとき, 通常, x の値にただ1つの y が対応するものでなければならない).

たとえば, 円の方程式 $x^2 + y^2 - 1 = 0$ の場合に, $y = \pm\sqrt{1-x^2}$ となり, 1つの x に2つの y が対応する. これを避けるには, 上半円 $y = \sqrt{1-x^2}$ と下半円 $y = -\sqrt{1-x^2}$ のいずれか一方に限らなければならない.

陰関数が存在するかどうかについて**陰関数定理**がある(証明は省く).

陰関数定理

定理 7.8 関数 $f(x,y)$ の偏導関数が (a,b) を含む領域で連続で,

$$f(a,b) = 0, \quad f_y(a,b) \neq 0$$

を満たすならば, $x = a$ の近くで,

$$g(a) = b, \quad f(x, g(x)) = 0$$

を満たす陰関数 $y = g(x)$ がただ1つ存在する.

例3 $f(x,y) = x^2 + y^2 - 1 = 0$ の場合に, $f_y(x,y) = 2y$ である. $(a,b) = (0,1)$ とすると, $f(0,1) = 0, f_y(0,1) = 2 \neq 0$ である. 上半円を表す関数 $y = g(x) = \sqrt{1-x^2}$ は, $x = 0$ の近くで $g(0) = 1, f(x, g(x)) = 0$ を満たし, ただ1つの関数を確定している.

等式 $f(x,y) = 0$ が与えられたとき, 陰関数定理によって $y = g(x)$ の存在が保証されても, y を x で具体的に表すことができるとは限らない. しかし, 陰関数 $y = g(x)$ の導関数を求めることができる.

陰関数の導関数

定理 7.9 陰関数定理の条件を満たす等式 $f(x,y) = 0$ から定まる x の陰関数 y の導関数は, 次の式で与えられる.

$$\frac{dy}{dx} = -\frac{f_x(x,y)}{f_y(x,y)} \tag{7.15}$$

《説明》正確な証明は省略する. 陰関数が微分可能であると仮定すると, 次のようにして導関数を求めることができる.

y は x の関数 $y = g(x)$ であるから, $f(x,y) = f(x, g(x))$ は x の関数である. $f(x,y) = 0$ の両辺を x で微分する. 合成関数の微分法により [p.126 定理 7.6 を参照],

$$f_x(x,y)\frac{dx}{dx} + f_y(x,y)\frac{dy}{dx} = 0$$

となる. $\frac{dx}{dx} = 1$ であるから, $f_y(x,y) \neq 0$ ならば, 求める結果が得られる.

例4 $f(x,y) = x^2 - y = 0$ では, $f_x(x,y) = 2x$, $f_y(x,y) = -1$ より, 次の計算が成り立つ.

$$y' = -\frac{2x}{-1} = 2x$$

例題 7-7 等式 $x^2 - xy + y^2 - 1 = 0$ で定まる陰関数 $y = g(x)$ の極値を調べなさい.

《解説》定理 7.9 を適用して y' を求め，極値をもつ可能性がある点を調べる.

$$y' = -\frac{(x^2 - xy + y^2 - 1)_x}{(x^2 - xy + y^2 - 1)_y} = \frac{2x - y}{x - 2y}(x \neq 2y) \cdots ①$$

$y' = 0$ より $y = 2x$ となり，これを等式 $x^2 - xy + y^2 - 1 = 0$ に代入すれば，

$$3x^2 - 1 = 0$$

が得られ，極値をとる可能性がある点として $x = \pm\dfrac{1}{\sqrt{3}}$ が求まる.

①を利用して y'' を求める. 商の微分法を適用する.

$$y'' = \frac{(2 - y')(x - 2y) - (2x - y)(1 - 2y')}{(x - 2y)^2}$$

極値をとる点で，$y' = 0, y = 2x$ であることから，y'' は次式となる.

$$y'' = -\frac{2}{3x}$$

$x = \dfrac{1}{\sqrt{3}}$ で，$y'' = -\dfrac{2}{\sqrt{3}} < 0$ だから，極大値 $y = \dfrac{2}{\sqrt{3}}$ をとる. また，$x = -\dfrac{1}{\sqrt{3}}$ で，$y'' = \dfrac{2}{\sqrt{3}} > 0$ だから，極小値 $y = -\dfrac{2}{\sqrt{3}}$ をとる.

《参考》陰関数の変数 　等式 $f(x, y) = 0$ を通じて x, y が関係しあうとき，本来，x と y は対等である. これまでは，x を独立変数，y を従属変数として陰関数 $y = g(x)$ を取り扱ったが，x を独立変数 y の関数とみなして陰関数 $x = h(y)$ を考えることができる. この場合にも，x と y の役割を入れ換えることで，以上に説明したのと同様な理論が成り立つ.

● **3 変数の間の陰関数** 　3 変数 x, y, z が等式 $f(x, y, z) = 0$ を通じて関係している場合を考える. x, y を与えれば，この等式を満たす z が定まる. また，y, z を与えれば x が定まり，z, x を与えれば y が定まる. 等式 $f(x, y, z) = 0$ は，3 つの変数 x, y, z を対等なものとして，x, y, z の間の関係を陰関数として定めるものと考えられる.

【注】以下の取り扱いは，陰関数の存在や偏微分可能性を前提としたもので，形式的である. しかし，応用で現れる関数のほとんどは，これらの条件を満たしていると考えてよい.

x, y を独立変数とすれば，z は x, y の 2 変数関数 $z = g(x, y)$ となる. このとき，$f(x, y, z) = f(x, y, g(x, y)) = 0$ を x および y で偏微分すると，合成

関数の微分法により [p.127 定理 7.7 を参照]，次式が得られる．

$$f_x(x,y,z) + f_z(x,y,z)\left(\frac{\partial z}{\partial x}\right)_y = 0 \tag{7.16}$$

$$f_y(x,y,z) + f_z(x,y,z)\left(\frac{\partial z}{\partial y}\right)_x = 0 \tag{7.17}$$

なお，偏微分記号の右下に，偏微分するとき一定に保つ変数を明示している．

次に，y, z そして z, x を独立変数として，上と同様の関係を導くことができる．これらの関係から，$f_x(x,y,z) \neq 0,\ f_y(x,y,z) \neq 0,\ f_z(x,y,z) \neq 0$ ならば，偏導関数に関する次の結果が得られる．

$$\left(\frac{\partial z}{\partial x}\right)_y = -\frac{f_x(x,y,z)}{f_z(x,y,z)}, \qquad \left(\frac{\partial z}{\partial y}\right)_x = -\frac{f_y(x,y,z)}{f_z(x,y,z)}$$

$$\left(\frac{\partial x}{\partial y}\right)_z = -\frac{f_y(x,y,z)}{f_x(x,y,z)}, \qquad \left(\frac{\partial x}{\partial z}\right)_y = -\frac{f_z(x,y,z)}{f_x(x,y,z)}$$

$$\left(\frac{\partial y}{\partial z}\right)_x = -\frac{f_z(x,y,z)}{f_y(x,y,z)}, \qquad \left(\frac{\partial y}{\partial x}\right)_z = -\frac{f_x(x,y,z)}{f_y(x,y,z)}$$

最初の 2 式は（7.16）と（7.17）を書き直したもので，後の 4 式は x, y, z を循環させたものである．

以上の諸式から，次の関係が成り立つことを確かめられる．

$$\left(\frac{\partial x}{\partial y}\right)_z \left(\frac{\partial y}{\partial x}\right)_z = 1 \tag{7.18}$$

$$\left(\frac{\partial z}{\partial x}\right)_y \left(\frac{\partial x}{\partial y}\right)_z = -\left(\frac{\partial z}{\partial y}\right)_x \tag{7.19}$$

$$\left(\frac{\partial x}{\partial y}\right)_z \left(\frac{\partial y}{\partial z}\right)_x \left(\frac{\partial z}{\partial x}\right)_y = -1 \tag{7.20}$$

また，x, y, z を循環的に入れ換えた関係式も，同様に成立する．

例 5 気体の状態は，圧力 p，温度 T，体積 V を変数として記述され，これらの間に状態方程式 $f(p,V,T) = 0$ が成立している．1 モルの理想気体ならば，$f(p,V,T) = pV - RT$ であるが，現実の気体では $f(p,V,T) = \left(p + \dfrac{a}{V^2}\right)(V-b) - RT$ （ファン・デル・ワールスの方程式）である．

いずれの気体も，p, V, T の中の 2 つを独立変数として，残る 1 つはそれら 2 つから定まる．このとき，p, V, T を x, y, z とみなせば (7.18)，(7.19)，(7.20) の関係が成り立つ．

演習問題

1. 次の等式で定まる陰関数に対して，導関数 y' を求めなさい．
   (1) $x^2 + y^3 - xy = 0$
   (2) $ax^2 - 2xy + by^2 = 1$
   (3) $xe^y - \cos xy = 0$
   (4) $\log(x^2 + y^2) = \tan^{-1}\dfrac{y}{x}$

2. 次の関数の極値を調べなさい．
   (1) $x^2 + \dfrac{y^2}{4} = 1$
   (2) $x^2 - 2x + y^3 + y - 1 = 0$

3. 熱力学系の温度 T，圧力 p，体積 V の間に，$\left(\dfrac{\partial p}{\partial V}\right)_T \left(\dfrac{\partial V}{\partial T}\right)_p \left(\dfrac{\partial T}{\partial p}\right)_V = -1$ の関係が成り立つ理由を述べなさい．

解 答

1. (1) $\dfrac{2x - y}{x - 3y^2}$ $(x - 3y^2 \neq 0)$ (2) $\dfrac{ax - y}{x - by}$ $(x - by \neq 0)$

(3) $-\dfrac{e^y + y\sin xy}{x(e^y + \sin xy)}$ $(x \neq 0,\ e^y + \sin xy \neq 0)$ (4) $\dfrac{2x + y}{x - 2y}$ $(x - 2y \neq 0)$

2. (1) $x = 0$ のとき極大値 $y = 2$，$x = 0$ のとき極小値 $y = -2$

(2) $x = 1$ のとき極大値 $y = 1$

3. 〔指針： (7.20) による〕

7.7 高次偏導関数

関数 $z = f(x, y)$ の偏導関数 $f_x(x, y)$, $f_y(x, y)$ は，それ自体が x, y の関数である．これらがさらに x, y で偏微分可能ならば，次の 4 つの偏導関数を考えることができる．

$$\frac{\partial}{\partial x}f_x(x,y), \quad \frac{\partial}{\partial y}f_x(x,y), \quad \frac{\partial}{\partial x}f_y(x,y), \quad \frac{\partial}{\partial y}f_y(x,y)$$

これらを $z = f(x, y)$ の **2 次偏導関数**または **2 階偏導関数**と呼び，それぞれ次の記号で表す．

$$f_{xx}(x,y), \quad f_{xy}(x,y), \quad f_{yx}(x,y), \quad f_{yy}(x,y)$$

$$\frac{\partial^2}{\partial x^2}f(x,y), \quad \frac{\partial^2}{\partial y \partial x}f(x,y), \quad \frac{\partial^2}{\partial x \partial y}f(x,y), \quad \frac{\partial^2}{\partial y^2}f(x,y)$$

なお，$z=f(x,y)$ の2次偏導関数を表すのに，$f_{xy}(x,y)$ を z_{xy}, $\dfrac{\partial^2}{\partial y \partial x}f(x,y)$ を $\dfrac{\partial^2 z}{\partial y \partial x}$ とも書く．他の偏導関数についても，同様である．

【注】z を x で偏微分し，続いて y で偏微分することを，$(z_x)_y = z_{xy}$ または $\dfrac{\partial}{\partial y}\dfrac{\partial z}{\partial x} = \dfrac{\partial^2 z}{\partial y \partial x}$ と記す．2つの記法で，x と y が左右に並ぶ順序が逆になる．

例1 $z = x^2 y + \sin(x+2y)$ のとき，$z_x = 2xy + \cos(x+2y)$，$z_y = x^2 + 2\cos(x+2y)$ より，
$$z_{xx} = 2y - \sin(x+2y), \quad z_{xy} = 2x - 2\sin(x+2y)$$
$$z_{yx} = 2x - 2\sin(x+2y), \quad z_{yy} = -4\sin(x+2y)$$
となる．

2次偏導関数が偏微分可能ならば，それらを x または y で偏微分することで3次偏導関数が求められる．このようにして，次々と高い次数の偏導関数が定義される．x と y で偏微分する回数の合計が n であるとき，**n 次偏導関数**または **n 階偏導関数**という．また，$n \geqq 2$ であるものを**高次偏導関数**または**高階偏導関数**と総称する．

$f(x,y)$ の n 次偏導関数がすべて存在するとき，$f(x,y)$ は **n 回偏微分可能**であるという．

偏微分の順序について，上の 例1 で $z_{xy} = z_{yx}$ が成り立っている．この結果は偶然ではなく，次の定理によって，一般的に成り立つことである．

――― 偏微分の順序の交換 ―――

定理 7.10 $f_{xy}(x,y)$ と $f_{yx}(x,y)$ がともに連続ならば，これらは等しい．
$$f_{xy}(x,y) = f_{yx}(x,y) \tag{7.21}$$

【証明】
$\Delta f = f(x+h, y+k) - f(x+h, y) - f(x, y+k) + f(x, y)$ なる量を考える．
$F(x) = f(x, y+k) - f(x, y)$，$G(y) = f(x+h, y) - f(x, y)$ とおけば，
$$\Delta f = F(x+h) - F(x) = G(y+k) - G(y)$$
である．平均値の定理を順次に適用する [p.80 (5.4) を参照]．
$$\Delta f = F(x+h) - F(x) = hF'(x+\theta_1 h) \quad (0 < \theta_1 < 1; x \text{ に適用})$$
$$= h\{f_x(x+\theta_1 h, y+k) - f_x(x+\theta_1 h, y)\}$$
$$= hk f_{xy}(x+\theta_1 h, y+\theta_2 k) \quad (0 < \theta_2 < 1; y \text{ に適用}) \cdots ①$$

同様にして，次の関係が導かれる．

$$\Delta f = G(y+k) - G(y) = kG'(y+\theta_3 k) \quad (0 < \theta_3 < 1; y \text{ に適用})$$
$$= k\{f_y(x+h, y+\theta_3 k) - f_x(x, y+\theta_3 k)\}$$
$$= hk f_{yx}(x+\theta_4 h, y+\theta_3 k) \quad (0 < \theta_4 < 1; x \text{ に適用}) \cdots ②$$

①，②より，次式が成り立つ．

$$\frac{\Delta f}{hk} = f_{xy}(x+\theta_1 h, y+\theta_2 k) = f_{yx}(x+\theta_4 h, y+\theta_3 k)$$

$h \to 0, k \to 0$ とすれば，$f_{xy}(x,y)$ と $f_{yx}(x,y)$ が連続だから，$f_{xy}(x,y) = f_{yx}(x,y)$ が得られる． □

定理 7.10 により，高次偏導関数が連続である限り，$f(x,y)$ の偏導関数は x，y の偏微分の順序に無関係であるから，それぞれの変数による偏微分の回数を示すだけでよい．$z = f(x,y)$ を x で m 回，y で n 回偏微分したものを，

$$\frac{\partial^{m+n} z}{\partial y^n \partial x^m} \quad \text{または} \quad \frac{\partial^{m+n}}{\partial y^n \partial x^m} f(x,y)$$

と表す．

例 2 3 次偏導関数について，$f_{xxy} = f_{xyx} = f_{yxx}$ である．

例題 7-8 $f(x,y) = x^2 e^{\sin 2y}$ について，f_{xy}，f_{xyyyxx} を求めなさい．

《解説》偏微分の順序を交換してもよいことを利用すれば，見通しよく計算できる．
$f(x,y)$ は x について 2 次だから，$f_x = 2xe^{\sin 2y}$，$f_{xx} = 2e^{\sin 2y}$，$f_{xxx} = 0$ となる．

$$f_{xy} = (2xe^{\sin 2y})_y = 4xe^{\sin 2y} \cos 2y$$
$$f_{xyyyxx} = f_{xxxyyy} = (f_{xxx})_{yyy} = 0$$

=== 演 習 問 題 ===

1. 次の関数について，括弧に示した偏導関数を求めなさい．
  (1) $z = x^3 y(2x+y) \quad [z_{xy}]$　　(2) $z = \tan^{-1} xy \quad [z_{yy}]$
  (3) $z = e^{-(x^2+y^2)} \quad [z_{xxy}]$　　(4) $z = a^x \log y \quad [z_{xyyxy}]$

2. c を定数とするとき，$z = f(x-ct) + g(x+ct)$ は $c^2 \dfrac{\partial^2 z}{\partial x^2} = \dfrac{\partial^2 z}{\partial t^2}$ を満たすことを示しなさい．ただし，$f(x)$，$g(x)$ は 2 階微分可能な任意の関数である．

解 答

1. (1) $8x^3+6x^2y$ (2) $\dfrac{-2x^3y}{(1+x^2y^2)^2}$ (3) $4y(1-2x^2)e^{-(x^2+y^2)}$ (4) $2(\log a)^2\dfrac{a^x}{y^3}$

2. 〔指針：$z_{tt}=c^2f''(x-ct)+c^2g''(x+ct)$〕

第8章

偏微分法の応用

8.1 演算子

n 次偏導関数がすべて存在し (n 回偏微分可能), それらがすべて「連続」である関数を n **回連続微分可能**であるという. n 回連続微分可能な関数では, x と y に関する n 次以下の偏微分は, それを行う順序に無関係である [p.134 定理 7.10 を参照]. 本節では, 必要な回数だけ連続微分可能な関数を考える.

記号 $\dfrac{\partial}{\partial x}$, $\dfrac{\partial^2}{\partial x \partial y}$ などは, 単独では意味がなく,「右側にある x, y の関数を偏微分する演算命令」である. 演算命令としての役割を持つものを, 一般に, **演算子**といい, 演算命令を実行することを**作用**という. 特に, 初めに示した演算子は, 偏微分する演算命令であるために, **偏微分演算子**と呼ばれる.

【注】1 変数関数に関する記号 $\dfrac{d}{dx}$, $\dfrac{d^2}{dx^2}$ などは,「右側にある x の関数を微分する演算命令」で, 微分演算子と呼ばれる.

演算子 $h\dfrac{\partial}{\partial x}$ は $\dfrac{\partial}{\partial x}$ を作用させた結果を h 倍することであり, また, いくつかの演算子を加えたものの作用は, それぞれの演算子を作用させた結果を加えることとする. たとえば, 定数 h, k に対して, 偏微分演算子

$$h\frac{\partial}{\partial x} + k\frac{\partial}{\partial y} \tag{8.1}$$

の関数 $f(x,y)$ への作用は，次式で定義される．

$$\left(h\frac{\partial}{\partial x} + k\frac{\partial}{\partial y}\right)f(x,y) = h\frac{\partial}{\partial x}f(x,y) + k\frac{\partial}{\partial y}f(x,y)$$

例1 $\left(2\dfrac{\partial}{\partial x} - 3\dfrac{\partial}{\partial y}\right)x^3 y = 2\dfrac{\partial}{\partial x}x^3 y - 3\dfrac{\partial}{\partial y}x^3 y = 6x^2 y - 3x^3$

【注】関数に対する演算子の作用は，掛け算の括弧の展開と同じである．ただし，展開にあたって，演算子と関数の左右を入れ換えてはならない．

次に，演算子 $\left(h\dfrac{\partial}{\partial x} + k\dfrac{\partial}{\partial y}\right)^2$ は，右側の関数に $\left(h\dfrac{\partial}{\partial x} + k\dfrac{\partial}{\partial y}\right)$ を作用させた結果に，改めてもう一度 $\left(h\dfrac{\partial}{\partial x} + k\dfrac{\partial}{\partial y}\right)$ を作用させることと定義する．このようにして順次に，n 回続けて偏微分演算子を作用させることができるが，これを $\left(h\dfrac{\partial}{\partial x} + k\dfrac{\partial}{\partial y}\right)^n$ で表す．

この演算子を n 回連続微分可能な関数に作用させた結果は，2項定理によって形式的に展開して得られる演算子を作用させた結果に等しい．

$$\left(h\frac{\partial}{\partial x} + k\frac{\partial}{\partial y}\right)^n = \sum_{m=0}^{n} {}_n\mathrm{C}_m h^m k^{n-m} \frac{\partial^n}{\partial x^m \partial y^{n-m}} \tag{8.2}$$

ここで，${}_n\mathrm{C}_m$ は組合せの数である [p.74 (4.19) を参照]．

《説明》$n=2$ の場合を考える．

$$\begin{aligned}
\left(h\frac{\partial}{\partial x} + k\frac{\partial}{\partial y}\right)^2 f(x,y) &= \left(h\frac{\partial}{\partial x} + k\frac{\partial}{\partial y}\right)\left(h\frac{\partial}{\partial x}f(x,y) + k\frac{\partial}{\partial y}f(x,y)\right) \\
&= h\frac{\partial}{\partial x}\left(h\frac{\partial}{\partial x}f(x,y) + k\frac{\partial}{\partial y}f(x,y)\right) + k\frac{\partial}{\partial y}\left(h\frac{\partial}{\partial x}f(x,y) + k\frac{\partial}{\partial y}f(x,y)\right) \\
&= h^2 \frac{\partial^2}{\partial x^2}f(x,y) + hk\frac{\partial^2}{\partial x \partial y}f(x,y) + hk\frac{\partial^2}{\partial y \partial x}f(x,y) + k^2 \frac{\partial^2}{\partial y^2}f(x,y) \\
&= \left(h^2 \frac{\partial^2}{\partial x^2} + 2hk\frac{\partial^2}{\partial x \partial y} + k^2 \frac{\partial^2}{\partial y^2}\right)f(x,y)
\end{aligned}$$

なお，計算の最後で，$f_{xy} = f_{yx}$ を使った [p.134 定理 7.10 を参照]．
以上の計算の最初と最後を比べると，2つの演算子の間に次の関係が成り立っている．

$$\left(h\frac{\partial}{\partial x} + k\frac{\partial}{\partial y}\right)^2 = h^2 \frac{\partial^2}{\partial x^2} + 2hk\frac{\partial^2}{\partial x \partial y} + k^2 \frac{\partial^2}{\partial y^2}$$

この関係を形式的にみれば，2項定理による展開と同じである．

8.1 演算子

【注】$n = 0$ に対しては，演算子を作用させないのだから，1 を掛けることと約束する．

$$\left(h\frac{\partial}{\partial x} + k\frac{\partial}{\partial y}\right)^0 = 1 \tag{8.3}$$

例題 8-1 n を任意の自然数，a, b, h, k を定数とするとき，n 回連続微分可能な関数 $f(x, y)$ に対して，

$$\frac{d^n}{dt^n}f(a+ht, b+kt) = \left(h\frac{\partial}{\partial x} + k\frac{\partial}{\partial y}\right)^n f(a+ht, b+kt) \tag{8.4}$$

となることを示しなさい．

《解説》 $x = a + ht, y = b + kt$ とおき，合成関数の微分法を適用する．

$$\frac{d}{dt}f(x,y) = \frac{\partial}{\partial x}f(x,y)\frac{dx}{dt} + \frac{\partial}{\partial y}f(x,y)\frac{dy}{dt}$$

$$= h\frac{\partial}{\partial x}f(x,y) + k\frac{\partial}{\partial y}f(x,y) = \left(h\frac{\partial}{\partial x} + k\frac{\partial}{\partial y}\right)f(x,y)$$

上に得られた結果を x, y の関数と考え，改めて t で微分する．

$$\frac{d^2}{dt^2}f(x,y) = \frac{d}{dt}\left(h\frac{\partial}{\partial x}f(x,y) + k\frac{\partial}{\partial y}f(x,y)\right)$$

$$= \left(h\frac{\partial}{\partial x} + k\frac{\partial}{\partial y}\right)\left(h\frac{\partial}{\partial x}f(x,y) + k\frac{\partial}{\partial y}f(x,y)\right) = \left(h\frac{\partial}{\partial x} + k\frac{\partial}{\partial y}\right)^2 f(x,y)$$

以上の計算を繰り返すことで，求める結果が得られる． □ 終

演 習 問 題

1. 次の計算をしなさい．

(1) $\left(\dfrac{\partial}{\partial x} + 2\dfrac{\partial}{\partial y}\right)(x^2y + y^3)$ (2) $\left(h\dfrac{\partial}{\partial x} + k\dfrac{\partial}{\partial y}\right)^2 e^x \cos 2y$

2. $f(x, y) = \log(1 + x + y)$ に対して，次の計算をしなさい．

(1) $\left(2\dfrac{\partial}{\partial x} - 3\dfrac{\partial}{\partial y}\right)f(0,0)$ (2) $\left(h\dfrac{\partial}{\partial x} + k\dfrac{\partial}{\partial y}\right)^3 f(0,0)$

3. $u = x - ct, v = x + ct$ のとき，$c^2\dfrac{\partial^2}{\partial x^2} - \dfrac{\partial^2}{\partial t^2} = 4c^2\dfrac{\partial^2}{\partial u \partial v}$ を示しなさい．

解 答

1. (1) $2xy + 2x^2 + 6y^2$ (2) $e^x\{(h^2 - 4k^2)\cos 2y - 4hk \sin 2y\}$
2. (1) -1 (2) $2(h+k)^3$
3. 〔指針：$\dfrac{\partial}{\partial x} = \dfrac{\partial}{\partial u} + \dfrac{\partial}{\partial v}, \dfrac{\partial}{\partial t} = -c\dfrac{\partial}{\partial u} + c\dfrac{\partial}{\partial v}$〕

8.2 2変数のテーラーの定理

2変数関数に対しても，1変数関数の場合を拡張した形で，テーラーの定理が成り立つ．なお，偏微分演算子は (8.2) の定義によるものとする．

2変数のテーラーの定理

定理 8.1 関数 $f(x,y)$ が (a,b) と $(a+h, b+k)$ を結ぶ線分を含む領域で $n+1$ 回連続微分可能ならば，

$$f(a+h, b+k) = \sum_{m=0}^{n} \frac{1}{m!}\left(h\frac{\partial}{\partial x} + k\frac{\partial}{\partial y}\right)^m f(a,b) + R_{n+1} \quad (8.5)$$

$$R_{n+1} = \frac{1}{(n+1)!}\left(h\frac{\partial}{\partial x} + k\frac{\partial}{\partial y}\right)^{n+1} f(a+\theta h, b+\theta k) \quad (8.6)$$

を満たす θ $(0 < \theta < 1)$ が，少なくとも1つ存在する．

R_{n+1} を剰余項という．また，$(a,b) = (0,0)$ としたものを，特に**マクローリンの定理**という．

【証明】 $F(t) = f(a+ht, b+kt)$ にマクローリンの定理 (5.10) を適用する．

$$F(1) = \sum_{m=0}^{n} \frac{1}{m!} F^{(m)}(0) + \frac{1}{(n+1)!} F^{(n+1)}(\theta)$$

例題 8-1 の (8.4) により，$F^{(m)}(t) = \left(h\dfrac{\partial}{\partial x} + k\dfrac{\partial}{\partial y}\right)^m f(a+ht, b+kt)$ である．これを右辺に代入すれば，求める結果が得られる． 終

例1 $n=0$ の場合のテーラーの定理は，2変数関数に対する**平均値の定理**と呼ばれる．

$$f(a+h, b+k) = f(a,b) + h f_x(a+\theta h, b+\theta k) + k f_y(a+\theta h, b+\theta k) \quad (8.7)$$

例題 8-2 マクローリンの定理を $n=1$ として適用し，$f(x,y) = e^{x+2y}$ を書き直しなさい．

《解説》マクローリンの定理を，$n=1$ の場合に，具体的に書き下す．

$$f(x,y) = f(0,0) + \left(x\frac{\partial}{\partial x} + y\frac{\partial}{\partial y}\right)f(0,0) + \frac{1}{2!}\left(x\frac{\partial}{\partial x} + y\frac{\partial}{\partial y}\right)^2 f(\theta x, \theta y)$$

$$= f(0,0) + xf_x(0,0) + yf_y(0,0)$$
$$+ \frac{1}{2!}\left\{x^2 f_{xx}(\theta x, \theta y) + 2xy f_{xy}(\theta x, \theta y) + y^2 f_{yy}(\theta x, \theta y)\right\}$$

$f(0,0) = 1$ であるが，これ以外の右辺に現れる関数値を計算する．

$$f_x(x,y) = e^{x+2y} \text{より}, f_x(0,0) = 1$$
$$f_y(x,y) = 2e^{x+2y} \text{より}, f_y(0,0) = 2$$
$$f_{xx}(x,y) = e^{x+2y} \text{より}, f_{xx}(\theta x, \theta y) = e^{\theta(x+2y)}$$
$$f_{xy}(x,y) = 2e^{x+2y} \text{より}, f_{xy}(\theta x, \theta y) = 2e^{\theta(x+2y)}$$
$$f_{yy}(x,y) = 4e^{x+2y} \text{より}, f_{xy}(\theta x, \theta y) = 4e^{\theta(x+2y)}$$

これらを代入して，次の結果が得られる．

$$e^{x+2y} = 1 + x + 2y + \frac{1}{2}(x+2y)^2 e^{\theta(x+2y)}$$

関数 $f(x,y)$ は無限回連続微分可能であるとする．テーラーの定理において，$n \to \infty$ に対して剰余項が $R_{n+1} \to 0$ となるならば，関数 $f(x,y)$ は $(x-a)^{m_1}(y-b)^{m_2}$ $(m_1, m_2 = 0, 1, 2, \cdots)$ に係数を掛けた項を無数に加える2重の無限級数で表される．これを，関数 $f(x,y)$ の $(x,y) = (a,b)$ に関する**テーラー展開**という．また，$(a,b) = (0,0)$ であるものを，特に**マクローリン展開**という．なお，次の2式の偏微分演算子は，(8.2) の定義に従う．

2変数関数のテーラー展開とマクローリン展開

$$f(x,y) = \sum_{m=0}^{\infty} \frac{1}{m!}\left\{(x-a)\frac{\partial}{\partial x} + (y-b)\frac{\partial}{\partial y}\right\}^m f(a,b) \quad (8.8)$$

$$f(x,y) = \sum_{m=0}^{\infty} \frac{1}{m!}\left(x\frac{\partial}{\partial x} + y\frac{\partial}{\partial y}\right)^m f(0,0) \quad (8.9)$$

============ 演 習 問 題 ============

1. 次の関数に $n=2$ のテーラーの定理 (8.5) を適用しなさい．なお，(a,b) は括弧に示した値とし，剰余項は求めなくてよい．

(1) $z = \sin x \cdot \log(1+y)$ $[(0,0)]$ (2) $z = \log(1+2x-y)$ $[(1,2)]$
(3) $z = \dfrac{x}{1+x+y}$ $[(1,-1)]$ (4) $z = \tan^{-1}\dfrac{y}{1+x}$ $[(0,1)]$

2. $n=1$ のマクローリンの定理を適用して，次の関数を書き直しなさい．

(1) $z = \sqrt{1+x-y}$ (2) $z = e^{ax}\sin by$

解答

1. (1) $hk + R_3$ (2) $2h - k - \dfrac{1}{2}(2h-k)^2 + R_3$ (3) $1 - k + hk + k^2 + R_3$
   (4) $\dfrac{\pi}{4} - \dfrac{1}{2}(h-k) + \dfrac{1}{4}(h^2 - k^2) + R_3$

2. 与えられた z と次式が等しくなる θ $(0 < \theta < 1)$ がある.
   (1) $1 + \dfrac{1}{2}(x - y) - \dfrac{1}{8}(x-y)^2[1 + \theta(x-y)]^{-\frac{3}{2}}$
   (2) $by + \dfrac{1}{2}e^{a\theta x}\{2abxy\cos b\theta y + (a^2 x^2 - b^2 y^2)\sin b\theta y\}$

8.3   2変数関数の多項式近似

テーラーの定理 8.1 において, 剰余項 R_{n+1} が小さければ, 剰余項を無視することで $f(a+h, b+k)$ を h, k の n 次式で近似して表すことができる.

和の記号から $m = 0$ の項を取り出した形で表すと, 次の近似式が得られる.

2変数関数の多項式近似
$$f(a+h, b+k) - f(a,b) \fallingdotseq \sum_{m=1}^{n} \frac{1}{m!}\left(h\frac{\partial}{\partial x} + k\frac{\partial}{\partial y}\right)^m f(a,b) \quad (8.10)$$

上式の左辺は独立変数が (a,b) から $(a+h, b+k)$ に変化することによる関数 $f(x,y)$ の増分を, 右辺はその増分を h, k の n 次式で近似したものである. h, k が小さい場合には, n が小さくても十分よい近似となる. 実際の応用では, $n = 1$ あるいは $n = 2$ とすれば十分なことが多い.

例 1 底面の 1 辺 x, 高さ y の正四角柱の体積 z は, $z = x^2 y$ である. x, y がそれぞれ微小量 h, k だけ変化したとき, z の増分を h, k の 2 次まで計算する.
体積の増分 $\Delta z = f(x+h, y+k) - f(x,y)$ に, (8.10) を $n = 2$ として適用する.
$$\Delta z \fallingdotseq \left(h\frac{\partial z}{\partial x} + k\frac{\partial z}{\partial y}\right) + \frac{1}{2}\left(h^2\frac{\partial^2 z}{\partial x^2} + 2hk\frac{\partial^2 z}{\partial x \partial y} + k^2\frac{\partial^2 z}{\partial y^2}\right)$$
$z_x = 2xy, z_y = x^2, z_{xx} = 2y, z_{xy} = 2x, z_{yy} = 0$ を代入する.
$$\Delta z \fallingdotseq (2hxy + kx^2) + (h^2 y + 2hkx)$$
なお, $z = x^2 y$ を使って, 次のように書き換えると見通しがよい.
$$\Delta z \fallingdotseq z\left\{2\left(\frac{h}{x}\right) + \left(\frac{k}{y}\right) + \left(\frac{h}{x}\right)^2 + 2\left(\frac{h}{x}\right)\left(\frac{k}{y}\right)\right\}$$

【注】 上の結果は，$\Delta z = (x+h)^2(y+k) - x^2 y$ の右辺を展開し，h, k について3次以上の項を無視したものと一致する．

例題 8-3 半径 R，長さ L の円筒の管の両端に圧力差 p を加えて流体を流すとき，単位時間に流れる流量 V は $V = \left(\dfrac{\pi p}{8\eta}\right)\dfrac{R^4}{L}$ (η は流体の粘性を表す係数) となることが知られている [p.198 (10.22) を参照]．

R, L がそれぞれ r, l だけわずかに変化するとき，流量の変化を r, l の2次までの近似で表しなさい．

《解説》 $V = f(R, L) = \left(\dfrac{\pi p}{8\eta}\right)\dfrac{R^4}{L}$ に対して，体積の変化は $\Delta V = f(R+r, L+l) - f(R, L)$ である．(8.10) を $n=2$ として適用する．

$$\Delta V \fallingdotseq r\frac{\partial V}{\partial R} + l\frac{\partial V}{\partial L} + \frac{1}{2}\left(r^2 \frac{\partial^2 V}{\partial R^2} + 2rl\frac{\partial^2 V}{\partial R \partial L} + l^2\frac{\partial^2 V}{\partial L^2}\right)$$

$$= \frac{\pi p}{8\eta}\left(r\frac{4R^3}{L} - l\frac{R^4}{L^2} + r^2\frac{6R^2}{L} - rl\frac{4R^3}{L^2} + l^2\frac{R^4}{L^3}\right)$$

上の結果は，$V = \left(\dfrac{\pi p}{8\eta}\right)\dfrac{R^4}{L}$ を使って $\dfrac{\pi p}{8\eta}$ を消去すると，見通しのよい形に整理できる．

$$\Delta V \fallingdotseq V\left\{4\frac{r}{R} - \frac{l}{L} + 6\left(\frac{r}{R}\right)^2 - 4\left(\frac{r}{R}\right)\left(\frac{l}{L}\right) + \left(\frac{l}{L}\right)^2\right\}$$

演 習 問 題

1. 理想気体の温度と圧力が (T, p) から $(T+\Delta T, p+\Delta p)$ に変化するとき，体積 V の変化を $\Delta T, \Delta p$ の2次までの近似式で表しなさい．
2. 等辺の長さが l，頂角が θ の2等辺三角形において，辺長が a，角が δ だけ変化したとき，面積 S の増分を a, δ について1次の近似で表しなさい．
3. 直方体の3辺 a, b, c が，それぞれ h, k, l だけ変化するとき，体積 V の変化を h, k, l の1次までで近似しなさい．

解 答

1. $V\left\{\dfrac{\Delta T}{T} - \dfrac{\Delta p}{p} - \left(\dfrac{\Delta T}{T}\right)\left(\dfrac{\Delta p}{p}\right) + \left(\dfrac{\Delta p}{p}\right)^2\right\}$
2. $al\sin\theta + \dfrac{1}{2}l^2\delta\cos\theta$ または $S\left(\dfrac{2a}{l} + \dfrac{\delta}{\tan\theta}\right)$ 〔指針：$S = \dfrac{1}{2}l^2\sin\theta$〕
3. $hbc + kca + lab$ または $V\left(\dfrac{h}{a} + \dfrac{k}{b} + \dfrac{l}{c}\right)$
   〔指針：$f(a+h, b+k, c+l) \fallingdotseq f(a,b,c) + hf_x(a,b,c) + kf_y(a,b,c) + lf_z(a,b,c)$〕

8.4 極大と極小

関数 $z = f(x, y)$ のグラフは，xy 平面に垂直な z 軸方向の値が変化する曲面である．曲面上にあって，ごく近くのどのような点よりも値が大きい点を**極大**，値が小さい点を**極小**といい，そのときの関数値をそれぞれ**極大値**，**極小値**，それらを合わせて**極値**という．

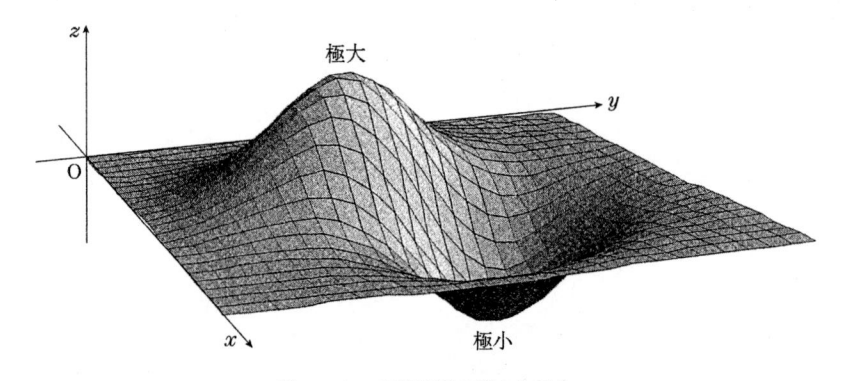

図 8.1 2 変数関数の極大と極小

関数 $f(x, y)$ が点 $(x, y) = (a, b)$ で極値をとるとき，十分小さい任意の h, k に対して次式が成り立っている．

極大ならば　　$f(a, b) > f(a+h, b+k)$

極小ならば　　$f(a, b) < f(a+h, b+k)$

以下で取り扱う関数は，偏微分可能なものに限ることにする．このとき，関数 $f(x, y)$ が極値をとる点について，次の定理が成り立つ．

---- 極値を持つ必要条件 ----

定理 8.2　偏微分可能な関数 $f(x, y)$ が点 (a, b) で極値をとるならば，
$$f_x(a, b) = f_y(a, b) = 0 \tag{8.11}$$
を満たす．

8.4 極大と極小

【証明】
$f(x, y)$ が点 (a, b) で極値をとるならば，$y = b$ とおいて得られる x の関数 $f(x, b)$ は，$x = a$ で極値をとる．したがって，$x = a$ で $\dfrac{d}{dx} f(x, b) = 0$，すなわち，$f_x(a, b) = 0$ である [p.96 定理 6.2 を参照]．

同様に，y の関数 $f(a, y)$ は $y = b$ で極値をとるから，$f_y(a, b) = 0$ である．　　　終

定理 8.2 を満たす点 (a, b) は，極値をとる候補となる点（必要条件）である．極値かどうかを判定する方法（十分条件）の 1 つに，次の定理がある．

── **極値の判定条件** ──

定理 8.3　$f(x, y)$ が $f_x(a, b) = f_y(a, b) = 0$ を満たし，2 次偏導関数が連続であるとき，$A = f_{xx}(a, b)$, $B = f_{xy}(a, b)$, $C = f_{yy}(a, b)$ とする．

(1) $B^2 - AC < 0$ のとき，

$A > 0$ ならば $f(a, b)$ は極小値，

$A < 0$ ならば $f(a, b)$ は極大値．

(2) $B^2 - AC > 0$ のとき，

$f(a, b)$ は極値でない．

【注】$D = B^2 - AC$ を判別式という．$D = 0$ ならば，極値かどうかわからない．別の考察が必要である．

【証明】
テーラーの定理 8.1 の (8.5) を $n = 1$ として適用する．

$$f(a+h, b+k) = f(a, b) + h f_x(a, b) + k f_y(a, b)$$
$$+ \frac{1}{2} \left\{ h^2 f_{xx}(a+\theta h, b+\theta k) + 2hk f_{xy}(a+\theta h, b+\theta k) + k^2 f_{yy}(a+\theta h, b+\theta k) \right\}$$

$f_x(a, b) = f_y(a, b) = 0$ であり，2 次偏導関数が連続であるから，十分小さい h, k に対して，$A \fallingdotseq f_{xx}(a+\theta h, b+\theta k)$, $B \fallingdotseq f_{xy}(a+\theta h, b+\theta k)$, $C \fallingdotseq f_{yy}(a+\theta h, b+\theta k)$ としてよい．これらを上式に代入すれば，次式が得られる．

$$f(a+h, b+k) - f(a, b) \fallingdotseq \frac{1}{2}(A h^2 + 2Bhk + Ck^2)$$

$A \neq 0$ のとき，右辺を次のように変形する．

$$f(a+h, b+k) - f(a, b) \fallingdotseq \frac{A}{2} \left\{ \left(h + \frac{B}{A} k \right)^2 - (B^2 - AC) \frac{k^2}{A^2} \right\}$$

(1) $D = B^2 - AC < 0$ のとき：
$A < 0$ ならば，$f(a+h, b+k) - f(a,b) < 0$ となり，$f(a,b)$ は極大値，
$A > 0$ ならば，$f(a+h, b+k) - f(a,b) > 0$ となり，$f(a,b)$ は極小値である．
(2) $D = B^2 - AC > 0$ のとき：
上式の右辺は h, k の値により正にも負にもなるから，$f(a,b)$ は極値でない．

$A = 0$ のとき，$f(a+h, b+k) - f(a,b) \doteqdot \dfrac{1}{2}(2Bhk + Ck^2)$ は，$B \neq 0$ $(D = B^2 > 0)$ ならば h の1次式で，正にも負にもなる．よって，$f(a,b)$ は極値でない．

$A = B = 0$ ならば，$f(a,b)$ は C が正ならば極小値，負ならば極大値であるが，この場合には $D = 0$ である． ☐ 終

例題 8-4 $f(x,y) = \dfrac{1}{3}x^3 - xy + \dfrac{1}{2}y^2 - 2y$ の極値を調べなさい．

《解説》極値をとる候補となる点は，
$$f_x(x,y) = x^2 - y = 0, \qquad f_y(x,y) = -x + y - 2 = 0$$
を満たす点である．この連立方程式を解いて，$(x,y) = (-1, 1), (2, 4)$ である．
$$f_{xx}(x,y) = 2x, \qquad f_{xy}(x,y) = -1, \qquad f_{yy}(x,y) = 1$$

(1) $(x,y) = (-1, 1)$ のとき：
$A = -2$, $B = -1$, $C = 1$ である．$D = B^2 - AC = 3 > 0$ であるから，極値でない．
(2) $(x,y) = (2, 4)$ のとき：
$A = 4$, $B = -1$, $C = 1$ である．$D = B^2 - AC = -3 < 0$ で $A > 0$ であるから，極小値 $f(2,4) = -\dfrac{16}{3}$ をとる．

演習問題

1. 次の関数の極値を調べなさい．

(1) $z = x^3 - 3xy + y^3$ (2) $z = x^3 + 3xy - 3x$
(3) $z = x^2 - xy + y^2 + 2x + y$ (4) $z = e^{-(x-a)^2 - (y-b)^2}$
(5) $z = x\log|1 + x + y|$ (6) $z = (x - y^2)e^{-x}$

解答

1. (1) $(1,1)$ で極小値 -1 (2) 極値なし (3) $\left(-\dfrac{5}{3}, -\dfrac{4}{3}\right)$ で極小値 $-\dfrac{7}{3}$
(4) (a,b) で極大値 1 (5) 極値なし (6) $(1,0)$ で極大値 e^{-1}

8.5 条件付きの極値

x, y が条件 $g(x,y) = 0$ を満たしながら変化するとき,関数 $f(x,y)$ の極値を調べる.条件式 $g(x,y) = 0$ から y を x の陰関数として求め,その結果を $f(x,y)$ に代入し,1変数 x の関数として極値を調べればよい.しかし,それは理屈の上での話で,y を陰関数として具体的に求められるとは限らない.

陰関数条件のもとで極値を調べるのに,**ラグランジュの乗数法**が便利である.

───────── ラグランジュの乗数法 ─────────

定理 8.4 変数 x, y が $g(x,y) = 0$ の条件を満たし,関数 $f(x,y)$ が点 (a,b) で極値をとるならば,

$$\begin{cases} g(a,b) = 0 \\ f_x(a,b) - \lambda g_x(a,b) = 0 \\ f_y(a,b) - \lambda g_y(a,b) = 0 \end{cases} \tag{8.12}$$

を満たす λ(ラグランジュの乗数という)が存在する.

──────────────────────────

《参考》厳密には,ラグランジュの乗数法が適用できるためには,「$g_x(a,b) = g_y(a,b) = 0$ でない」という条件が必要である.

【証明】

$g_y(a,b) \neq 0$ とする(なお,$g_y(a,b) = 0$ で $g_x(a,b) \neq 0$ の場合には,以下の証明で x と y の役割を入れ換えればよい).

条件 $g(x,y) = 0$ から,$x = a$ の近くで陰関数 $y = h(x)$ が定まり [p.130 定理 7.8 を参照],$h(a) = b$ であり,導関数は次式で与えられる [p.130 定理 7.9 を参照].

$$h'(a) = -\frac{g_x(a,b)}{g_y(a,b)} \quad \cdots \text{①}$$

また,$z = f(x,y)$ は,$x = a$ の近くで $z = f(x, h(x))$ となり,$x = a$ で極値をとるから $x = a$ での微分係数は 0 である.

$$\frac{dz}{dx} = f_x(x, h(x)) + f_y(x, h(x)) h'(x)$$

$$\therefore \ f_x(a, h(a)) + f_y(a, h(a)) h'(a) = f_x(a,b) + f_y(a,b) h'(a) = 0$$

$h'(a)$ に①を代入すれば,次式が得られる.

$$f_x(a,b) - f_y(a,b) \frac{g_x(a,b)}{g_y(a,b)} = 0$$

最終式で $f_y(a,b) = \lambda g_y(a,b)$ とおけば，$f_x(a,b) = \lambda g_x(a,b)$ となり，(8.12) の 2 つの式が得られる． 終

ラグランジュの乗数法では，条件式 $g(x,y) = 0$ から y を x の陰関数として求めなくても，極値をとる候補となる点 (a,b) を見い出すことができる．(8.12) の 3 つの式を連立方程式として，乗数 λ と極値をとる候補となる点の座標 (a,b) を求める．

例題 8-5 x, y が $x^2 + y^2 = 1$ を満たすとき，xy が極値をとる候補となる点 (x,y) を求めなさい．

《解説》$f(x,y) = xy$, $g(x,y) = x^2 + y^2 - 1$ である．(8.12) より，極値をとる候補となる点 (x,y) は次の連立方程式の解である．

$$x^2 + y^2 - 1 = 0 \cdots ①$$
$$y - 2\lambda x = 0 \cdots ②$$
$$x - 2\lambda y = 0 \cdots ③$$

②と③から x あるいは y を消去することで，$\lambda = \pm \dfrac{1}{2}$ が得られる．

(1) $\lambda = \dfrac{1}{2}$ のとき：②より $x = y$, ①より $(x,y) = \left(\pm \dfrac{1}{\sqrt{2}}, \pm \dfrac{1}{\sqrt{2}} \right)$ が得られる．

(2) $\lambda = -\dfrac{1}{2}$ のとき：②より $x = -y$, ①より $(x,y) = \left(\pm \dfrac{1}{\sqrt{2}}, \mp \dfrac{1}{\sqrt{2}} \right)$ が得られる．

極値をとる候補として，次の 4 点が得られた．

$$A\left(\dfrac{1}{\sqrt{2}}, \dfrac{1}{\sqrt{2}}\right), \quad B\left(-\dfrac{1}{\sqrt{2}}, -\dfrac{1}{\sqrt{2}}\right), \quad C\left(\dfrac{1}{\sqrt{2}}, -\dfrac{1}{\sqrt{2}}\right), \quad D\left(-\dfrac{1}{\sqrt{2}}, \dfrac{1}{\sqrt{2}}\right)$$

【注】これらの点で極値になるかどうかは，さらに調べなければわからない．この例では，$xy = k$ のグラフ [p.14 図 1.5 を参照] が円 $x^2 + y^2 = 1$ と共有点を持つ条件で k がとる範囲 $\left(-\dfrac{1}{2} \leqq k \leqq \dfrac{1}{2} \right)$ である．これより，k は A と B で極大値（最大値）$\dfrac{1}{2}$，C と D で極小値（最小値）$-\dfrac{1}{2}$ をとることがわかる．

=========== 演 習 問 題 ===========

1. 括弧の中に示した条件の下で，関数 $f(x,y)$ が極値をとる候補となる点を求めなさい．

   (1) $f(x,y) = x^2 + y^2$ $[xy = 1]$ (2) $f(x,y) = x^2 + y^2$ $[x^2 + xy + y^2 = 1]$

2. 正の整数 m, n と正の数 a が与えられている．条件 $x + y = a$ のもとで $x^m y^n$ を最大にする正の数 x, y を求めなさい．

解 答

1. (1) $(\pm 1, \pm 1)$（複号同順） (2) $(\pm 1, \mp 1)$（複号同順），$\left(\pm\dfrac{1}{\sqrt{3}}, \pm\dfrac{1}{\sqrt{3}}\right)$（複号同順）
2. $x = \dfrac{m}{m+n}a$, $y = \dfrac{n}{m+n}a$ 〔指針：$x^m y^n$ が最大のとき，$f(x,y) = \log(x^m y^n)$ も最大である〕

8.6 独立変数の変換と熱力学への応用

全微分可能な関数 $f(x,y)$ の全微分は，

$$df = u\,dx + v\,dy \quad \text{ただし} \quad u = \frac{\partial f}{\partial x}, \quad v = \frac{\partial f}{\partial y} \tag{8.13}$$

である．このとき，$u = f_x(x,y)$ を u の定義と見なすことにすれば，これは x, y, u の間の関係を定める等式となり，x を u, y の陰関数と考えることができる．そこで，新たに u, y の関数 $g(u,y)$ を，

$$g(u,y) = f(x,y) - xu \tag{8.14}$$

によって定義すれば，g の全微分について次の関係が成り立つ．

$$dg = v\,dy - x\,du \quad \text{ただし} \quad v = \frac{\partial g}{\partial y}, \quad x = -\frac{\partial g}{\partial u} \tag{8.15}$$

【証明】
g の全微分を計算する．

$$dg = df - d(xu) = (u\,dx + v\,dy) - (u\,dx + x\,du) = v\,dy - x\,du$$

これは，$v = \dfrac{\partial g}{\partial y}$, $x = -\dfrac{\partial g}{\partial u}$ を示すものである． 終

関数 $f(x,y)$ から，$u = \dfrac{\partial f}{\partial x}$ と y を独立変数とし，$x = -\dfrac{\partial g}{\partial u}$, $v = \dfrac{\partial g}{\partial y}$ が成り立つ関数 $g(u,y)$ を得る手続きを，**ルジャンドル変換**という．

例1 $f(x,y) = x^2 y$ とする．

$$u = f_x(x,y) = 2xy, \quad v = f_y(x,y) = x^2 \cdots ①$$

$g(u,y) = f(x,y) - xu = x^2y - 2x^2y = -x^2y$ となるが，関数 g の独立変数は u, y であるから，x を消去しなければならない．①により $x = \dfrac{u}{2y}$ であるから，

$$g(u,y) = -\dfrac{u^2}{4y} \quad \therefore \quad v = \dfrac{\partial g}{\partial y} = \dfrac{u^2}{4y^2}, \quad x = -\dfrac{\partial g}{\partial u} = \dfrac{u}{2y} \quad \cdots \text{②}$$

②は，当然のことだが，①とつじつまが合っている．

例題 8-6 関数 $f(x,y) = ye^x$ から，ルジャンドル変換によって，$u = \dfrac{\partial f}{\partial x}$ と y を独立変数とする関数 $g(u,y)$ を求めなさい．

《解説》 $u = f_x(x,y) = ye^x$, $v = f_y(x,y) = e^x$ より，$x = \log \dfrac{u}{y}$ である．このとき，

$$g(u,y) = f(x,y) - xu = ye^x - xu = u - u\log \dfrac{u}{y}$$

である．なお，$v = \dfrac{\partial g}{\partial y} = \dfrac{u}{y}$, $x = -\dfrac{\partial g}{\partial u} = \log \dfrac{u}{y}$ である．

● **熱力学への適用** ルジャンドル変換は，熱力学で用いられる．物質を熱的な対象とみなしたものを**熱力学系**という．熱力学系の内部エネルギー U は，エントロピー S と体積 V の関数 $U(S,V)$ で，その全微分は，

$$dU = TdS - pdV \quad \text{ただし} \quad T = \left(\dfrac{\partial U}{\partial S}\right)_V, \quad p = -\left(\dfrac{\partial U}{\partial V}\right)_S \quad (8.16)$$

と定義される．ここで，p は圧力，T は絶対温度である．

上の関係から出発して，T, V を独立変数とし，偏微分によって S, p が得られる熱力学関数 $F(T,V)$（**ヘルムホルツのエネルギー**という）を導入する．それには，ルジャンドル変換によって，$F = U - TS$ と定義すればよい．このとき，F の全微分は次のように計算される．

$$dF = dU - d(TS) = (TdS - pdV) - (TdS + SdT) = -pdV - SdT$$

$$\therefore \quad S = -\left(\dfrac{\partial F}{\partial T}\right)_V, \quad p = -\left(\dfrac{\partial F}{\partial V}\right)_T \quad (8.17)$$

【注】熱力学では，偏微分を表すのに，熱力学関数が独立変数として採用している変数を明示する．たとえば，記号 $\left(\dfrac{\partial F}{\partial T}\right)_V$ は，独立変数が T, V である F を，V を一定に保って T について偏微分することを表す．

8.6 独立変数の変換と熱力学への応用

例題 8-7 ルジャンドル変換によって，熱力学関数 $F(T,V)$ から T, p を独立変数とする熱力学関数 $G(T,p)$ （**ギブスのエネルギー**という）を求めなさい．また，G の全微分を計算しなさい．

《解説》 $G(T,p)$ と $F(T,V)$ の関係は，ルジャンドル変換により，

$$G = F - (-p)V = F + pV$$

である．その全微分は，次のように計算される．

$$dG = dF + d(pV) = (-SdT - pdV) + (Vdp + pdV) = -SdT + Vdp$$

$$\therefore \quad S = -\left(\frac{\partial G}{\partial T}\right)_p, \quad V = \left(\frac{\partial G}{\partial p}\right)_T \tag{8.18}$$

═══════════════════ 演 習 問 題 ═══════════════════

1. 次の関数 $f(x,y)$ から，ルジャンドル変換によって，$u = \dfrac{\partial f}{\partial x}$ と y を独立変数とする関数 $g(u,y)$ を導きなさい．

    (1) $f(x,y) = x^2 + y^2$ (2) $f(x,y) = x\log x + x\log y$

2. 熱力学系の内部エネルギー $U(S,V)$ から，S, p を独立変数とする熱力学関数 $H(S,p)$ （**エンタルピー**という）を導きなさい．また，T, V を H の偏微分によって表しなさい．

3. 熱力学系の p, T, V, S の間に，次の関係が成り立つ．その理由を述べなさい．

    (1) $\left(\dfrac{\partial T}{\partial V}\right)_S = -\left(\dfrac{\partial p}{\partial S}\right)_V$ (2) $\left(\dfrac{\partial p}{\partial T}\right)_V = \left(\dfrac{\partial S}{\partial V}\right)_T$

    (3) $\left(\dfrac{\partial V}{\partial T}\right)_p = -\left(\dfrac{\partial S}{\partial p}\right)_T$ (4) $\left(\dfrac{\partial T}{\partial p}\right)_S = \left(\dfrac{\partial V}{\partial S}\right)_p$

═══════════════════ 解 答 ═══════════════════

1. (1) $g(u,y) = -\dfrac{1}{4}u^2 + y^2$ (2) $g(u,y) = -\dfrac{1}{y}e^{u-1}$

2. $H = U + pV$, $T = \left(\dfrac{\partial H}{\partial S}\right)_p$, $V = \left(\dfrac{\partial H}{\partial p}\right)_S$

3. (1) 〔指針：(8.16) を使う〕 (2) 〔指針：(8.17) を使う〕

    (3) 〔指針：(8.18) を使う〕 (4) 〔指針：エンタルピー H の偏微分で考える〕

8.7 拡散と波動への応用

空間に分布する量（記号 w で表す）が，時間とともに変化する場合を考える．典型的な例は，拡散と波動である．w は空間の位置と時間に依存するから，w は位置と時間 t の関数である．

w が直線（これを x 軸に選ぶ）に沿って分布するとする．このとき，

$$w = f(x, t)$$

である．以下では，$w = f(x,t)$ は必要な回数だけ偏微分可能であるとする．

偏導関数 $\dfrac{\partial w}{\partial x}, \dfrac{\partial^2 w}{\partial x^2}, \cdots$ は位置に対する w の変化を，また，$\dfrac{\partial w}{\partial t}, \dfrac{\partial^2 w}{\partial t^2}, \cdots$ は時間に対する w の変化を述べるものである [p.117 を参照]．拡散や波動では，w の空間的な変動と時間的な変動の間に関係があり，この相互関係が，w の分布が空間にどのように広がり伝わるかを決めている．

● **拡散**　拡散は，空間に不均一に分布している物質あるいは熱（エネルギー）が，濃度の高い部分から低い部分へ移動し，自然に均質な分布へ向かう現象である．

例 1　x 軸に沿って置かれた細い管に液体を満たし，管の 1 点にインクを落とせば，落下点を中心にインクが広がり，管の各点でのインク濃度は時間とともに変化する．インクの濃度を w とすれば，w は x と t の関数である．

【注】 粒子の拡散や熱伝導は，最も身近な例である．医療分野でも，薬物の経皮吸収や細胞への吸収は，本質的に拡散過程である．また，手術やけがのあとに起こるショックは，血液が血管から体細胞に過剰に拡散した状態である．

拡散する量を w とするとき，w は次の関係を満たすことが知られている．

$$\kappa \frac{\partial^2 w}{\partial x^2} = \frac{\partial w}{\partial t} \tag{8.19}$$

この方程式を**拡散方程式**，また，正の定数 κ を**拡散係数**という．

拡散の状態は，拡散方程式を満たす解 $w = f(x,t)$ によって記述される．無限に広がった直線上で拡散が起こる場合に，次のガウス関数は，拡散方程式の解である．

$$w = \frac{1}{\sqrt{4\pi\kappa t}} e^{-\frac{(x-a)^2}{4\kappa t}} \quad (a \text{ は定数}) \tag{8.20}$$

8.7 拡散と波動への応用

なお，直線上に分布する w の総量を 1 としている．

《説明》 (8.20) が (8.19) を満たすことを確かめる．

$$\frac{\partial w}{\partial t} = -\frac{1}{2\sqrt{4\pi\kappa t^3}}e^{-\frac{(x-a)^2}{4\kappa t}} + \frac{1}{\sqrt{4\pi\kappa t}}\frac{(x-a)^2}{4\kappa t^2}e^{-\frac{(x-a)^2}{4\kappa t}} \quad \cdots \text{①}$$

$$\frac{\partial w}{\partial x} = -\frac{1}{\sqrt{4\pi\kappa t}}\frac{(x-a)}{2\kappa t}e^{-\frac{(x-a)^2}{4\kappa t}}$$

$$\therefore \quad \frac{\partial^2 w}{\partial x^2} = -\frac{1}{\sqrt{4\pi\kappa t}}\frac{1}{2\kappa t}e^{-\frac{(x-a)^2}{4\kappa t}} + \frac{1}{\sqrt{4\pi\kappa t}}\frac{(x-a)^2}{(2\kappa t)^2}e^{-\frac{(x-a)^2}{4\kappa t}} \quad \cdots \text{②}$$

①と②から，(8.19) を満たすことがわかる．

t を固定したとき，(8.20) のガウス関数のグラフは，$x=a$ を中心とする山型で，広がりは $\sqrt{2\kappa t}$，高さは $\dfrac{1}{\sqrt{4\pi\kappa t}}$ である [p.104 例題 6-4 を参照]．w の空間分布は，$x=a$ を拡散の中心として，t が 0 に近いとき $x=a$ のごく近辺に鋭い山を作っているが，t が増すにつれて $x=a$ の左右に広がった山に変わり，山の高さも次第に低くなる．このことは，w の空間分布が，拡散によって次第に平均化されることを示している．なお，山の広がりが，時間 t に比例するのではなく，平方根に比例して増加する事実に注意すべきである．

● **波動**　空間の 1 点で起きた振動が，次々と隣接部に伝えられ，空間を広がり伝わるものが波動である．波動は自然界で広く見られる．

|例 2| 1 本の弦を張り，弦に沿って x 軸をとる．弦の端を上下に振れば，振動が弦を伝わり，弦に波が立つ．弦の平衡位置からのズレを w とすれば，w は x と t の関数である．

【注】音波は空気の振動が空間を伝わるものである．電磁波（電波，光，X 線，γ 線の総称）は，電場と磁場の振動が空間を伝わるものである．音波も電磁波も，代表的な波動で，医療分野で診断や治療に広く使われる．

x 軸に沿って伝わる波動を w で表すとき，w は次の**波動方程式**を満たす．

$$c^2 \frac{\partial^2 w}{\partial x^2} = \frac{\partial^2 w}{\partial t^2} \tag{8.21}$$

ここで，定数 c（正とする）は波の**伝播速度**を表す．

波動方程式を満たす解 w は，微分可能な任意の関数を $f(x),\ g(x)$ として

$$w = f(x-ct) + g(x+ct) \tag{8.22}$$

である．なお，$f(x-ct)$ は x 軸の正方向に，$g(x+ct)$ は x 軸の負方向に，速さ c で伝わる波を表す．

【証明】
独立変数を x, t から，関係 $u = x - ct, v = x + ct$ によって，u, v に移す．波動方程式 (8.21) は，演算子を使って，次のように書き直せる．[p.139 **演習問題 3** を参照]．

$$\left(c^2 \frac{\partial^2}{\partial x^2} - \frac{\partial^2}{\partial t^2} \right) w = 0 \quad \text{すなわち} \quad 4c^2 \frac{\partial^2 w}{\partial u \partial v} = 0$$

$\dfrac{\partial}{\partial v}\left(\dfrac{\partial w}{\partial u}\right) = 0$ より，$\dfrac{\partial w}{\partial u}$ は v に無関係（u だけの関数）だから [p.118 **例題 7-3** を参照]，微分可能な関数 $f(u)$ を使って，$\dfrac{\partial w}{\partial u} = f'(u)$ とおける．次に，$\dfrac{\partial}{\partial u}\{w - f(u)\} = \dfrac{\partial w}{\partial u} - f'(u) = 0$ より，$w - f(u)$ は u に無関係（v だけの関数）だから，$w - f(u) = g(v)$ となる．

なお，$w = f(u) + g(v)$ が波動方程式を満たすために，$f(u), g(v)$ は微分可能でなければならない． 終

《参考》 空間の点 P の位置は，xyz 座標空間の座標 x, y, z で表される．空間における拡散あるいは空間を伝わる波動を表す $w = f(x, y, z, t)$ は，次式を満たす．

$$\left(\frac{\partial^2}{\partial x^2} + \frac{\partial^2}{\partial y^2} + \frac{\partial^2}{\partial z^2} \right) w = \begin{cases} \dfrac{1}{\kappa} \dfrac{\partial w}{\partial t} & \text{(拡散)} \\ \dfrac{1}{c^2} \dfrac{\partial^2 w}{\partial t^2} & \text{(波動)} \end{cases}$$

《参考》シュレーディンガーの波動方程式 量子論によれば，すべての物質は，波動の性質を備えている．物質の波動性は，原子や分子のような極微の世界で顕著である．物質の化学的性質を決めている電子の振る舞いは，波動性を考慮しなければ，正しく理解することができない．

物質に伴う波動を，記号 $w = \psi(x, y, z, t)$ で表し，**波動関数** という．質量 m の物質がポテンシャル $V(x, y, z)$ の力を受けて運動するとき，$\psi(x, y, z, t)$ の振る舞いは，シュレーディンガーの波動方程式

$$\left\{ -\frac{1}{2m} \left(\frac{h}{2\pi} \right)^2 \left(\frac{\partial^2}{\partial x^2} + \frac{\partial^2}{\partial y^2} + \frac{\partial^2}{\partial z^2} \right) + V(x, y, z) \right\} \psi(x, y, z, t) = i \frac{h}{2\pi} \frac{\partial}{\partial t} \psi(x, y, z, t)$$

に支配されている．なお，h はプランク定数，i は虚数単位である．

シュレーディンガーの波動方程式は，波動関数 $\psi(x, y, z, t)$ の空間的な変動と時間的な変動の関係を述べるもので，この点で，拡散方程式や波動方程式と共通している．

第9章

不定積分

9.1 原始関数と不定積分

関数 $f(x)$ に対して,
$$\frac{d}{dx}F(x) = f(x) \tag{9.1}$$
を満たす関数 $F(x)$ が存在するとき, $F(x)$ を $f(x)$ の**原始関数**という.

原始関数が存在するならば, 原始関数は無数にある. なぜなら, $F(x)$ が $f(x)$ の1つの原始関数であるとき, 任意の定数 C に対して $\frac{d}{dx}\{F(x)+C\} = f(x)$ となり, $F(x)+C$ も原始関数だからである.

例1 $r \neq -1$ に対して, $\frac{d}{dx}\frac{x^{r+1}}{r+1} = x^r$ であるから, $\frac{x^{r+1}}{r+1}$ は x^r の原始関数である. また, C を定数として, $\frac{x^{r+1}}{r+1} + C$ も x^r の原始関数である.

無数にある $f(x)$ の原始関数のうち, 任意の原始関数を,
$$\int f(x)\,dx \quad \text{または} \quad \int dx\,f(x) \tag{9.2}$$
で表し, $f(x)$ の**不定積分**という. このとき, $f(x)$ を不定積分の**被積分関数**という.

【注】原始関数と不定積分 関数 $f(x)$ の原始関数 $F(x)$ というとき, 無数にある原始関数の中の「特定の1つ」を表すことが多い. これに対して, 不定積分 $\int f(x)\,dx$ は, $f(x)$ の「任意の」原始関数を表す記号である.

第9章 不定積分

―― 不定積分 ――

定理 9.1 $f(x)$ の原始関数の 1 つを $F(x)$ とするとき，$f(x)$ の不定積分は，

$$\int f(x)\,dx = F(x) + C \quad (C \text{ は定数}) \tag{9.3}$$

である．

【証明】
不定積分 $\int f(x)\,dx$ は $f(x)$ の原始関数であるから，定義により，$\dfrac{d}{dx}\int f(x)dx = f(x)$ である．

$$\frac{d}{dx}\left\{\int f(x)dx - F(x)\right\} = \frac{d}{dx}\int f(x)\,dx - F'(x) = f(x) - f(x) = 0$$

これより，$\int f(x)\,dx - F(x) = C$ (C は定数) となる． ■

関数 $f(x)$ の不定積分を求めることを $f(x)$ を**積分する**という．また，(9.3) の不定積分の右辺にある定数 C を**積分定数**と呼ぶ．

【注】定理 9.1 は，無数にある $f(x)$ の原始関数の中から任意に 1 つを選んでも，特定の原始関数と定数差しか違わないことを述べるものである．

なお，定理 9.1 は周知であるものとして，しばしば (9.3) の右辺の積分定数 C を省略することがある．たとえば，$r \neq -1$ のとき，$\int x^r\,dx = \dfrac{1}{r+1}x^{r+1} + C$ とするべきであるが，$\int x^r\,dx = \dfrac{1}{r+1}x^{r+1}$ と略記することがある（本書では積分定数 C を省略しない）．

【注】$\int 1\,dx$ を $\int dx$ と書く．また，$\int \dfrac{1}{f(x)}\,dx$ を $\int \dfrac{dx}{f(x)}$ と書くことがある．

● **基本となる不定積分** 関数が与えられたとき，積分することは，微分することに比べて，難しいのが普通である．しかし，「関数を微分する」ことと，得られた「導関数を積分する」ことは，逆の演算である．このことを利用して，関数 $F(x)$ とその導関数 $f(x)$ が既知ならば，定理 9.1 によって，$f(x)$ の不定積分がただちに求まる．また，関数の微分に対して成り立つ公式から，不定積分に対して成り立つ公式が導かれる．

以下に掲げる不定積分は，最も基本的なものである．他の関数の不定積分は，これらを基にして導かれる．

9.1 原始関数と不定積分

基本となる不定積分

(1) $\displaystyle \int x^r \, dx = \frac{x^{r+1}}{r+1} + C \quad (r \neq -1)$ (9.4)

(2) $\displaystyle \int \frac{1}{x} \, dx = \log|x| + C$ (9.5)

(3) $\displaystyle \int e^x \, dx = e^x + C$ (9.6)

(4) $\displaystyle \int \sin x \, dx = -\cos x + C$ (9.7)

(5) $\displaystyle \int \cos x \, dx = \sin x + C$ (9.8)

(6) $\displaystyle \int \frac{1}{\sqrt{1-x^2}} \, dx = \sin^{-1} x + C$ (9.9)

(7) $\displaystyle \int \frac{1}{1+x^2} \, dx = \tan^{-1} x + C$ (9.10)

《説明》右辺の関数を微分した結果が，左辺の被積分関数に等しいことを確かめればよい．
(1) は p.155 例 1 より，(2) は p.62 (4.4) より，(3) は p.64 (4.7) より，(4) と (5) は p.67 (4.9) より，(6) と (7) は p.69 (4.10) と (4.11) よりわかる．

次の定理は，不定積分の最も基本的な性質を述べたものである．

不定積分の基本性質

定理 9.2 不定積分について，次の関係が成り立つ．

(1) $\displaystyle \frac{d}{dx} \int f(x) \, dx = f(x)$

(2) $\displaystyle \int \frac{dF(x)}{dx} \, dx = F(x) + C$

(3) $\displaystyle \int \{f(x) \pm g(x)\} \, dx = \int f(x) \, dx \pm \int g(x) \, dx$

(4) $\displaystyle \int cf(x) \, dx = c \int f(x) \, dx$

【証明】(1) と (2) は，不定積分の定義 (9.1) と (9.3) から明らかである．
(3) と (4) を証明するには，それぞれの左辺と右辺を微分した結果が等しいことを示せばよい．(1) の性質と微分法の公式 [p.51 定理 3.2 を参照] を使って，容易に示すことができる． 終

例 2　$\displaystyle\int (3x^2 + 5e^x)\,dx = \int 3x^2\,dx + \int 5e^x\,dx$　（∵ 定理 9.2 (3) を使った）
$\displaystyle\qquad\qquad = 3\int x^2\,dx + 5\int e^x\,dx$　（∵ 定理 9.2 (4) を使った）
$\displaystyle\qquad\qquad = x^3 + 5e^x + C$

例 3　$\displaystyle\int \sqrt[3]{x^2}\,dx = \int x^{\frac{2}{3}}\,dx = \frac{3}{5}x^{\frac{5}{3}} + C$　（∵ (9.4) を使った）

例 4　$\displaystyle\int \frac{1+x^2}{x}\,dx = \int \left(x + \frac{1}{x}\right)dx = \frac{1}{2}x^2 + \log|x| + C$

例 5　$\displaystyle\int (\sin x + 2\cos x)\,dx = -\cos x + 2\sin x + C$

次の公式は不定積分の計算に有用である．

有用な積分公式

(1) $\displaystyle \int \frac{f'(x)}{f(x)}\,dx = \log|f(x)| + C$ 　　　　　(9.11)

(2) $\displaystyle \int f(x)\,dx = F(x) + C$ のとき

$\displaystyle \int f(ax+b)\,dx = \frac{1}{a}F(ax+b) + C \quad (a \neq 0)$　　(9.12)

【証明】
右辺を微分した結果が，左辺の被積分関数に等しいことを示せばよい．

(1) $\displaystyle \frac{d}{dx}\log|f(x)| = \frac{f'(x)}{f(x)}$ となる [p.62 (4.5) を参照]．

(2) $u = ax + b$ とするとき，合成関数の微分法 [p.53 (3.9) を参照] により，

$$\frac{d}{dx}\left(\frac{1}{a}F(ax+b)\right) = \frac{1}{a}\frac{d}{du}F(u)\frac{du}{dx} = \frac{1}{a}\cdot f(u)\cdot a = f(ax+b)$$

となる． 　　　　　　　　　　　　　　　　　　　　　　　　　　　　　終

例題 9-1　次の不定積分を求めなさい．

(1) $\displaystyle I_1 = \int \tan x\,dx$ 　　　　(2) $\displaystyle I_2 = \int \frac{x}{1+x^2}\,dx$

《解説》被積分関数が分数であるとき，分子は分母を微分したものでないかを一考してみる．そうであるならば，(9.11) を利用できる．

(1) $\displaystyle I_1 = \int \frac{\sin x}{\cos x}\,dx = -\int \frac{(\cos x)'}{\cos x}\,dx = -\log|\cos x| + C$

(2) $(1+x^2)' = 2x$ であるから，$I_2 = \dfrac{1}{2}\displaystyle\int \dfrac{(1+x^2)'}{1+x^2}\,dx = \dfrac{1}{2}\log(1+x^2) + C$

例題 9-2 次の不定積分を求めなさい．

(1) $I_1 = \displaystyle\int (3x+2)^5\,dx$ 　　　(2) $I_2 = \displaystyle\int \cos^2 x\,dx$

《解説》被積分関数に現れる x の1次式を X としたとき，その原始関数が求まるならば (9.12) を利用できる．

(1) $3x+2 = X$ とするとき，被積分関数は X^5，その原始関数は $\dfrac{1}{6}X^6$ である．

$$\therefore\ I_1 = \left(\dfrac{1}{3}\right)\dfrac{1}{6}(3x+2)^6 + C = \dfrac{1}{18}(3x+2)^6 + C$$

(2) 三角関数の公式 $\cos^2 x = \dfrac{1}{2}(1+\cos 2x)$ を利用する．

$$I_2 = \dfrac{1}{2}\int (1+\cos 2x)\,dx = \dfrac{1}{2}x + \dfrac{1}{2}\int \cos 2x\,dx$$

残った不定積分で，$2x = X$ とすれば被積分関数は $\cos X$，その原始関数は $\sin X$ である．

$$\therefore\ I_2 = \dfrac{1}{2}x + \dfrac{1}{4}\sin 2x + C$$

=========== 演 習 問 題 ===========

1. 次の不定積分を求めなさい．

(1) $\displaystyle\int (x^3 + 2x^2 + 6x + 2)\,dx$ 　　(2) $\displaystyle\int (2x-1)(x+3)\,dx$

(3) $\displaystyle\int \sqrt[5]{x^3}\,dx$ 　　(4) $\displaystyle\int \dfrac{1}{\sqrt{x}}\,dx$

(5) $\displaystyle\int \left(\dfrac{1}{x} + \dfrac{1}{x^2} + \dfrac{1}{x^3}\right)dx$ 　　(6) $\displaystyle\int \left(x - \dfrac{1}{x}\right)^2 dx$

2. 次の不定積分を求めなさい．

(1) $\displaystyle\int \dfrac{x^2}{x^3+1}\,dx$ 　　(2) $\displaystyle\int \dfrac{\cos x}{\sin x + 2}\,dx$

(3) $\displaystyle\int \dfrac{e^x - e^{-x}}{e^x + e^{-x}}\,dx$ 　　(4) $\displaystyle\int \dfrac{1}{(1+x^2)\tan^{-1} x}\,dx$

3. 次の不定積分を求めなさい．

(1) $\displaystyle\int e^{3x-1}\,dx$ 　　(2) $\displaystyle\int \dfrac{1}{5-2x}\,dx$

(3) $\displaystyle\int \sin(5x+1)\,dx$　　　(4) $\displaystyle\int \sin^2 x\,dx$

(5) $\displaystyle\int \frac{1}{\sqrt{-3+12x-9x^2}}\,dx$　　(6) $\displaystyle\int \frac{1}{2-2x+x^2}\,dx$

解　答

1. (1) $\dfrac{1}{4}x^4 + \dfrac{2}{3}x^3 + 3x^2 + 2x + C$　　(2) $\dfrac{2}{3}x^3 + \dfrac{5}{2}x^2 - 3x + C$　　(3) $\dfrac{5}{8}x^{\frac{8}{5}} + C$

　(4) $2\sqrt{x} + C$　　(5) $\log|x| - \dfrac{1}{x} - \dfrac{1}{2x^2} + C$　　(6) $\dfrac{1}{3}x^3 - 2x - \dfrac{1}{x} + C$

2. (1) $\dfrac{1}{3}\log|x^3+1| + C$　　(2) $\log(\sin x + 2) + C$

　(3) $\log(e^x + e^{-x}) + C$　　(4) $\log|\tan^{-1} x| + C$ 〔指針：$\dfrac{1}{1+x^2} = (\tan^{-1} x)'$〕

3. (1) $\dfrac{1}{3}e^{3x-1} + C$　　(2) $-\dfrac{1}{2}\log|5-2x| + C$

　(3) $-\dfrac{1}{5}\cos(5x+1) + C$　　(4) $\dfrac{1}{2}x - \dfrac{1}{4}\sin 2x + C$

　(5) $\dfrac{1}{3}\sin^{-1}(3x-2) + C$ 〔指針：$-3+12x-9x^2 = 1-(3x-2)^2$〕

　(6) $\tan^{-1}(x-1) + C$ 〔指針：$2-2x+x^2 = 1+(x-1)^2$〕

9.2　置換積分法

不定積分を求めることは，一般に，簡単でない．さまざまな工夫が必要であるが，**置換積分法**と呼ばれる次の定理は，利用度が非常に高い．

―――― 置換積分法 ――――

定理 9.3　$f(x)$ の原始関数が存在し，$x = \phi(t)$ が微分可能ならば，

$$\int f(x)\,dx = \int f(\phi(t))\phi'(t)\,dt \tag{9.13}$$

が成り立つ．

【証明】

$f(x)$ の原始関数を $F(x)$ とし，$x = \phi(t)$ との合成関数 $F(\phi(t))$ を考える．合成関数の微分法 [p.53 (3.9) を参照] により，

$$\frac{d}{dt}F(\phi(t)) = \frac{d}{dx}F(x)\frac{dx}{dt} = f(x)\phi'(t) = f(\phi(t))\phi'(t)$$

となる．(9.13) の右辺は，

$$\int f(\phi(t))\phi'(t)\,dt = \int \frac{d}{dt}F(\phi(t))\,dt = F(\phi(t)) + C = F(x) + C = \int f(x)\,dx$$

となり，左辺に等しい． ☐終

【注】置換積分法の公式 (9.13) を次のように書けば，記憶に便利である．

$$\int f(x)\,dx = \int f(x)\frac{dx}{dt}\,dt \tag{9.14}$$

ただし，右辺の計算は，x を t で表してから行う．

左辺から右辺を得るには，$dx = \dfrac{dx}{dt}dt = \phi'(t)dt$ の置き換えになっている．これは，関数 $x = \phi(t)$ の微分の定義である [p.50 (3.7) を参照]．

|例 1| (9.12) の公式を，置換積分法で導く．
$ax + b = t$ すなわち $x = \dfrac{t-b}{a}$ とおくと，$\dfrac{dx}{dt} = \dfrac{1}{a}$ である．

$$\therefore \int f(ax+b)\,dx = \int f(t)\frac{1}{a}dt = \frac{1}{a}F(t) + C = \frac{1}{a}F(ax+b) + C$$

なお，計算結果に t が現れるが，最後に x で表さなければならない．

|例 2| $I = \displaystyle\int \frac{1}{\sqrt{a^2-x^2}}\,dx\ (a>0)$ を求める．
$x = at$ と置換する．微分は $dx = adt$ となる．

$$I = \int \frac{1}{\sqrt{a^2-a^2t^2}}\,adt = \int \frac{1}{\sqrt{1-t^2}}\,dt = \sin^{-1}t + C = \sin^{-1}\frac{x}{a} + C$$

例題 9-3 次の不定積分を求めなさい．

(1) $I_1 = \displaystyle\int \frac{1}{a^2+x^2}\,dx\ (a \neq 0)$ (2) $I_2 = \displaystyle\int \sqrt{1-x^2}\,dx$

《解説》

(1) $x = at$ とおけば，$dx = adt$ である．

$$I_1 = \frac{1}{a}\int \frac{1}{1+t^2}\,dt = \frac{1}{a}\tan^{-1}t + C = \frac{1}{a}\tan^{-1}\frac{x}{a} + C$$

(2) $-1 \leqq x \leqq 1$ であるから，$x = \sin t$ とおくと $-\dfrac{\pi}{2} \leqq t \leqq \dfrac{\pi}{2}$ である．このとき，$dx = \cos t\,dt$，$\sqrt{1-x^2} = \sqrt{1-\sin^2 t} = \cos t$ となる．

$$\begin{aligned}
I_2 &= \int \cos^2 t\,dt = \frac{1}{2}t + \frac{1}{4}\sin 2t + C \quad (\because \text{p.159 例題 9-2 (2) より}) \\
&= \frac{1}{2}t + \frac{1}{2}\sin t\cos t + C = \frac{1}{2}\left(\sin^{-1}x + x\sqrt{1-x^2}\right) + C
\end{aligned}$$

実際の計算では，$\psi(x) = t$ と置換することが多い．この場合には，次の公式が成り立つ（定理9.3で，x と t を入れ換えればよい）．

$$\int f(\psi(x))\psi'(x)\,dx = \int f(t)\,dt \tag{9.15}$$

【注】上の公式では，左辺と右辺が $\psi(x) = t$ の微分 $\psi'(x)dx = dt$ の置き換えになっている．
なお，上式の左辺から右辺を得るには，逆関数の微分法により，$\dfrac{dx}{dt} = \dfrac{1}{(dt/dx)} = \dfrac{1}{\psi'(x)}$ を利用すればよい．

例題 9-4 次の不定積分を求めなさい．

(1) $I_1 = \displaystyle\int \sin^3 x \cos x \, dx$ (2) $I_2 = \displaystyle\int a^x \, dx$

《解説》

(1) $\sin x = t$ とおけば，微分について $\cos x \, dx = dt$ となる．

$$I_1 = \int t^3 \, dt = \frac{1}{4}t^4 + C = \frac{1}{4}\sin^4 x + C$$

(2) $a^x = t$ とおくと，微分について $(\log a)a^x dx = dt$ となる．

$$I_2 = \int \frac{1}{\log a} \, dt = \frac{1}{\log a}t + C = \frac{1}{\log a}a^x + C$$

═══════════════ 演 習 問 題 ═══════════════

1. 次の不定積分を求めなさい．

(1) $\displaystyle\int (2x+1)^7 \, dx$ (2) $\displaystyle\int \frac{x^2}{x-2} \, dx$

(3) $\displaystyle\int x\sqrt{x^2+1} \, dx$ (4) $\displaystyle\int \frac{e^x}{1+e^{2x}} \, dx$

(5) $\displaystyle\int x^2 \sin(x^3+2) \, dx$ (6) $\displaystyle\int xe^{-x^2} \, dx$

(7) $\displaystyle\int \cos^3 x \, dx$ (8) $\displaystyle\int \frac{\sin^3 x}{\cos x} \, dx$

(9) $\displaystyle\int \frac{\sqrt{\log x}}{x} \, dx$ (10) $\displaystyle\int \frac{1}{(1+x^2)^2} \, dx$

━━━ 解 答 ━━━━━━━━━━━━━━━━━━━━━━━

1. (1) $\dfrac{1}{16}(2x+1)^8 + C$ 〔指針：$2x+1 = t$〕

(2) $\dfrac{1}{2}x^2 + 2x + 4\log|x-2| + C$ 〔指針：$x - 2 = t$〕

(3) $\dfrac{1}{3}(x^2+1)^{\frac{3}{2}}+C$ 〔指針：$x^2+1=t$〕　　(4) $\tan^{-1}e^x+C$ 〔指針：$e^x=t$〕

(5) $-\dfrac{1}{3}\cos(x^3+2)+C$ 〔指針：$x^3+2=t$〕　　(6) $-\dfrac{1}{2}e^{-x^2}+C$ 〔指針：$-x^2=t$〕

(7) $-\dfrac{1}{3}\sin^3 x+\sin x+C$ 〔指針：$\sin x=t$〕

(8) $\dfrac{1}{2}\cos^2 x-\log|\cos x|+C$ 〔指針：$\cos x=t$〕

(9) $\dfrac{2}{3}(\log x)^{\frac{3}{2}}+C$ 〔指針：$\log x=t$〕

(10) $\dfrac{1}{2}\left(\tan^{-1}x+\dfrac{x}{1+x^2}\right)+C$ 〔指針：$x=\tan t$〕

9.3　部分積分法

置換積分法と並んで，不定積分を求める有用な方法に**部分積分法**がある．

――― 部分積分法 ―――

定理 9.4　関数 $f(x)$ と $g(x)$ がともに微分可能ならば，次式が成り立つ．
$$\int f'(x)g(x)\,dx = f(x)g(x) - \int f(x)g'(x)\,dx \qquad (9.16)$$

【証明】
積の微分法の公式 $\{f(x)g(x)\}' = f'(x)g(x) + f(x)g'(x)$ を適用すれば，$f'(x)g(x) = \{f(x)g(x)\}' - f(x)g'(x)$ である．両辺の不定積分を考える．
$$\int f'(x)g(x)\,dx = \int \{f(x)g(x)\}'\,dx - \int f(x)g'(x)\,dx$$
$$\therefore \int f'(x)g(x)\,dx = f(x)g(x) + C - \int f(x)g'(x)\,dx$$

右辺の積分定数 C は残された不定積分に含められるので，(9.16) が得られる．　　終

例 1　$I=\displaystyle\int xe^x\,dx$ を求める．$e^x=(e^x)'$ と考え，部分積分法を適用する．
$$I=\int x(e^x)'\,dx = xe^x - \int (x)'e^x\,dx = xe^x - \int e^x\,dx = xe^x - e^x + C$$

【注】この例で，$x=\left(\dfrac{1}{2}x^2\right)'$ として適用すると，かえって複雑な不定積分が残り，成功しない．

部分積分の公式 (9.16) を適用するのに，被積分関数の中で $f'(x)$ と $g(x)$ に何を割り当てるかが問題である．1 つの選択で成功しなければ，別の選択を試してみる．

例題 9-5 次の不定積分を求めなさい．

(1) $I_1 = \displaystyle\int \log x \; dx$ (2) $I_2 = \displaystyle\int e^{ax} \sin bx \; dx$

《解説》

(1) $1 = (x)'$ と考えて部分積分法を適用し，成功することがある．
$$I_1 = \int (x)' \log x \; dx = x \log x - \int x (\log x)' \; dx$$
$$= x \log x - \int dx = x(\log x - 1) + C$$

(2) 部分積分法を繰り返して使うこともある．
$$I_2 = \int \left(\frac{1}{a} e^{ax}\right)' \sin bx \; dx = \frac{1}{a} e^{ax} \sin bx - \frac{b}{a} \int e^{ax} \cos bx \; dx$$
$$= \frac{1}{a} e^{ax} \sin bx - \frac{b}{a} \left(\frac{1}{a} e^{ax} \cos bx + \frac{b}{a} \int e^{ax} \sin bx \; dx + C' \right)$$

最終辺に求めようとする不定積分 I_2 が現れた．移項して整理すれば，次の結果が得られる．
$$I_2 = \frac{1}{a^2 + b^2} e^{ax} (a \sin bx - b \cos bx) + C$$

===== 演 習 問 題 =====

1. 次の不定積分を求めなさい．

(1) $\displaystyle\int x^2 \log x \; dx$ (2) $\displaystyle\int x \sin x \; dx$
(3) $\displaystyle\int \sin^{-1} x \; dx$ (4) $\displaystyle\int \tan^{-1} x \; dx$
(5) $\displaystyle\int \log(x^2 + 1) \; dx$ (6) $\displaystyle\int \frac{\log x}{x} \; dx$
(7) $\displaystyle\int x e^{2x} \; dx$ (8) $\displaystyle\int e^x (\sin x + \cos x) \; dx$
(9) $\displaystyle\int (\log x)^2 \; dx$ (10) $\displaystyle\int x^3 e^{-x^2} \; dx$

■ 解 答 ■

1. (1) $\dfrac{1}{9} x^3 (3 \log x - 1) + C$ (2) $-x \cos x + \sin x + C$
 (3) $x \sin^{-1} x + \sqrt{1 - x^2} + C$ (4) $x \tan^{-1} x - \dfrac{1}{2} \log(1 + x^2) + C$

(5) $x\log(x^2+1) - 2x + 2\tan^{-1}x + C$ (6) $\dfrac{1}{2}(\log x)^2 + C$

(7) $\dfrac{1}{4}(2x-1)e^{2x} + C$ (8) $e^x \sin x + C$ (9) $x\{(\log x)^2 - 2\log x + 2\} + C$

(10) $-\dfrac{1}{2}(x^2+1)e^{-x^2} + C$ 〔指針：$g = x^2$, $f' = xe^{-x^2} = \left(-\dfrac{1}{2}e^{-x^2}\right)'$〕

9.4 有理関数の積分

有理関数は，次の形をしたもののことである [p.13 (1.13) を参照]．

$$\frac{A(x)}{B(x)} \qquad (A(x), B(x) \text{ は多項式関数})$$

有理関数の不定積分を求めるには，決まった手順がある．

(1) 分子の次数を分母より低くする．$A(x)$ の次数が $B(x)$ より高ければ，割り算により商 $a(x)$ と余り $b(x)$ を求め，次の形に直す．

$$\frac{A(x)}{B(x)} = a(x) + \frac{b(x)}{B(x)}$$

ここで，$a(x)$ と $b(x)$ は多項式関数で，$b(x)$ は $B(x)$ より次数が低い．

(2) 分母 $B(x)$ を因数分解する．

$$B(x) = C(x-a_1)^{m_1}(x-a_2)^{m_2}\cdots(x^2+b_1x+c_1)^{n_1}(x^2+b_2x+c_2)^{n_2}\cdots$$

(3) 残された分数を部分分数に分解する．

$$\begin{aligned}\frac{b(x)}{B(x)} &= \frac{d_{m_1}}{(x-a_1)^{m_1}} + \frac{d_{m_1-1}}{(x-a_1)^{m_1-1}} + \cdots + \frac{d_1}{x-a_1} \\ &\quad + \{(x-a_2)^{m_2} \text{ 以下についても同様}\} \\ &\quad + \frac{e_{m_1}x+f_{m_1}}{(x^2+b_1x+c_1)^{n_1}} + \frac{e_{m_1-1}x+f_{m_1-1}}{(x^2+b_1x+c_1)^{n_1-1}} \\ &\quad + \cdots + \frac{e_1x+f_1}{x^2+b_1x+c_1} \\ &\quad + \{(x^2+b_2x+c_2)^{n_2} \text{ 以下についても同様}\}\end{aligned}$$

(4) 部分分数の各項を，既知の不定積分に帰着し，実行する．

例題 9-6 次の不定積分を求めなさい．

(1) $I_1 = \displaystyle\int \dfrac{x^3}{x^2-1}\,dx$ 　　(2) $I_2 = \displaystyle\int \dfrac{x}{(x+1)(x^2+1)}\,dx$

《解説》 定められた手順に従って計算を進める．

(1) 割り算により，$\dfrac{x^3}{x^2-1} = x + \dfrac{x}{x^2-1}$ となる．分母を因数分解し，次に部分分数に直す．

$$\dfrac{x}{x^2-1} = \dfrac{a}{x-1} + \dfrac{b}{x+1} \quad \therefore \quad a(x+1) + b(x-1) = x \quad \cdots \text{①}$$

①は x の恒等式である．両辺の係数の比較から $a+b=1$，$a-b=0$ が得られ，$a=b=\dfrac{1}{2}$ と定まる．

$$\therefore \quad I_1 = \int \left[x + \dfrac{1}{2}\left(\dfrac{1}{x-1} + \dfrac{1}{x+1}\right)\right]dx$$
$$= \dfrac{x^2}{2} + \dfrac{1}{2}\int \left[\dfrac{(x-1)'}{x-1} + \dfrac{(x+1)'}{x+1}\right]dx = \dfrac{x^2}{2} + \dfrac{1}{2}\log|x^2-1| + C$$

(2) 部分分数に直すことから始める．

$$\dfrac{x}{(x+1)(x^2+1)} = \dfrac{a}{x+1} + \dfrac{bx+c}{x^2+1} \quad \therefore \quad x = a(x^2+1) + (bx+c)(x+1) \quad \cdots \text{②}$$

②は x の恒等式だから，すべての x について成り立つ．

$$x=-1 \text{ とおいて，} \quad -1 = 2a$$
$$x=0 \text{ とおいて，} \quad 0 = a+c$$
$$x=1 \text{ とおいて，} \quad 1 = 2(a+b+c)$$

これより，$a=-b=-c=-\dfrac{1}{2}$ と定まり，このとき，確かに②は恒等式になる．

$$I_2 = -\dfrac{1}{2}\int \left(\dfrac{1}{x+1} - \dfrac{x+1}{x^2+1}\right)dx$$
$$= -\dfrac{1}{2}\int \left[\dfrac{(x+1)'}{x+1} - \dfrac{1}{2}\dfrac{(x^2+1)'}{x^2+1} - \dfrac{1}{x^2+1}\right]dx$$
$$= -\dfrac{1}{2}\log|x+1| + \dfrac{1}{4}\log(x^2+1) + \dfrac{1}{2}\tan^{-1}x + C$$

9.4 有理関数の積分

例題 9-7 次の不定積分を導きなさい．

$$\int \frac{1}{(1+x^2)^2}\,dx = \frac{1}{2}\left\{\frac{x}{1+x^2} + \tan^{-1} x\right\} + C$$

《解説》この不定積分は，$x = \tan t$ と置換して求めることができる．ここでは，技巧的であるが，別の解法を示す．

$$\left(\frac{1}{1+x^2}\right)' = -\frac{2x}{(1+x^2)^2} \quad \therefore \quad \int \frac{1}{(1+x^2)^2}\,dx = -\frac{1}{2}\int \frac{1}{x}\left(\frac{1}{1+x^2}\right)'\,dx \cdots ①$$

最終式の不定積分は，部分積分法と部分分数分解を使って，次のように計算できる．

$$\int \frac{1}{x}\left(\frac{1}{1+x^2}\right)'\,dx = \frac{1}{x}\cdot\frac{1}{1+x^2} + \int \frac{1}{x^2}\cdot\frac{1}{1+x^2}\,dx$$
$$= \frac{1}{x(1+x^2)} + \int \left(\frac{1}{x^2} - \frac{1}{1+x^2}\right)\,dx$$
$$= \frac{1}{x(1+x^2)} - \frac{1}{x} - \tan^{-1} x + C = -\frac{x}{1+x^2} - \tan^{-1} x + C$$

上式を①に代入すれば，求める結果が得られる．

演 習 問 題

1. 次の不定積分を求めなさい．

(1) $\displaystyle\int \frac{3x+1}{x+2}\,dx$　　　(2) $\displaystyle\int \frac{1}{(x-a)(x-b)}\,dx \quad (a \neq b)$

(3) $\displaystyle\int \frac{1}{x^3+x}\,dx$　　　(4) $\displaystyle\int \frac{x}{(x-1)(x^2+1)}\,dx$

(5) $\displaystyle\int \frac{1}{x^4-x^3}\,dx$　　　(6) $\displaystyle\int \frac{x^3}{x^2+x+1}\,dx$

(7) $\displaystyle\int \frac{x^2}{x^4+5x^2+4}\,dx$　　　(8) $\displaystyle\int \frac{1}{(x+1)(x-2)(x-3)}\,dx$

解 答

1. (1) $3x - 5\log|x+2| + C$　　(2) $\dfrac{1}{a-b}\log\left|\dfrac{x-a}{x-b}\right| + C$　　(3) $\dfrac{1}{2}\log\dfrac{x^2}{x^2+1} + C$

(4) $\dfrac{1}{4}\log\dfrac{(x-1)^2}{x^2+1} + \dfrac{1}{2}\tan^{-1} x + C$　　(5) $\log\left|\dfrac{x-1}{x}\right| + \dfrac{1}{x} + \dfrac{1}{2x^2} + C$

(6) $\dfrac{1}{2}x^2 - x + \dfrac{2}{\sqrt{3}}\tan^{-1}\dfrac{2x+1}{\sqrt{3}} + C$　　(7) $-\dfrac{1}{3}\tan^{-1} x + \dfrac{2}{3}\tan^{-1}\dfrac{x}{2} + C$

(8) $\dfrac{1}{12}\log\dfrac{|(x+1)(x-3)^3|}{(x-2)^4} + C$

9.5 三角関数の有理式の積分

被積分関数が分数で，分母と分子が $\sin x$ と $\cos x$ の多項式になっている場合には，一般に，
$$t = \tan \frac{x}{2} \tag{9.17}$$
の置換積分をすればよい．このとき，次の関係が成り立つ．
$$\sin x = \frac{2t}{1+t^2}, \qquad \cos x = \frac{1-t^2}{1+t^2}, \qquad \frac{dx}{dt} = \frac{2}{1+t^2} \tag{9.18}$$

【証明】
最初の 2 式はすでに示した [p.25 例題 1-9 を参照]．最後の式は，$t = \tan \frac{x}{2}$ を書き換えると $\frac{x}{2} = \tan^{-1} t$ であり，これを t で微分すれば得られる． ■

この置換によって，不定積分は t の有理関数の積分に変わるから，有理関数の積分に対する一般的な方法を適用すればよい．

例題 9-8 次の不定積分を求めなさい．

(1) $I_1 = \displaystyle\int \frac{1}{\sin x} \, dx$ \qquad (2) $I_2 = \displaystyle\int \frac{\sin x}{1+\sin x} \, dx$

《解説》

(1) 手順に従って $t = \tan \frac{x}{2}$ の置換をする．
$$I_1 = \int \frac{1}{\sin x} \frac{dx}{dt} \, dt = \int \frac{1+t^2}{2t} \frac{2}{1+t^2} \, dt = \int \frac{1}{t} dt$$
$$= \log|t| + C = \log\left|\tan \frac{x}{2}\right| + C$$

(2) 最初に $\dfrac{\sin x}{1+\sin x} = \dfrac{(1+\sin x) - 1}{1+\sin x} = 1 - \dfrac{1}{1+\sin x}$ と変形するのが，能率的である．
$t = \tan \dfrac{x}{2}$ の置換により，$\dfrac{1}{1+\sin x} = \dfrac{1}{1 + \dfrac{2t}{1+t^2}} = \dfrac{1+t^2}{(1+t)^2}$ となる．

$$I_2 = \int \left(1 - \frac{1}{1+\sin x}\right) dx = x - \int \frac{1}{1+\sin x} \, dx$$

$$= x - \int \frac{1+t^2}{(1+t)^2} \frac{2}{1+t^2}\, dt = x - 2 \int \frac{1}{(1+t)^2}\, dt$$
$$= x + \frac{2}{1+t} + C = x + \frac{2}{1+\tan\frac{x}{2}} + C$$

═══════════════════ 演 習 問 題 ═══════════════════

1. 次の不定積分を求めなさい.

(1) $\displaystyle\int \frac{1}{1-\cos x}\, dx$ (2) $\displaystyle\int \frac{1}{\cos x}\, dx$

(3) $\displaystyle\int \frac{1}{1+\sin x + \cos x}\, dx$ (4) $\displaystyle\int \frac{1}{\sin x + 2\cos x + 3}\, dx$

(5) $\displaystyle\int \frac{\sin x}{\cos x + 5}\, dx$ (6) $\displaystyle\int \frac{1}{1+\tan x}\, dx$

═══════════════════ 解 答 ═══════════════════

1. (1) $-\dfrac{1}{\tan\frac{x}{2}} + C$ (2) $\log\left|\dfrac{1+\tan\frac{x}{2}}{1-\tan\frac{x}{2}}\right| + C$ (3) $\log\left|1+\tan\dfrac{x}{2}\right| + C$

(4) $\tan^{-1}\left[\dfrac{1}{2}\left(\tan\dfrac{x}{2}+1\right)\right] + C$ (5) $-\log(\cos x + 5) + C$ 〔指針：(f'/f) 型〕

(6) $\dfrac{1}{2}\log|\sin x + \cos x| + \dfrac{1}{2}x + C$ 〔指針：$\tan x = t$ の置換〕

9.6 無理関数の積分

　無理関数の不定積分は，初等関数（有理関数，無理関数，指数関数，対数関数，三角関数，逆三角関数，およびそれらを組合せてできる関数をいう）を使って表されるとは限らない．以下では，適当な置換によって積分できる場合を取り上げる．

● $\sqrt[n]{ax+b}$ $(a \neq 0)$ を含む場合

このときは，
$$\sqrt[n]{ax+b} = t \tag{9.19}$$

と置換する．$x = \dfrac{t^n - b}{a}$ より，$\dfrac{dx}{dt} = \dfrac{n}{a}t^{n-1}$ となり，t の有理関数の積分に帰着する．

例1 $I = \displaystyle\int \dfrac{x+2}{\sqrt[3]{2x+1}}\, dx$ を求める.

$\sqrt[3]{2x+1} = t$ とおくと, $x = \dfrac{t^3-1}{2}$, $x+2 = \dfrac{t^3+3}{2}$, $dx = \dfrac{3}{2}t^2\, dt$ となる.

$$I = \int \frac{t^3+3}{2t} \times \frac{3}{2}t^2\, dt = \frac{3}{4}\int (t^4+3t)\, dt$$
$$= \frac{3}{20}t^5 + \frac{9}{8}t^2 + C = \frac{3}{20}\sqrt[3]{(2x+1)^5} + \frac{9}{8}\sqrt[3]{(2x+1)^2} + C$$

● $\sqrt{ax^2+bx+c}$ $(a > 0)$ を含む場合

x^2 の係数が正の場合には,

$$\sqrt{ax^2+bx+c} = t - \sqrt{a}\, x \tag{9.20}$$

の置換をする.両辺を 2 乗することで,x が t の有理関数となり,その結果を上式の右辺に代入することで,平方根で表される無理関数も t の有理関数になる.その結果,不定積分は t に関する有理関数の積分に帰着する.

【注】$\sqrt{ax^2+bx+c} = \pm t \pm \sqrt{a}\, x$ のいずれの置換でも構わない(両辺を 2 乗したとき,左辺と右辺で x^2 が打ち消せばよいからである).

例題 9-9 次の不定積分を導きなさい.
(1) $I_1 = \displaystyle\int \dfrac{1}{\sqrt{x^2+a}}\, dx = \log|x + \sqrt{x^2+a}| + C$
(2) $I_2 = \displaystyle\int \sqrt{x^2+a}\, dx = \dfrac{1}{2}\left\{x\sqrt{x^2+a} + a\log\left|x + \sqrt{x^2+a}\right|\right\} + C$

《解説》いずれの場合も $\sqrt{x^2+a} = t - x$ とおき,x を t で表すことを考える.両辺を 2 乗することで次式が得られる.

$$x^2 + a = t^2 - 2tx + x^2 \quad \therefore\quad x = \frac{t^2-a}{2t} = \frac{1}{2}\left(t - \frac{a}{t}\right) \cdots \text{①}$$

$$\frac{dx}{dt} = \frac{1}{2}\left(1 + \frac{a}{t^2}\right) = \frac{t^2+a}{2t^2}, \quad \sqrt{x^2+a} = t - x = \frac{1}{2}\left(t + \frac{a}{t}\right) \cdots \text{②}$$

(1) $I_1 = \displaystyle\int \dfrac{2t}{t^2+a} \cdot \dfrac{t^2+a}{2t^2}\, dt = \int \dfrac{1}{t}\, dt = \log|t| + C = \log|x + \sqrt{x^2+a}| + C$

(2) $I_2 = \displaystyle\int \dfrac{t^2+a}{2t} \cdot \dfrac{t^2+a}{2t^2}\, dt = \dfrac{1}{4}\int\left(t + \dfrac{2a}{t} + \dfrac{a^2}{t^3}\right)dt = \dfrac{1}{8}\left(t^2 - \dfrac{a^2}{t^2}\right) + \dfrac{a}{2}\log|t| + C$

最後に,t を x で表さなければならないが,①,②を使うことで,

$$t^2 - \frac{a^2}{t^2} = \left(t + \frac{a}{t}\right)\left(t - \frac{a}{t}\right) = 4x\sqrt{x^2+a}$$

となる.これと $t = x + \sqrt{x^2+a}$ を代入すれば,求める結果が得られる.

9.6 無理関数の積分

● $\sqrt{ax^2+bx+c}$ $(a<0)$ を含む場合

x^2 の係数が負のとき，2次関数 $y=ax^2+bx+c$ のグラフは上に凸である．根号の内部は負であってはならないから，x は有限区間 $[\alpha,\beta]$ に限られ，$ax^2+bx+c=a(x-\alpha)(x-\beta)$ と因数分解される．

この場合の取り扱いは，次の置換をすればよいことが知られている．

$$\sqrt{\frac{x-\alpha}{\beta-x}}=t \quad \therefore \quad x=\frac{\alpha+\beta t^2}{1+t^2} \tag{9.21}$$

このとき，根号部分は次のように変形できる．

$$\sqrt{ax^2+bx+c}=\sqrt{-a(x-\alpha)(\beta-x)}=\sqrt{-a}\sqrt{\frac{x-\alpha}{\beta-x}}(\beta-x)$$
$$=\sqrt{-a}\,(\beta-\alpha)\frac{t}{1+t^2}$$

したがって，不定積分は t の有理関数の積分に帰着する．

【注】分母と分子を逆にして，$\sqrt{\dfrac{\beta-x}{x-\alpha}}=t$ と置換しても構わない．いずれを選択するかで，不定積分の計算に難易の差が出ることがある．

例題 9-10 次の不定積分を求めなさい．

(1) $I_1=\displaystyle\int\frac{1}{(2+x)\sqrt{4-x^2}}\,dx$ (2) $I_2=\displaystyle\int\frac{1}{\sqrt{-x^2+3x-2}}\,dx$

《解説》

(1) 被積分関数の定義域は $-2<x<2$ である．$\sqrt{\dfrac{2-x}{x+2}}=t$ とおく．

$$x=\frac{2(1-t^2)}{1+t^2}=-2+\frac{4}{1+t^2} \quad \therefore \quad \frac{dx}{dt}=-\frac{8t}{(1+t^2)^2}$$

$$\sqrt{4-x^2}=(x+2)\sqrt{\frac{2-x}{x+2}}=\frac{4t}{1+t^2}$$

これらを代入して，次の結果が得られる．

$$I_1=\int\frac{1+t^2}{4}\cdot\frac{1+t^2}{4t}\cdot\frac{(-8t)}{(1+t^2)^2}\,dt=-\frac{1}{2}\int dt$$
$$=-\frac{1}{2}t+C=-\frac{1}{2}\sqrt{\frac{2-x}{x+2}}+C$$

(2) $\sqrt{-x^2+3x-2} = \sqrt{(2-x)(x-1)}$ であるから，$\sqrt{\dfrac{x-1}{2-x}} = t$ とおく．

$$x = \dfrac{1+2t^2}{1+t^2} = 2 - \dfrac{1}{1+t^2} \quad \therefore \quad \dfrac{dx}{dt} = \dfrac{2t}{(1+t^2)^2}$$

$$\sqrt{-x^2+3x-2} = (2-x)\sqrt{\dfrac{x-1}{2-x}} = \dfrac{t}{1+t^2}$$

これらを代入して，次の結果が得られる．

$$I_2 = \int \dfrac{1+t^2}{t} \cdot \dfrac{2t}{(1+t^2)^2}\, dt = \int \dfrac{2}{1+t^2}\, dt$$
$$= 2\tan^{-1} t + C = 2\tan^{-1}\sqrt{\dfrac{x-1}{2-x}} + C$$

=== 演 習 問 題 ===

1. 次の不定積分を求めなさい．

(1) $\displaystyle \int \dfrac{1}{x\sqrt{1-x}}\, dx$ 　　(2) $\displaystyle \int x\sqrt[3]{x+2}\, dx$

(3) $\displaystyle \int \dfrac{1}{x\sqrt{x^2+1}}\, dx$ 　　(4) $\displaystyle \int \dfrac{x^2}{\sqrt{x^2+2}}\, dx$

(5) $\displaystyle \int \dfrac{1}{\sqrt{(x+2)(1-x)}}\, dx$ 　　(6) $\displaystyle \int \sqrt{\dfrac{2-x}{1+x}}\, dx$

=== 解 答 ===

1. (1) $\log\left|\dfrac{\sqrt{1-x}-1}{\sqrt{1-x}+1}\right| + C$ 　　(2) $\dfrac{3}{7}\sqrt[3]{(x+2)^7} - \dfrac{3}{2}\sqrt[3]{(x+2)^4} + C$

(3) $\log\left|\dfrac{x+\sqrt{x^2+1}-1}{x+\sqrt{x^2+1}+1}\right| + C$ 　　(4) $\dfrac{1}{2}x\sqrt{x^2+2} - \log|x+\sqrt{x^2+2}| + C$

(5) $-2\tan^{-1}\sqrt{\dfrac{1-x}{x+2}} + C$ 　　(6) $\sqrt{(1+x)(2-x)} - 3\tan^{-1}\sqrt{\dfrac{2-x}{1+x}} + C$

第10章

定積分

10.1 定積分の定義

閉区間 $[a,b]$ で連続な関数 $f(x)$ を考える．$[a,b]$ を n 個の微小な区間に分割し，区切りの点を順に，

$$a = x_0,\ x_1,\ x_2,\ \cdots,\ x_{i-1},\ x_i,\ \cdots,\ x_{n-1},\ x_n = b$$

とする．代表的に i 番目の区間 $[x_{i-1}, x_i]$ $(i = 1, 2, \cdots, n)$ を考え，その区間に含まれる任意の点を c_i，区間の幅を $\Delta x_i = x_i - x_{i-1}$ として，積 $f(c_i)\Delta x_i$ を作る．n 個の区間について求めた積をすべて加え，その和を S_n とする．

$$S_n = \sum_{i=1}^{n} f(c_i)\Delta x_i \tag{10.1}$$

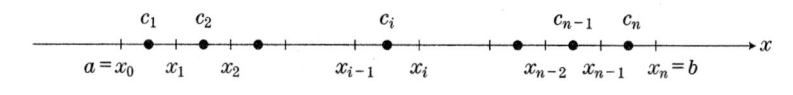

図 10.1 区間の分割

すべての区間が限りなく小さくなるように分割の数を無限に増やしたとき $(n \to \infty)$，和 S_n が分割の仕方にも c_i の選び方にもよらない有限確定値に

収束するならば，その極限値を関数 $f(x)$ の区間 $[a,b]$ における**定積分**と呼び，

$$\int_a^b f(x)\,dx = \lim_{n\to\infty}\sum_{i=1}^n f(c_i)\Delta x_i$$

と書く．$f(x)$ を定積分の**被積分関数**，$[a,b]$ を**積分区間**，a を**下限**，b を**上限**という．また，定積分を求めることを**積分する**という．

定積分の定義

区間 $[a,b]$ を微小区間に分割し，各区間での関数の代表値 $f(c_i)$ と区間の幅 Δx_i の積をすべて加え，分割を限りなく細かくした極限値

$$\int_a^b f(x)\,dx = \lim_{n\to\infty}\sum_{i=1}^n f(c_i)\Delta x_i \tag{10.2}$$

【注】定積分の記号は，次の規則で書かれている．和の記号 Σ（英文字で S）に代えて S を縦に延ばした積分記号を用い，区間 $[a,b]$ は積分記号の下限と上限として表す．和の項は，Δ（英文字で D）を英小文字 d に変え，区間の番号を示す添字 i を省略して積分記号以下に書き込まれている．また，分割を限りなく細かくすることを暗黙の了解とし，極限記号を省略する．

【注】定積分の定義において，区間 $[a,b]$ の n 個の区間への分割は，$n\to\infty$ の極限ですべての区間が限りなく小さくなることが必要なだけである．

区間を n 等分するならば，分割点の座標 x_i と幅 Δx_i は次式で与えられる．

$$x_i = a + \frac{b-a}{n}i, \quad \Delta x_i = \frac{b-a}{n} \tag{10.3}$$

【注】被積分関数の変数を**積分変数**という．積分変数を表す記号として，(10.2) では x を用いたが，何を使っても構わない．その理由は，定積分は (10.2) の右辺で計算される確定した数であり，用いる記号に無関係だからである．

$$\int_a^b f(x)\,dx = \int_a^b f(t)\,dt = \int_a^b f(u)\,du \text{ など}$$

● **定積分の図形的意味** 関数 $y=f(x)$ のグラフを考え，$f(x)$ は区間 $[a,b]$ で連続であるとする．(10.2) の右辺にある和の項 $f(c_i)\Delta x_i$ は，底辺 Δx_i，高さ $f(c_i)$ の長方形の面積である．この長方形の面積は，曲線が曲がっているために，曲線 $y=f(x)$，x 軸，$x=x_{i-1}$ および $x=x_{i-1}$ で囲まれる部分の面積とわずかに異なる．$n\to\infty$ の極限ですべての Δx_i を限りなく小さくすれば，この差異は消失し，(10.2) の右辺は曲線 $y=f(x)$，x 軸および 2 直線

$x = a, x = b$ で囲まれる部分の面積に等しくなる．ただし，定積分で計算される面積は，$f(x) > 0$ ならば正，$f(x) < 0$ ならば負の符号を持つ．

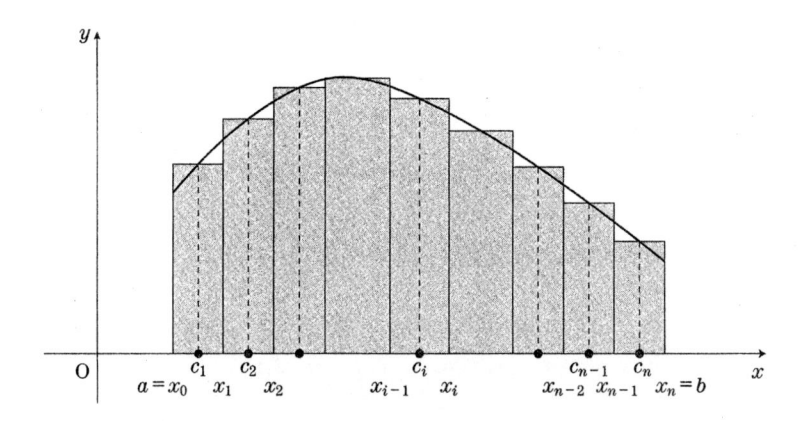

図 **10.2** 定積分の図形的意味

関数 $f(x)$ が区間 $[a, b]$ で有限確定な定積分を持つとき，$f(x)$ は $[a, b]$ で**積分可能**であるという．関数の積分可能性について，次の定理がある．

――――― 積分可能性 ―――――

定理 10.1 閉区間で連続な関数は，その区間で積分可能である．

《説明》図形で考える．区間 $[a, b]$ で $f(x)$ が連続ならば，曲線 $y = f(x)$ は途切れることも，無限大になることも，限度なく振動することもなく，区間の端から端までつながる．定積分の定義 (10.2) により，$[a, b]$ を分割し，図 10.2 のように長方形の面積を加えるとき，分割を限りなく細かくすれば，分割の仕方に無関係に，曲線 $y = f(x)$，x 軸および 2 直線 $x = a, x = b$ で囲まれる部分の面積が得られ，それは有限確定である．これが直感的な説明である（厳密な証明は省略する）．

以下で取り扱う関数は，特に断らない限り，積分区間で連続で積分可能であるとする．

例 1 $f(x) = c$（定数）の定積分を求める．$f(c_i) = c$ を (10.2) に代入する．

$$\int_a^b c \, dx = \lim_{n \to \infty} \sum_{i=1}^n c \Delta x_i = c \lim_{n \to \infty} \sum_{i=1}^n \Delta x_i = c \lim_{n \to \infty} (b - a) = c(b - a)$$

なお，$\sum_{i=1}^n \Delta x_i$ は，区間の幅をすべて加えることであるから，積分区間 $b - a$ に等しい．

例2 $f(x) = x$ の定積分を求める．なお，$f(x) = x$ は連続だから，積分可能である．c_i に $[x_{i-1}, x_i]$ の中点 $c_i = \frac{1}{2}(x_i + x_{i-1})$ を選び，$\Delta x_i = x_i - x_{i-1}$ を代入する．

$$\int_a^b x \, dx = \lim_{n \to \infty} \sum_{i=1}^n \frac{1}{2}(x_i + x_{i-1})(x_i - x_{i-1}) = \frac{1}{2} \lim_{n \to \infty} \sum_{i=1}^n (x_i^2 - x_{i-1}^2)$$

$$= \frac{1}{2} \lim_{n \to \infty} \left\{ (x_1^2 - x_0^2) + (x_2^2 - x_1^2) + (x_3^2 - x_2^2) + \cdots + (x_n^2 - x_{n-1}^2) \right\}$$

$$= \frac{1}{2} \lim_{n \to \infty} (x_n^2 - x_0^2) = \frac{1}{2} \lim_{n \to \infty} (b^2 - a^2) = \frac{1}{2}(b^2 - a^2)$$

● **定積分の基本性質** 定積分の上限と下限の入れ換えについて，便宜上，次のように定める．

$$\int_a^b f(x) \, dx = -\int_b^a f(x) \, dx \tag{10.4}$$

$$\int_a^a f(x) \, dx = 0 \tag{10.5}$$

《説明》積分区間を分割するとき，定積分の下限から上限に向かって番号を付ける．番号は，(10.4) の左辺では a から b に向かって増加するのに，右辺では b から a に向かって増加する．このため，左辺と右辺の定積分で，和の項 $f(c_i)\Delta x_i$ において，関数値 $f(c_i)$ は同じだが $\Delta x_i = x_i - x_{i-1}$ の符号が異なる．これが，左辺と右辺で符号が異なる理由である．

$b = a$ の場合にも (10.4) の関係式が成り立つことを要請すると，(10.5) が必要である．

定積分の最も基本的な性質は，次のものである．

定積分の基本性質

定理 10.2 関数 $f(x)$, $g(x)$ は区間 $[a, b]$ で連続であるとする．

(1) $\displaystyle\int_a^b \{f(x) \pm g(x)\} \, dx = \int_a^b f(x) \, dx \pm \int_a^b g(x) \, dx$

(2) $\displaystyle\int_a^b cf(x) \, dx = c \int_a^b f(x) \, dx$

(3) $\displaystyle\int_a^b f(x) \, dx + \int_b^c f(x) \, dx = \int_a^c f(x) \, dx$

(4) $[a, b]$ で $f(x) \leqq g(x)$ ならば，次の不等式が成り立つ．

$$\int_a^b f(x) \, dx \leqq \int_a^b g(x) \, dx$$

10.1 定積分の定義

【注】上の定理で，(1) と (2) は a, b の大小に無関係に，(3) は a, b, c の大小の順序に無関係に成り立つ．しかし，(4) は $a \leqq b$ である場合に成り立つ（$b \leqq a$ の場合には，定積分の間の不等式を（左辺）$\geqq$（右辺）としなければならない）．

【証明】

(1) 和について，
$$\sum_{i=1}^{n}\{f(c_i)+g(c_i)\}\Delta x_i = \sum_{i=1}^{n}f(c_i)\Delta x_i + \sum_{i=1}^{n}g(c_i)\Delta x_i$$
が成り立つ．両辺で $n \to \infty$ の極限をとると，求める関係が得られる．

(2) 上と同様に証明できる．

(3) $a \leqq b \leqq c$ とする．左辺は，区間 $[a,b]$ での和と区間 $[b,c]$ での和を加えることを意味するが，結果は区間 $[a,c]$ での和となる．これは右辺と等しい．
$a \leqq c \leqq b$ とする．左辺の第 1 項に上に示した性質を，第 2 項に (10.4) を使う．

$$（左辺）= \left(\int_a^c f(x)dx + \int_c^b f(x)dx\right) - \int_c^b f(x)dx = \int_a^c f(x)dx =（右辺）$$

その他の場合も同様にして，a, b, c の大小の順にかかわらず，成り立つことが確かめられる．

(4) (1) の性質と定積分の定義により，

$$（左辺）-（右辺）= \int_a^b \{f(x)-g(x)\}\,dx = \lim_{n\to\infty}\sum_{i=1}^{n}\{f(c_i)-g(c_i)\}\Delta x_i$$

である．条件より $\{f(c_i)-g(c_i)\} \leqq 0$，また $\Delta x_i > 0$ であるから，和の各項は 0 または負であり，（左辺）$-$（右辺）$\leqq 0$ となる． ■

演習問題

1. 積分区間を n 個の区間に等分し，各区間の中点を c_i とすることで，定積分の定義に基づき $\int_a^b x^2\,dx$ を求めなさい．
なお，$\displaystyle\sum_{k=1}^{n}k=\frac{1}{2}n(n+1)$, $\displaystyle\sum_{k=1}^{n}k^2=\frac{1}{6}n(n+1)(2n+1)$ である．

2. $c \leqq a \leqq b$ のとき，定理 10.2 (3) が成り立つことを証明しなさい．

解 答

1. $\dfrac{1}{3}(b^3-a^3)$

2. 〔指針：（左辺）$= \displaystyle\int_a^b f(x)\,dx - \left(\int_c^a f(x)\,dx + \int_a^b f(x)\,dx\right)$〕

10.2 定積分の基本定理

定積分を論じる上で基本になるのは，次の定理である．

―― 定積分の基本定理 ――

定理 10.3 $f(x)$ が a を含む区間で連続ならば，その区間の x に対して，

$$\frac{d}{dx}\int_a^x f(t)\,dt = f(x) \tag{10.6}$$

が成り立つ．

【証明】
$S(x) = \displaystyle\int_a^x f(t)\,dt$ に対して，$S'(x) = f(x)$ を示す．
(10.4) と定理 10.2 (3) より，次式の計算が成り立つ．

$$S(x+h) - S(x) = \int_a^{x+h} f(t)\,dt - \int_a^x f(t)\,dt$$
$$= \int_a^{x+h} f(t)\,dt + \int_x^a f(t)\,dt = \int_x^{x+h} f(t)\,dt \quad \cdots \text{①}$$

$[x, x+h]$ での $f(x)$ の最小値，最大値を，それぞれ m, M とする．$m \leqq f(x) \leqq M$ に対して定理 10.2 (4) を適用すれば，

$$h > 0 \text{ のとき：} mh \leqq \int_x^{x+h} f(t)\,dt \leqq Mh$$
$$h < 0 \text{ のとき：} -mh \leqq \int_{x+h}^x f(t)\,dt \leqq -Mh$$

となり，h の正負に無関係に，次の不等式が成り立つ．

$$m \leqq \frac{1}{h}\int_x^{x+h} f(t)\,dt \leqq M \quad \cdots \text{②}$$

$h \to 0$ のとき $m \to f(x)$，$M \to f(x)$ であるから，①，②より，

$$S'(x) = \lim_{h \to 0}\frac{S(x+h) - S(x)}{h} = \lim_{h \to 0}\frac{1}{h}\int_x^{x+h} f(t)\,dt = f(x)$$

となる．よって，証明された． ▪

10.2 定積分の基本定理

例題 10-1　$f(x)$ が連続であるとき，次の導関数を求めなさい．

(1) $\dfrac{d}{dx}\displaystyle\int_x^a f(t)\,dt$　　　　(2) $\dfrac{d}{dx}\displaystyle\int_x^{x^2} f(t)\,dt$

《解説》 $S(x) = \displaystyle\int_a^x f(t)\,dt$ とするとき，$S'(x) = f(x)$ である．

(1) $\displaystyle\int_x^a f(t)\,dt = -\int_a^x f(t)\,dt = -S(x)$　∴　$\dfrac{d}{dx}\displaystyle\int_x^a f(t)\,dt = -S'(x) = -f(x)$

(2) $\displaystyle\int_x^{x^2} f(t)\,dt = \int_x^a f(t)\,dt + \int_a^{x^2} f(t)\,dt = -S(x) + S(x^2)$ と書ける．

∴　$\dfrac{d}{dx}\displaystyle\int_x^{x^2} f(t)\,dt = -S'(x) + S'(x^2)(x^2)' = -f(x) + 2xf(x^2)$

定理 10.3 は，定積分 $\displaystyle\int_a^x f(t)\,dt$ が $f(x)$ の原始関数であることを述べるものである．この事実から，次の重要な定理が導かれる．

定積分と原始関数

定理 10.4　$[a,b]$ で連続な関数 $f(x)$ の原始関数の 1 つを $F(x)$ とするとき，
$$\int_a^b f(x)\,dx = \Big[F(x)\Big]_a^b = F(b) - F(a) \tag{10.7}$$
が成り立つ．

【証明】
$f(x)$ の原始関数の間には定数差しかないから，$\displaystyle\int_a^x f(t)\,dt = F(x) + C$ とおける．
$x = a$ および $x = b$ とおくことで，次式が得られる．

$$0 = \int_a^a f(t)\,dt = F(a) + C, \qquad \int_a^b f(t)\,dt = F(b) + C$$

第 1 式から $C = -F(a)$ となり，これを第 2 式に代入すれば，求める結果が得られる．　　終

定理 10.4 によれば，関数 $f(x)$ の定積分は，定義に従って無限和を計算しなくても，$f(x)$ の原始関数の 1 つがわかりさえすれば簡単に求められる．

例 1　$\displaystyle\int_a^b x\,dx = \left[\dfrac{1}{2}x^2\right]_a^b = \dfrac{1}{2}(b^2 - a^2)$ となる．これは，無限和によって求めた結果と同じである [p.176 **例 2** を参照]．

例題 10-2 次の定積分を求めなさい．

(1) $I_1 = \displaystyle\int_{-1}^{3} (x^3 - 2x)\, dx$ (2) $I_2 = \displaystyle\int_{0}^{1} e^x\, dx$ (3) $I_3 = \displaystyle\int_{0}^{\pi} \sin x\, dx$

《解説》 原始関数を求め，定理 10.4 を利用して求める．

(1) $\displaystyle\int_{-1}^{3} (x^3 - 2x)\, dx = \left[\dfrac{x^4}{4} - x^2\right]_{-1}^{3} = \left(\dfrac{81}{4} - 9\right) - \left(\dfrac{1}{4} - 1\right) = 12$

(2) $\displaystyle\int_{0}^{1} e^x\, dx = \left[e^x\right]_{0}^{1} = e - e^0 = e - 1$

(3) $\displaystyle\int_{0}^{\pi} \sin x\, dx = \left[-\cos x\right]_{0}^{\pi} = -\cos\pi + \cos 0 = 2$

━━━━━━━━━━━━━━ 演 習 問 題 ━━━━━━━━━━━━━━

1. 次の定積分を求めなさい．

(1) $\displaystyle\int_{1}^{2} (x^3 + x)\, dx$ (2) $\displaystyle\int_{0}^{\frac{\pi}{4}} \tan x\, dx$

(3) $\displaystyle\int_{1}^{4} \sqrt{x}\, dx$ (4) $\displaystyle\int_{0}^{1} x e^{-x^2}\, dx$

(5) $\displaystyle\int_{0}^{3} \dfrac{1}{2x+1}\, dx$ (6) $\displaystyle\int_{0}^{\frac{\pi}{2}} \dfrac{\sin x}{2 + \cos x}\, dx$

(7) $\displaystyle\int_{0}^{2} \dfrac{1}{16 - x^2}\, dx$ (8) $\displaystyle\int_{0}^{a} \dfrac{1}{a^2 + x^2}\, dx$ $(a > 0)$

━━━━ 解 答 ━━━━

1. (1) $\dfrac{21}{4}$ (2) $\dfrac{1}{2}\log 2$ (3) $\dfrac{14}{3}$ (4) $\dfrac{1}{2}\left(1 - \dfrac{1}{e}\right)$ 〔指針：$(e^{-x^2})' = -2x e^{-x^2}$〕
(5) $\dfrac{1}{2}\log 7$ (6) $\log \dfrac{3}{2}$ (7) $\dfrac{1}{8}\log 3$ (8) $\dfrac{\pi}{4a}$

10.3 定積分の置換積分法と部分積分法

不定積分に対する置換積分法と部分積分法を定積分に適用する．次の定理を定積分に対する**置換積分法**という．

10.3 定積分の置換積分法と部分積分法

定積分の置換積分法

定理 10.5 $x = \phi(t)$ が微分可能, $f(x)$ と $\phi'(t)$ が連続ならば,

$$\int_a^b f(x)\,dx = \int_\alpha^\beta f(\phi(t))\phi'(t)\,dt \tag{10.8}$$

が成り立つ. ただし, $a = \phi(\alpha)$, $b = \phi(\beta)$ である.

【注】置換積分法における定積分と不定積分の違いは, 形式的に見ると, 単に, 定積分の上限と下限のあるなしに過ぎない. x と t に関する定積分の上限と下限は, 置換 $x = \phi(t)$ を通じて, x の値と t の値が対応している.

【証明】
　$f(x)$ の原始関数を $F(x)$ とする.

$$\frac{d}{dt}F(\phi(t)) = F'(\phi(t))\phi'(t) = f(\phi(t))\phi'(t)$$

この関係は, $F(\phi(t))$ が $f(\phi(t))\phi'(t)$ の原始関数であることを示している.

$$\therefore \int_a^b f(x)\,dx = F(b) - F(a) = F(\phi(\beta)) - F(\phi(\alpha)) = \int_\alpha^\beta f(\phi(t))\phi'(t)\,dt$$

よって, 証明された. 　　　　　　　　　　　　　　　　　　　　　　　　　　　□終

例 1 置換積分法を使うと, 次の関係を証明することができる.

$$\int_0^{\frac{\pi}{2}} \sin^\alpha x\,dx = \int_0^{\frac{\pi}{2}} \cos^\alpha x\,dx \quad (\alpha \text{ は負でない実数})$$

《解説》$x = \dfrac{\pi}{2} - t$ とする. $dx = -dt$, $x = 0$ のとき $t = \dfrac{\pi}{2}$, $x = \dfrac{\pi}{2}$ のとき $t = 0$ である. また, $\sin x = \sin\left(\dfrac{\pi}{2} - t\right) = \cos t$ である.

$$\therefore \int_0^{\frac{\pi}{2}} \sin^\alpha x\,dx = \int_{\frac{\pi}{2}}^0 \cos^\alpha t(-dt) = \int_0^{\frac{\pi}{2}} \cos^\alpha t\,dt$$

例題 10-3 次の定積分を求めなさい. なお, $a > 0$ とする.

(1) $I_1 = \displaystyle\int_0^1 (1-x)^5\,dx$ 　(2) $I_2 = \displaystyle\int_0^1 xe^{x^2}\,dx$ 　(3) $I_3 = \displaystyle\int_0^a \sqrt{a^2 - x^2}\,dx$

《解説》

(1) $t = 1 - x$ と置換する．$dx = -dt$, $x = 0$ のとき $t = 1$, $x = 1$ のとき $t = 0$ である．

$$\therefore\ I_1 = \int_1^0 t^5 (-1) dt = \int_0^1 t^5\ dt = \left[\frac{1}{6} t^6 \right]_0^1 = \frac{1}{6}$$

(2) $x^2 = t$ と置換する．$2x dx = dt$, $x = 0$ のとき $t = 0$, $x = 1$ のとき $t = 1$ である．

$$\therefore\ I_2 = \int_0^1 \frac{1}{2} e^t\ dt = \left[\frac{1}{2} e^t \right]_0^1 = \frac{1}{2}(e - 1)$$

(3) $x = a \sin t$ と置く．$dx = a \cos t\ dt$, $x = 0$ のとき $t = 0$, $x = a$ のとき $t = \dfrac{\pi}{2}$ である．

$$\sqrt{a^2 - x^2} = \sqrt{a^2 - a^2 \sin^2 t} = \sqrt{a^2 \cos^2 t} = a \cos t$$

なお，積分区間 $0 \leqq t \leqq \dfrac{\pi}{2}$ において $\cos t \geqq 0$ だから，$\sqrt{\cos^2 t} = \cos t$ とした．

$$I_3 = \int_0^{\frac{\pi}{2}} a\cos t \cdot a\cos t\ dt = \frac{a^2}{2} \int_0^{\frac{\pi}{2}} (1 + \cos 2t)\ dt$$

$$= \frac{a^2}{2} \left[t + \frac{1}{2} \sin 2t \right]_0^{\frac{\pi}{2}} = \frac{1}{4} \pi a^2$$

例題 10-4 偶関数と奇関数の定積分に対する次の性質を証明しなさい．

$$\int_{-a}^a f(x)\ dx = \begin{cases} 2 \displaystyle\int_0^a f(x)\ dx & （偶関数のとき） \\ 0 & （奇関数のとき） \end{cases} \quad (10.9)$$

《解説》定理 10.2 (3) を使うと，次式が成り立つ．

$$\int_{-a}^a f(x)\ dx = \int_{-a}^0 f(x)\ dx + \int_0^a f(x)\ dx \quad \cdots ①$$

右辺第 1 項に対して，$x = -t$ の置換をする．$dx = -dt$ であり，$x = -a$ のとき $t = a$, $x = 0$ のとき $t = 0$ であるから，

$$\int_{-a}^0 f(x)\ dx = \int_a^0 f(-t)(-dt) = \int_0^a f(-t)\ dt = \int_0^a f(-x)\ dx \quad \cdots ②$$

②の最終式に偶関数と奇関数の定義 [p.11 を参照] を使い，その結果を①に代入すれば求める結果が得られる．

10.3 定積分の置換積分法と部分積分法

次の定理を定積分に対する**部分積分法**という.

定積分の部分積分法

定理 10.6 $f'(x)$ と $g'(x)$ がともに $[a,b]$ で連続ならば,

$$\int_a^b f'(x)g(x)\,dx = \Big[f(x)g(x)\Big]_a^b - \int_a^b f(x)g'(x)\,dx \tag{10.10}$$

が成り立つ.

【注】定積分と不定積分に対する部分積分法の違いは, 単に, 上限と下限のあるなしにすぎない.

【証明】
$f'(x)g(x) = \{f(x)g(x)\}' - f(x)g'(x)$ であるから,

$$\int_a^b f'(x)g(x)\,dx = \int_a^b \{f(x)g(x)\}'\,dx - \int_a^b f(x)g'(x)\,dx$$
$$= \Big[f(x)g(x)\Big]_a^b - \int_a^b f(x)g'(x)\,dx$$

となる. □

例題 10-5 次の定積分を求めなさい.

(1) $I_1 = \displaystyle\int_1^e x\log x\,dx$ (2) $I_2 = \displaystyle\int_0^1 \tan^{-1} x\,dx$

《解説》

(1) 被積分関数を $x\log x = \left(\dfrac{1}{2}x^2\right)' \log x$ と考え, 部分積分法を適用する.

$$I_1 = \int_1^e \left(\frac{1}{2}x^2\right)' \log x\,dx = \left[\frac{1}{2}x^2 \log x\right]_1^e - \int_1^e \frac{1}{2}x^2 (\log x)'\,dx$$
$$= \frac{e^2}{2} - \frac{1}{2}\int_1^e x\,dx = \frac{e^2}{2} - \frac{1}{4}\Big[x^2\Big]_1^e = \frac{1}{4}(e^2+1)$$

(2) 被積分関数を $\tan^{-1} x = x' \tan^{-1} x$ とみなす.

$$I_2 = \int_0^1 x' \tan^{-1} x\,dx = \Big[x \tan^{-1} x\Big]_0^1 - \int_0^1 x(\tan^{-1} x)'\,dx$$
$$= \tan^{-1} 1 - \int_0^1 \frac{x}{1+x^2}\,dx = \frac{\pi}{4} - \frac{1}{2}\Big[\log(1+x^2)\Big]_0^1 = \frac{\pi}{4} - \frac{1}{2}\log 2$$

例題 10-6 n が 0 または正の整数であるとき，次式を導きなさい．

$$I_n = \int_0^{\frac{\pi}{2}} \sin^n x \, dx = \int_0^{\frac{\pi}{2}} \cos^n x \, dx = \begin{cases} \dfrac{(n-1)!!}{n!!} \dfrac{\pi}{2} & (n : 偶数) \\ \dfrac{(n-1)!!}{n!!} & (n : 奇数) \end{cases}$$

【注】記号 $n!!$ の定義は，p.90 (5.26) にある．

《解説》p.181 例 1 より，$\sin^n x$ と $\cos^n x$ の定積分は等しい．以下では，$\sin^n x$ の定積分を考える．
$n = 0, 1$ に対しては，次のように計算される．

$$I_0 = \int_0^{\frac{\pi}{2}} \sin^0 x \, dx = \int_0^{\frac{\pi}{2}} dx = \frac{\pi}{2}$$

$$I_1 = \int_0^{\frac{\pi}{2}} \sin x \, dx = \Big[-\cos x \Big]_0^{\frac{\pi}{2}} = 1$$

$n \geq 2$ に対しては，部分積分法を適用する．

$$I_n = \int_0^{\frac{\pi}{2}} \sin^n x \, dx = -\int_0^{\frac{\pi}{2}} (\cos x)' \sin^{n-1} x \, dx$$

$$= -\Big[\cos x \sin^{n-1} x \Big]_0^{\frac{\pi}{2}} + \int_0^{\frac{\pi}{2}} \cos x (\sin^{n-1} x)' \, dx$$

$$= (n-1) \int_0^{\frac{\pi}{2}} \cos^2 x \sin^{n-2} x \, dx = (n-1) \int_0^{\frac{\pi}{2}} (1 - \sin^2 x) \sin^{n-2} x \, dx$$

$$= (n-1) I_{n-2} - (n-1) I_n$$

これより，次の漸化式が得られる．

$$I_n = \frac{n-1}{n} I_{n-2}$$

漸化式を繰り返し使えば，n が偶数か奇数かに応じて，I_n は I_0 または I_1 に帰着する．

(1) n が偶数のとき：

$$I_n = \frac{n-1}{n} I_{n-2} = \frac{n-1}{n} \cdot \frac{n-3}{n-2} I_{n-4} = \cdots\cdots$$

$$= \frac{n-1}{n} \cdot \frac{n-3}{n-2} \cdots \frac{3}{4} \cdot \frac{1}{2} I_0 = \frac{(n-1)!!}{n!!} \cdot \frac{\pi}{2}$$

(2) n が奇数のとき：

$$I_n = \frac{n-1}{n} I_{n-2} = \frac{n-1}{n} \cdot \frac{n-3}{n-2} I_{n-4} = \cdots\cdots$$

$$= \frac{n-1}{n} \cdot \frac{n-3}{n-2} \cdots \frac{4}{5} \cdot \frac{2}{3} I_1 = \frac{(n-1)!!}{n!!}$$

演 習 問 題

1. 置換積分法によって，次の定積分を求めなさい．

(1) $\displaystyle\int_0^2 \frac{x}{(1+x^2)^2}\,dx$ 　　(2) $\displaystyle\int_0^{\frac{\pi}{2}} \sin^5 x \cos x\,dx$

(3) $\displaystyle\int_0^2 x\sqrt{4-x^2}\,dx$ 　　(4) $\displaystyle\int_0^{\frac{\pi}{2}} \frac{1}{1+\cos x}\,dx$

(5) $\displaystyle\int_1^2 \frac{\sqrt{\log x}}{x}\,dx$ 　　(6) $\displaystyle\int_0^a x^2\sqrt{a^2-x^2}\,dx\ (a>0)$

2. 部分積分法によって，次の定積分を求めなさい．

(1) $\displaystyle\int_0^1 \log(x+2)\,dx$ 　　(2) $\displaystyle\int_0^{\pi} x\sin x\,dx$

(3) $\displaystyle\int_0^2 xe^{-x}\,dx$ 　　(4) $\displaystyle\int_0^1 \sin^{-1} x\,dx$

(5) $\displaystyle\int_0^1 x^2 e^x\,dx$ 　　(6) $\displaystyle\int_0^{\frac{\pi}{2}} e^x \cos x\,dx$

解 答

1. (1) $\dfrac{2}{5}$ 〔指針：$x^2+1=t$ の置換〕　(2) $\dfrac{1}{6}$ 〔指針：$\sin x=t$ の置換〕

(3) $\dfrac{8}{3}$ 〔指針：$4-x^2=t$ の置換〕　(4) 1 〔指針：$\tan\dfrac{x}{2}=t$ の置換〕

(5) $\dfrac{2}{3}(\log 2)^{\frac{3}{2}}$ 〔指針：$\log x=t$ の置換〕　(6) $\dfrac{\pi}{16}a^4$ 〔指針：$x=a\sin t$ の置換〕

2. (1) $3\log 3 - 2\log 2 - 1$ 　(2) π 　(3) $1-3e^{-2}$ 　(4) $\dfrac{\pi}{2}-1$

(5) $e-2$ 　(6) $\dfrac{1}{2}\left(e^{\frac{\pi}{2}}-1\right)$

10.4 広義の積分

これまで取り扱った定積分は，(10.2) の定義に基づいており，積分区間が閉区間で，被積分関数 $f(x)$ が連続である場合である．

【注】次のような計算をしてはいけない．

$$\int_{-2}^1 \frac{1}{x^2}\,dx = \left[-\frac{1}{x}\right]_{-2}^1 = -1 + \frac{1}{2} = -\frac{1}{2} \quad (\text{これは誤りである})$$

被積分関数 $\dfrac{1}{x^2}$ が $x=0$ で不連続であるにもかかわらず，形式的に計算したために，正の関数を積分した値が負になるという矛盾した結果になった．

積分区間が閉区間でない場合や，被積分関数が連続でない場合に，拡張して定義された定積分を**広義の積分**という．

● **開区間における積分**　関数 $f(x)$ が区間 $(a,b]$ で連続，$x=a$ で不連続である場合の定積分は，区間 $[a+\varepsilon, b]$ ($\varepsilon > 0$) で定積分を求め，その結果の $\varepsilon \to +0$ の極限と定義する．

同様に，関数 $f(x)$ が $[a,b)$ で連続，$x=b$ で不連続である場合の定積分は，区間 $[a, b-\varepsilon]$ ($\varepsilon > 0$) での定積分から，$\varepsilon \to +0$ の極限によって定義する．

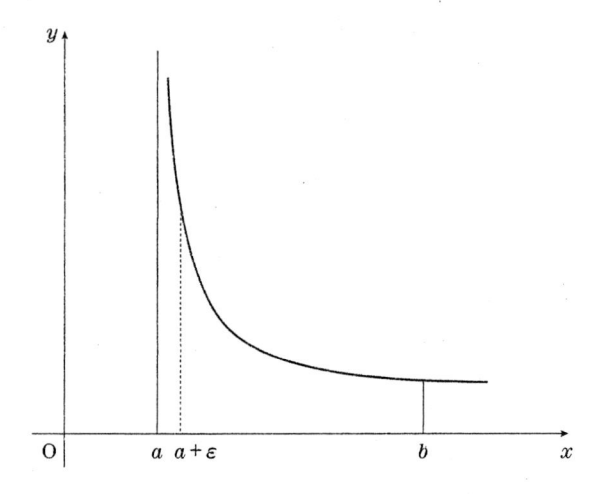

図 **10.3**　開区間での広義積分

開区間での定積分

関数 $f(x)$ が $(a,b]$ で連続，$x=a$ で不連続であるとき，

$$\int_a^b f(x)\,dx = \lim_{\varepsilon \to +0} \int_{a+\varepsilon}^b f(x)\,dx \qquad (10.11)$$

関数 $f(x)$ が $[a,b)$ で連続，$x=b$ で不連続であるとき，

$$\int_a^b f(x)\,dx = \lim_{\varepsilon \to +0} \int_a^{b-\varepsilon} f(x)\,dx \qquad (10.12)$$

例1 定積分 $I = \int_1^2 \dfrac{1}{\sqrt{2-x}}\, dx$ を計算する.

被積分関数 $\dfrac{1}{\sqrt{2-x}}$ は,$x = 2$ で不連続である(分母が 0 になり,定義されない).

$$I = \lim_{\varepsilon \to +0} \int_1^{2-\varepsilon} \dfrac{1}{\sqrt{2-x}}\, dx = \lim_{\varepsilon \to +0} \left[-2\sqrt{2-x}\right]_1^{2-\varepsilon}$$
$$= \lim_{\varepsilon \to +0} (-2\sqrt{\varepsilon} + 2) = 2$$

● **無限積分** 積分区間が無限区間である定積分を**無限積分**という.積分区間が $[a, \infty)$ の無限積分は,有限な閉区間 $[a, X]$ で求めた定積分の $X \to \infty$ の極限と定義する.

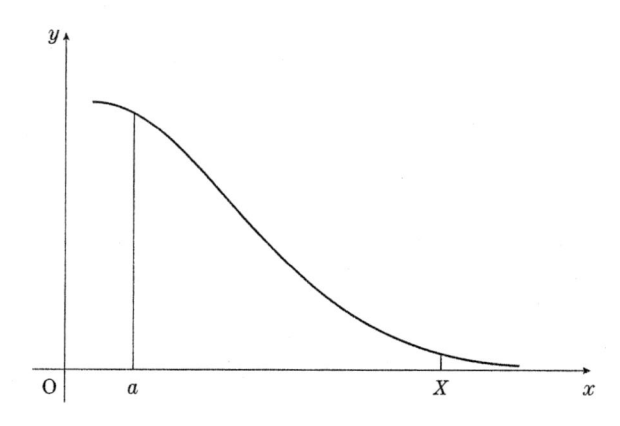

図 10.4 無限区間での広義積分

無限区間での定積分

関数 $f(x)$ が $[a, \infty)$ で連続であるとき,

$$\int_a^\infty f(x)\, dx = \lim_{X \to \infty} \int_a^X f(x)\, dx \qquad (10.13)$$

なお,$\int_{-\infty}^b f(x)\, dx$ および $\int_{-\infty}^\infty f(x)\, dx$ も,同様に定義される.

例2 $\int_0^\infty e^{-x}\, dx = \lim_{X \to \infty} \int_0^X e^{-x} dx = \lim_{X \to \infty} \left[-e^{-x}\right]_0^X = \lim_{X \to \infty}(1 - e^{-X}) = 1$

● **不連続点を持つ関数の積分**　$f(x)$ が積分区間 $[a,b]$ の内部の点 c で不連続であるときの定積分は，$x=c$ を除く区間 $[a, c-\varepsilon]$ と $[c+\varepsilon', b]$ での定積分を求め，その結果の $\varepsilon \to +0$, $\varepsilon' \to +0$ の極限と定義する．

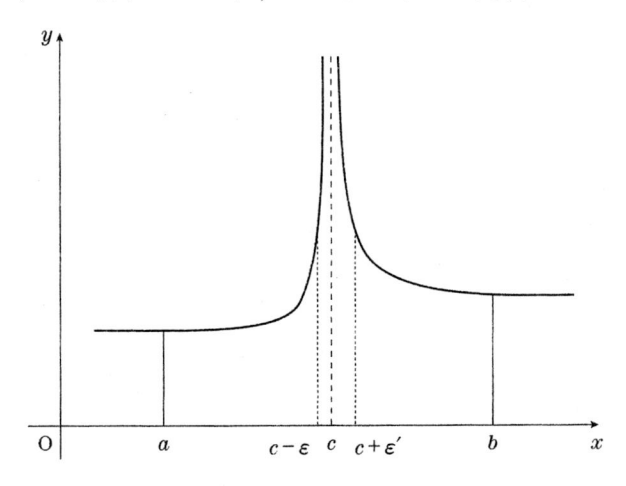

図 10.5 不連続関数の広義積分

不連続点を持つ関数の定積分

$f(x)$ が積分区間 $[a,b]$ の内部の点 c で不連続なとき，

$$\int_a^b f(x)\,dx = \lim_{\varepsilon \to +0} \int_a^{c-\varepsilon} f(x)\,dx + \lim_{\varepsilon' \to +0} \int_{c+\varepsilon'}^b f(x)\,dx \quad (10.14)$$

なお，不連続点が複数個含まれる場合には，1つひとつの不連続点に対して，上の定義に従って広義積分を定義する．

【注】特に，$\varepsilon = \varepsilon'$ として極限をとるものを**主値積分**と定義することがある．

例3　定積分 $\displaystyle\int_{-2}^{1} \frac{1}{x^2}\,dx$（本節の最初に【注】で取り上げたもの）を考える．

関数 $\dfrac{1}{x^2}$ は $x=0$ で不連続であるから，(10.14) に従って計算する．2つの定積分

$$\int_{-2}^{-\varepsilon} \frac{1}{x^2}\,dx = -\frac{1}{2} + \frac{1}{\varepsilon}, \qquad \int_{\varepsilon'}^{1} \frac{1}{x^2}\,dx = -1 + \frac{1}{\varepsilon'}$$

は，$\varepsilon \to +0$, $\varepsilon' \to +0$ に対して，いずれも正の無限大に発散する．よって，求める広義積分は存在しない（正の無限大に発散する）．

同様の計算で，$\int_{-1}^{1} \dfrac{1}{x}\,dx$ は存在しないことが示される．

例題 10-7　次の定積分を求めなさい．なお，r は定数である．

(1) $I_1 = \displaystyle\int_1^2 \dfrac{1}{\sqrt{x^2-1}}\,dx$　(2) $I_2 = \displaystyle\int_1^\infty \dfrac{1}{x^r}\,dx$　(3) $I_3 = \displaystyle\int_{-1}^1 \dfrac{1}{\sqrt{|x|}}\,dx$

《解説》

(1) 関数 $\dfrac{1}{\sqrt{x^2-1}}$ は積分の下限 $x=1$ で連続でない．(10.12) に従って定積分を計算する．不定積分は，すでに計算してある [p.170 例題 9-9 (1) を参照]．

$$\begin{aligned}
I_1 &= \lim_{\varepsilon \to +0} \int_{1+\varepsilon}^2 \dfrac{1}{\sqrt{x^2-1}}\,dx = \lim_{\varepsilon \to +0} \left[\log \left| x + \sqrt{x^2-1} \right| \right]_{1+\varepsilon}^2 \\
&= \lim_{\varepsilon \to +0} \left\{ \log \left(2+\sqrt{3} \right) - \log \left| 1+\varepsilon + \sqrt{(1+\varepsilon)^2-1} \right| \right\} \\
&= \log \left(2+\sqrt{3} \right)
\end{aligned}$$

(2) 無限区間の定積分であるから，(10.13) に従って計算する．

$r \neq 1$ のとき，$\displaystyle\int_1^X \dfrac{1}{x^r}\,dx = \left[\dfrac{-1}{(r-1)x^{r-1}} \right]_1^X = \dfrac{1}{(r-1)}\left(1 - \dfrac{1}{X^{r-1}} \right)$

$r = 1$ のとき，$\displaystyle\int_1^X \dfrac{1}{x}\,dx = \left[\log x \right]_1^X = \log X$

$X \to \infty$ のとき，$r>1$ ならば $\dfrac{1}{X^{r-1}} \to 0$，$r<1$ ならば $\dfrac{1}{X^{r-1}} = X^{1-r} \to \infty$，また，$r=1$ ならば $\log X \to \infty$ である．

$$\therefore\ I_2 = \lim_{X \to \infty} \int_1^X \dfrac{1}{x^r}\,dx = \begin{cases} \dfrac{1}{r-1} & (r>1) \\ \infty & (r \leq 1) \end{cases}$$

(3) 被積分関数 $\dfrac{1}{\sqrt{|x|}}$ は，積分区間 $[-1,1]$ の内部の点 $x=0$ で不連続である．

$$\int_{-1}^{-\varepsilon} \dfrac{1}{\sqrt{|x|}}\,dx = \int_{-1}^{-\varepsilon} \dfrac{1}{\sqrt{-x}}\,dx = \left[-2\sqrt{-x} \right]_{-1}^{-\varepsilon} = 2 - 2\sqrt{\varepsilon}$$

$$\int_{\varepsilon'}^{1} \dfrac{1}{\sqrt{|x|}}\,dx = \int_{\varepsilon'}^{1} \dfrac{1}{\sqrt{x}}\,dx = \left[2\sqrt{x} \right]_{\varepsilon'}^{1} = 2 - 2\sqrt{\varepsilon'}$$

(10.14) の定義により，次の結果が得られる．

$$I_3 = \lim_{\varepsilon \to +0} \int_{-1}^{-\varepsilon} \dfrac{1}{\sqrt{|x|}}\,dx + \lim_{\varepsilon' \to +0} \int_{+\varepsilon'}^{0} \dfrac{1}{\sqrt{|x|}}\,dx = 2 + 2 = 4$$

━━━━━━━━━━━━━━ 演 習 問 題 ━━━━━━━━━━━━━━

1. 次の広義の積分を計算しなさい．

(1) $\displaystyle\int_0^1 \frac{1}{\sqrt[3]{x}}\,dx$ (2) $\displaystyle\int_0^1 \frac{1}{x}\,dx$

(3) $\displaystyle\int_0^1 \log x\,dx$ (4) $\displaystyle\int_{-a}^a \frac{1}{\sqrt{a^2-x^2}}\,dx$

(5) $\displaystyle\int_{-\infty}^\infty \frac{1}{4+x^2}\,dx$ (6) $\displaystyle\int_0^\infty xe^{-x^2}\,dx$

━━━━━━━━━━━━━━ 解 答 ━━━━━━━━━━━━━━

1. (1) $\dfrac{3}{2}$ (2) 発散である (3) -1 (4) π (5) $\dfrac{\pi}{2}$ (6) $\dfrac{1}{2}$

10.5 定積分の応用

何かの量が定積分で表されることは，さまざまな分野で，しばしば見られる．その計算の原理となるのは，定積分の定義式 (10.2) である．

大きさを持つ何かの量 A が，変数 x の区間 $[a,b]$ に分布して存在する場合を考える．点 x を含み幅が Δx の微小区間における A の大きさ ΔQ が，連続な関数 $f(x)$ のその区間における代表値 $f(x)$ と区間の幅 Δx の積

$$\Delta Q \fallingdotseq f(x)\Delta x \tag{10.15}$$

で近似的に表され，また，この近似式は $\Delta x \to 0$ とすれば限りなく正確になるとする．全区間 $[a,b]$ での A の正確な総量 Q は，すべての ΔQ を加え，区間の分割を限りなく細かくすれば得られる．

以上の手順で計算される A の総量 Q は，(10.2) の定義により，定積分で表される．

$$Q = \lim_{n\to\infty}\sum_{i=1}^n f(x_i)\Delta x_i = \int_a^b f(x)\,dx \tag{10.16}$$

なお，和の式における添字 i は，分割してできた n 個の微小区間に付けた番号である．

【注】(10.16) の $f(x_i)$ を，(10.2) では $f(c_i)$ と書いている．いずれも，幅が Δx_i の微小区間における関数 $f(x)$ の代表値を表すものである．

10.5 定積分の応用

【注】総量 Q を表す定積分 $\displaystyle\int_a^b f(x)\,dx$ は，微小区間における ΔQ に対する近似式 $\Delta Q \fallingdotseq f(x)\Delta x$ がわかれば，ただちに書き下せる．和を意味する積分記号に ΔQ を加える区間の下限 a と上限 b を書き加え $\left(\displaystyle\int_a^b\right)$，その後に $f(x)\Delta x$ を意味する $f(x)\,dx$ を続ければよい．

例 1 面積の計算：連続曲線 $y = f(x)$，x 軸，2 直線 $x = a$，$x = b$ が囲む部分の面積を考える．点 x を含む幅が Δx の微小区間における面積 ΔS は，長方形の面積

$$\Delta S \fallingdotseq f(x)\Delta x$$

で近似的に表され，また，この近似式は $\Delta x \to 0$ に対して限りなく正確になる．

全区間 $[a,b]$ での面積 S は，すべての ΔS を加えたものである［p.174 を参照］．

$$S = \int_a^b f(x)\,dx$$

● **体積の計算** 空間に置かれた立体を，x 軸に垂直な平面で切ったとき，座標が x の点での断面積が $S(x)$ で表され，$S(x)$ は連続関数であるとする．微小な間隔 Δx を隔てた 2 枚の平面に挟まれる立体の体積は，底面積 $S(x)$，高さ Δx の柱体とみなして，

$$\Delta V \fallingdotseq S(x)\Delta x$$

と表され，この近似式は $\Delta x \to 0$ に対して限りなく正確になる．

立体の体積 V は，上のようにして求めた ΔV の総和で与えられるから，定積分で表される．

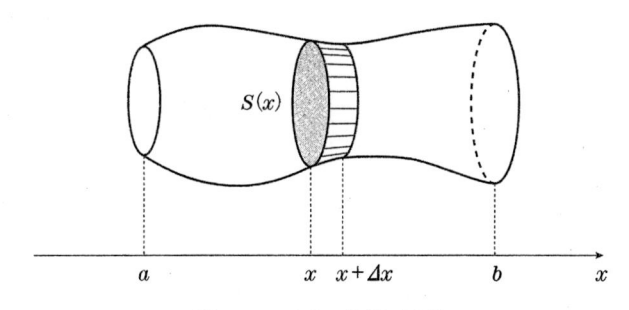

図 10.6 立体の体積の計算

> **断面積が与えられた立体の体積**
>
> x 軸に垂直な断面積が $S(x)$ である立体の区間 $[a,b]$ での体積 V は,
>
> $$V = \int_a^b S(x)\,dx \qquad (10.17)$$
>
> である. ただし, $S(x)$ は連続とする.

特に, 連続曲線 $y = f(x)$, x 軸, 2 直線 $x = a$, $x = b$ で囲まれる平面を x 軸のまわりに回転してできる回転体では, 座標が x の点での断面積は,

$$S(x) = \pi y^2 = \pi\{f(x)\}^2$$

である. この回転体の体積 V は, 次式で与えられる.

$$V = \pi \int_a^b \{f(x)\}^2\,dx \qquad (10.18)$$

例題 10-8 次の立体の体積を求めなさい.

(1) 半径 r の球 (2) 底面の半径 r, 高さ h の円錐

《解説》

(1) 半径 r の球は, 半円 $y = \sqrt{r^2 - x^2}$ と x 軸で囲まれる図形を, x 軸のまわりに回転したものである.

$$V = \pi \int_{-r}^{r} (r^2 - x^2)\,dx = \pi \left[r^2 x - \frac{1}{3}x^3\right]_{-r}^{r} = \frac{4}{3}\pi r^3$$

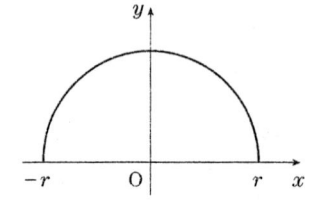

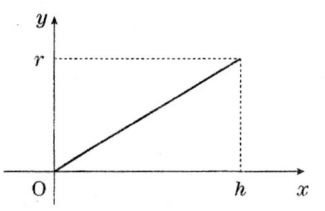

図 10.7 球と円錐の体積の計算

(2) 底面の半径 r, 高さ h の円錐は, 原点と点 (h, r) を結ぶ線分 (その方程式は $y = \dfrac{r}{h}x$ である), x 軸, $x = h$ の 3 直線で囲まれる図形を, x 軸のまわりに回転したものである.

$$V = \pi \int_0^h \frac{r^2}{h^2} x^2 \, dx = \pi \frac{r^2}{h^2} \left[\frac{1}{3} x^3 \right]_0^h = \frac{1}{3} \pi r^2 h$$

● **曲線の長さ** 連続関数 $y = f(x)$ で表される曲線の, 区間 $[a, b]$ での長さ L を求める. 曲線を細かく分割し, 隣接する分割点を直線で順に結んで折れ線を作る. 曲線の長さは, 分割を限りなく細かくした折れ線の長さの極限である (曲線の長さの定義).

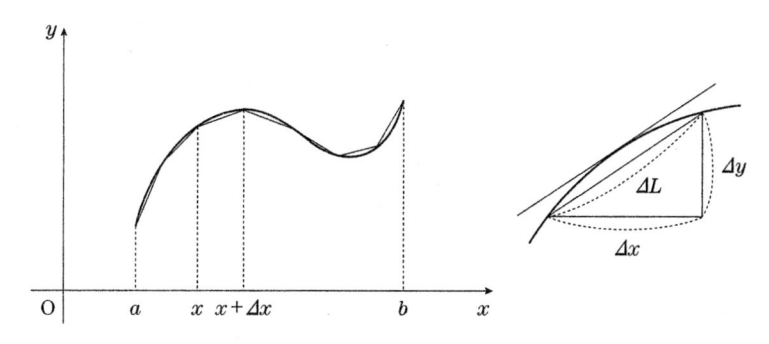

図 10.8 曲線の長さの計算

微小区間 $[x, x + \Delta x]$ での線分の長さ ΔL は, $f(x + \Delta x) - f(x) = \Delta y$ として,

$$\Delta L = \sqrt{(\Delta x)^2 + (\Delta y)^2} = \sqrt{1 + \left(\frac{\Delta y}{\Delta x} \right)^2} \Delta x \fallingdotseq \sqrt{1 + \left(\frac{dy}{dx} \right)^2} \Delta x$$

である. 直線の傾き $\dfrac{\Delta y}{\Delta x}$ をこの区間での接線の傾き $\dfrac{dy}{dx}$ で置き換えたが, この近似は $\Delta x \to 0$ の極限で限りなく正確である.

曲線の長さ

連続曲線 $y = f(x)$ の区間 $[a, b]$ での長さ L は,

$$L = \int_a^b \sqrt{1 + \{f'(x)\}^2} \, dx \tag{10.19}$$

である. ただし, $f'(x)$ は連続とする.

例題 10-9 次の曲線の区間での長さを求めなさい．

(1) $y = x^{\frac{3}{2}}$, 区間 $[0, 1]$　　(2) $y = \dfrac{a}{2}\left(e^{\frac{x}{a}} + e^{-\frac{x}{a}}\right)$, 区間 $[0, b]$

《解説》

(1) $y' = \dfrac{3}{2}\sqrt{x}$ より，$\sqrt{1 + y'^2} = \sqrt{1 + \dfrac{9}{4}x}$ となる．

$$L = \int_0^1 \sqrt{1 + \dfrac{9}{4}x}\, dx = \left[\dfrac{8}{27}\left(1 + \dfrac{9}{4}x\right)^{\frac{3}{2}}\right]_0^1 = \dfrac{1}{27}(13\sqrt{13} - 8)$$

(2) この曲線は懸垂線である [p.106 を参照]．
$y' = \dfrac{1}{2}(e^{\frac{x}{a}} - e^{-\frac{x}{a}})$ より，$1 + y'^2 = 1 + \dfrac{1}{4}(e^{\frac{x}{a}} - e^{-\frac{x}{a}})^2 = \dfrac{1}{4}(e^{\frac{x}{a}} + e^{-\frac{x}{a}})^2$, したがって $\sqrt{1 + y'^2} = \dfrac{1}{2}(e^{\frac{x}{a}} + e^{-\frac{x}{a}})$ となる．

$$L = \dfrac{1}{2}\int_0^b (e^{\frac{x}{a}} + e^{-\frac{x}{a}})\, dx = \dfrac{1}{2}\left[a(e^{\frac{x}{a}} - e^{-\frac{x}{a}})\right]_0^b = \dfrac{a}{2}(e^{\frac{b}{a}} - e^{-\frac{b}{a}})$$

━━━━━━━━━━ 演 習 問 題 ━━━━━━━━━━

1. 次の図形の面積およびその図形を x 軸のまわりに回転してできる立体の体積を求めなさい．
　(1) $y = e^x$, $x = 0$, $x = 1$ と x 軸によって囲まれる部分
　(2) $y = \sin x$ の区間 $[0, \pi]$ と x 軸によって囲まれる部分
　(3) $x^2 + (y - b)^2 = a^2$ $(0 < a < b)$ が囲む部分

2. 次の曲線の長さを求めなさい．
　(1) $y = \dfrac{1}{2}x^2$, 区間 $[0, 1]$　　(2) $x^{\frac{2}{3}} + y^{\frac{2}{3}} = a^{\frac{2}{3}}$ $(a > 0)$
　(3) $x = a(t - \sin t)$, $y = a(1 - \cos t)$ $(a > 0,\ 0 \leq t \leq 2\pi)$

━━━━ 解 答 ━━━━

1. (1) $e - 1$, $\dfrac{\pi}{2}(e^2 - 1)$　(2) 2, $\dfrac{\pi^2}{2}$　(3) πa^2, $2\pi^2 a^2 b$ 〔指針：体積 V は上半円 $y_1 = b + \sqrt{a^2 - x^2}$ と下半円 $y_2 = b - \sqrt{a^2 - x^2}$ が作る回転体の差〕

2. (1) $\dfrac{1}{2}[\sqrt{2} + \log(1 + \sqrt{2})]$　(2) $6a$ 〔指針：$y' = -\left(\dfrac{y}{x}\right)^{\frac{1}{3}}$〕

　(3) $8a$ 〔指針：t を媒介変数とする置換積分法，t の微分について $x'^2 + y'^2 = 4a^2 \sin^2\dfrac{t}{2}$〕

10.6　医療分野への定積分の応用

定積分は，医療の分野にも多く現れる．以下の例で，関数はすべて連続で，積分可能であるとする．実際の応用では，この条件が満たされていると考えてよい．

● **反応の総量**　何かの反応が進んでいる場合に，単位時間あたりの反応量を**反応速度**という．反応速度は，一般に，時間とともに変動する．時間を t として，反応速度を表す関数を $v(t)$ とする．

t を含む短い時間間隔 Δt の間に反応する量 ΔQ は，反応速度の定義から，その時点の反応速度 $v(t)$ と時間間隔 Δt を掛けたものである．

$$\Delta Q \fallingdotseq v(t) \Delta t$$

時間が t_a から t_b の間に反応する総量 Q は，時間間隔ごとの ΔQ をすべて加えたものであるから，次の計算式が得られる．

$$Q = \int_{t_a}^{t_b} v(t) \, dt \tag{10.20}$$

【注】上の結果は，次のように考えても得ることができる．反応速度は，その定義から，時間の関数である反応量 $Q(t)$ を時間で微分したものである．

$$\frac{dQ}{dt} = v(t) \quad \text{両辺を } t \text{ で積分して} \quad \int_{t_a}^{t_b} \frac{dQ}{dt} \, dt = \int_{t_a}^{t_b} v(t) \, dt$$

左辺の定積分の原始関数は $Q(t)$ であるから，次の結果が得られる．

$$\left[Q(t) \right]_{t_a}^{t_b} = Q(t_b) - Q(t_a) = \int_{t_a}^{t_b} v(t) \, dt$$

$Q = Q(t_b) - Q(t_a)$ は t_a から t_b の間の反応量に等しいから，(10.20) と同じ結果である．

● **平均寿命**　何かが時間とともに減少し，最終的に消滅するような現象を考える．具体例として，放射性物質の崩壊による減少，物質の化学反応による減少，ある時点に発生した一群の生物の死滅などがある．このような場合には，現象に関与する員数（放射性物質では原子核の数，化学反応では分子の数，生物の死滅では個体の数）が時間とともに減少する．

員数 N は時間 t の減少関数であり，その関数を $N(t)$ とする．時間が $t=0$ の瞬間から始めて，それぞれの員数が消滅するまでの時間を寿命という．考察の対象としている員数の**平均寿命**を求める．

短い時間間隔 $[t, t+\Delta t]$ の間に，員数が $N(t)$ から $N(t+\Delta t)$ に変わる．この間に消滅した員数は，

$$|\Delta N| = N(t) - N(t+\Delta t) = -\frac{N(t+\Delta t) - N(t)}{\Delta t}\Delta t \fallingdotseq -\left(\frac{dN}{dt}\right)\Delta t$$

で，その寿命は t である．

平均寿命は，消滅した員数の寿命の合計

$$t|\Delta N| \fallingdotseq -t\left(\frac{dN}{dt}\right)\Delta t$$

を時間間隔 $[t, t+\Delta t]$ ごとに加え，その結果を員数の総量（それは最初にあった員数 $N(0)$ に等しい）で割ったものである．これより，平均寿命 T は次式で計算されることになる．

$$T = -\frac{1}{N(0)}\int_0^\infty t\,\frac{dN}{dt}\,dt$$

【注】一般に，N は t の減少関数であるから，$\dfrac{dN}{dt} < 0$ である．なお，$\dfrac{dN}{dt}$ は単位時間あたりの員数の減少速度を表すものである．

例題 10-10 $N(t)$ が次式で与えられる場合に，平均寿命を計算しなさい．

$$N(t) = Ae^{-kt} \quad (A,\ k \text{ は正の定数})$$

【注】$N(t)$ が指数関数である例は多い．たとえば，p.18 **例題 1-5** はその 1 つであるが，一般に，1 次反応系の変化は，指数関数に従っている [p.222 (11.26) を参照]．

《解説》 $\dfrac{dN}{dt} = -kAe^{-kt},\ N(0) = Ae^0 = A$ である．

$$\therefore\ T = -\frac{1}{N(0)}\int_0^\infty t\frac{dN}{dt}\,dt = k\int_0^\infty te^{-kt}\,dt = \frac{1}{k}$$

なお，無限積分の計算は次の通りである．

$$\int_0^\infty te^{-kt}\,dt = \lim_{X\to\infty}\int_0^X te^{-kt}\,dt = \lim_{X\to\infty}\frac{1}{k^2}\left\{1 - (kX+1)e^{-kX}\right\} = \frac{1}{k^2}$$

● **管を流れる流量** 輸液や血液が管を流れるとき，流体に粘性があるため，流れは管の垂直断面上で一定でない．管壁に近いところでは遅く，離れるにつれて速くなる．断面の半径が R の円筒形の管を流れる流体の速さ v は，管の中心軸からの距離 r の関数で，その関数を $v(r)$ $(0 \leqq r \leqq R)$ とする．

単位時間に管を流れる流量を求める．円筒と同軸で半径が r と $r + \Delta r$ の円筒に挟まれる厚さ Δr の薄い層の断面積を ΔS とすると，

$$\Delta S = \pi(r + \Delta r)^2 - \pi r^2 = 2\pi r \Delta r + \pi(\Delta r)^2 \fallingdotseq 2\pi r \Delta r$$

である．流体は単位時間に距離 $v(r)$ だけ進むから，この層を単位時間に流れる流体の体積 ΔV は，

$$\Delta V = v(r)\Delta S \fallingdotseq 2\pi r v(r) \Delta r$$

となり，この近似は $\Delta r \to 0$ で限りなく正確になる．

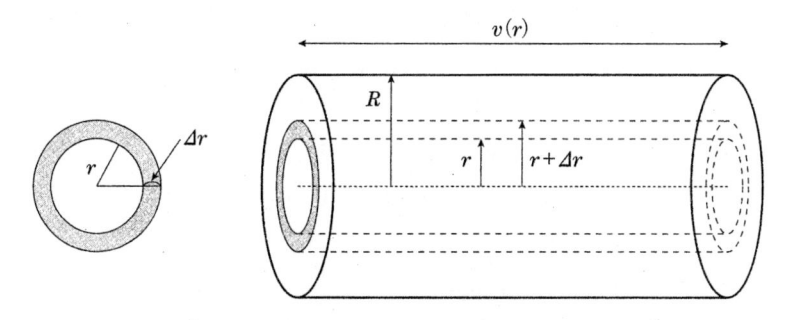

図 10.9 管を流れる流量の計算

管を単位時間に流れる流体の体積 V は，層を流れる流量の総和であるから，次の定積分で与えられる．

$$V = 2\pi \int_0^R r v(r) \, dr \tag{10.21}$$

【注】断面積 ΔS の計算で，$(\Delta r)^2$ に比例する項を無視した．このように，定積分を考える場合には，微少量について1次の項だけを考えればよい．2次以上の項は，分割を限りなく細かくする極限で，1次の項にくらべて限りなく小さくなり，消えてしまうからである．

例題 10-11 粘性率 η の流体を，半径 R，長さ L の円筒の両端に圧力差 p を加えて流すとき，管の中心軸からの距離が r の点における流体の速度 $v(r)$ は，

$$v(r) = \frac{p}{4\eta L}(R^2 - r^2)$$

であることが知られている．単位時間に管を流れる流体の体積 V を計算しなさい．

《解説》$v(r)$ を（10.21）に代入して計算する．

$$V = 2\pi \int_0^R r \frac{p}{4\eta L}(R^2 - r^2)\, dr = \frac{\pi p}{2\eta L}\left[\frac{R^2}{2}r^2 - \frac{1}{4}r^4\right]_0^R = \frac{\pi R^4}{8\eta L}p \tag{10.22}$$

流量は管の半径の 4 乗と圧力差の積に比例し，管の長さに反比例する（ハーゲン・ポアズイユの法則という）．なお，粘性がある流体の壁に接するところの速度は，$v(R) = 0$ より，0 である．

● **拡散**　x 軸に沿って分布する何かの量 w が，拡散する場合を考える．w の空間分布は，$t = 0$ で $g(x)$ であるとする．拡散の理論によれば，その後の時間 t における空間分布 $w(x, t)$ は，x 軸を微小区間に分け，1 つひとつの微小区間 $[X, X + \Delta X]$ での最初の分布 $g(X)\Delta X$ が，互いに影響し合うことなく拡散した結果を加えた（重ね合わせた）ものになる．

$g(X)\Delta X$ の拡散による時間 t での分布は，

$$\Delta w \fallingdotseq \frac{1}{\sqrt{4\pi\kappa t}} e^{-\frac{(x-X)^2}{4\kappa t}} g(X)\Delta X$$

である [p.190 (10.16) を参照]．最終的な空間分布 $w(x, t)$ は，すべての区間からの拡散の結果を重ね合わせたものであるから，

$$w(x, t) = \frac{1}{\sqrt{4\pi\kappa t}} \int_{-\infty}^{\infty} g(X) e^{-\frac{(x-X)^2}{4\kappa t}} dX \tag{10.23}$$

が得られる．

===== 演 習 問 題 =====

1. 薬物の吸収速度 $v(t)$ が，$v = v_0 a^{-kt}$ である場合に，時間間隔 $[t_a, t_b]$ の間に吸収される薬物の総量を求めなさい．

10.6 医療分野への定積分の応用

2. 原点を中心とする広がり a のガウス関数で表される分布 $g(x) = Ae^{-\frac{x^2}{2a^2}}$ が拡散したとき,時間が t だけ経過した後の分布が $w(x,t) = Be^{-\frac{x^2}{2b^2}}$ となることを示し,その広がり b を求めなさい.

解答

1. $\dfrac{v_0}{k \log a}(a^{-kt_a} - a^{-kt_b})$

2. 広がりは $\sqrt{a^2 + 2\kappa t}$ 〔指針:(10.23) を計算し,b を求める〕

第11章

微分方程式

11.1 微分方程式の一般論

x の関数 y とその導関数 $y', y'', \cdots, y^{(n)}$ の間に,等式

$$F(x, y, y', \cdots, y^{(n)}) = 0 \tag{11.1}$$

が成り立っているとき,この等式を**微分方程式**という.微分方程式に含まれる導関数のうち最高の次数を微分方程式の**階数**,その階数が n であるものを n **階微分方程式**という.

|例1| $y' + xy = 0$ は 1 階微分方程式,$y'' + 3y' - 4y = \sin x$ は 2 階微分方程式である.

一般に,2 変数 x, y と n 個の任意定数 $C_1, C_2, \cdots, C_n$ の間に 1 つの関係

$$G(x, y, C_1, C_2, \cdots, C_n) = 0 \tag{11.2}$$

が成り立っているとする.この方程式は x と y の間の関係を定めるもので,そのグラフは xy 座標平面の曲線である.1 組の定数 $C_1, C_2, \cdots, C_n$ の値に 1 本の曲線が対応するから,定数の組にいろいろな値を与えることで曲線の集まり(曲線群)が得られる.

これらの曲線群が共通に持つ性質(それは $C_1, C_2, \cdots, C_n$ の値によらない)を求めよう.(11.2) を x で次々と n 回微分すると,n 個の式が得られる.

これらの n 個の式と (11.2) から n 個の任意定数 $C_1, C_2, \cdots, C_n$ を消去できるとき, $x, y, y', \cdots, y^{(n)}$ の間に成り立つ関係

$$F(x, y, y', \cdots, y^{(n)}) = 0$$

が得られる．これが (11.2) の関数あるいは曲線群が共通に持つ性質であり, n 階微分方程式になる．

例題 11-1 次の曲線群が満たす微分方程式を求めなさい．

(1) $y = Ce^{-x^2}$　　(2) $(x-C_1)^2 + (y-C_2)^2 = a^2$　　(a は正の定数)

《解説》
(1) 曲線群は, $x=0$ での値が C であるガウス関数 [p.104 **例題 6-4** を参照] が表す曲線の集まりである．
$$y' = -2xCe^{-x^2} \quad \therefore \quad y' = -2xy$$
(2) 曲線群は, 半径 a, 中心の座標 (C_1, C_2) の円の集まりである．円の方程式を x で続けて 2 回微分する．

$$(x-C_1) + (y-C_2)y' = 0, \quad 1 + y'^2 + (y-C_2)y'' = 0$$
$$\therefore \quad (x-C_1) = \frac{y'(1+y'^2)}{y''}, \quad (y-C_2) = -\frac{1+y'^2}{y''}$$

これらを円の式に代入する．

$$\left(\frac{y'(1+y'^2)}{y''}\right)^2 + \left(-\frac{1+y'^2}{y''}\right)^2 = a^2 \quad \therefore \quad \frac{(1+y'^2)^3}{y''^2} = a^2$$

微分方程式 (11.1) を満たす x の関数 y を**微分方程式の解**といい, 解を求めることを**微分方程式を解く**という．n 階微分方程式の解で, n 個の任意定数 $C_1, C_2, \cdots, C_n$ を含むものを**一般解**といい, 一般解に含まれる任意定数 $C_1, C_2, \cdots, C_n$ に特定の値を代入したものを**特殊解**という．

例 2　2 階微分方程式 $y'' = 2$ の解を求める．
続けて 2 回積分すれば,
$$y' = 2x + C_1, \quad y = x^2 + C_1 x + C_2 \quad (C_1, C_2 \text{は任意の定数})$$
となる．最後に得た y は, 2 つの任意定数を含むから, 一般解である．また, $C_1 = 3, C_2 = -2$ を代入した $y = x^2 + 3x - 2$ は, 特殊解である．

● **初期値問題と境界値問題** 特殊解は，一般解に何かの条件を課すことで求められることが多い．たとえば，$x = 0$ での $y, y', \cdots, y^{(n-1)}$ の値を条件（**初期条件**という）とすることで任意定数 $C_1, C_2, \cdots, C_n$ を定める問題を**初期値問題**という．また，n 個の点 $x = x_1, x_2, \cdots, x_n$ での y の値を条件（**境界条件**という）に与えることで任意定数を定める問題を，**境界値問題**という．

例題 11-2 関数 $y = C_1 e^{-x} + C_2 e^{2x}$ について，
(1) 微分方程式 $y'' - y' - 2y = 0$ の一般解であることを確かめなさい．
(2) 初期条件 $x = 0$ で $y = -1$, $y' = 4$ を満たす特殊解を求めなさい．

《解説》
(1) 解であることを確かめるには，y を微分方程式に代入し，成り立つことを示せばよい．
$$y' = -C_1 e^{-x} + 2C_2 e^{2x}, \quad y'' = C_1 e^{-x} + 4C_2 e^{2x}$$
$$\therefore \quad y'' - y' - 2y$$
$$= (C_1 e^{-x} + 4C_2 e^{2x}) - (-C_1 e^{-x} + 2C_2 e^{2x}) - 2(C_1 e^{-x} + C_2 e^{2x})$$
$$= (C_1 + C_1 - 2C_1)e^{-x} + (4C_2 - 2C_2 - 2C_2)e^{2x} = 0$$

よって，$y = C_1 e^{-x} + C_2 e^{2x}$ は解であり，2 個の任意定数を含むから一般解である．
(2) $y = C_1 e^{-x} + C_2 e^{2x}$ と $y' = -C_1 e^{-x} + 2C_2 e^{2x}$ に，$x = 0$ で $y = -1$, $y' = 4$ を代入する．
$$C_1 + C_2 = -1, \quad -C_1 + 2C_2 = 4 \quad \therefore \quad C_1 = -2, \quad C_2 = 1$$

これより，特殊解は $y = -2e^{-x} + e^{2x}$ である．

═══════════════════ 演 習 問 題 ═══════════════════

1. 次の曲線群が満たす微分方程式を求めなさい．
  (1) $y = \dfrac{1}{x^2 + C}$ (2) $y = 1 + C \log x$
  (3) $y = e^x (C_1 \sin 2x + C_2 \cos 2x)$ (4) $y^2 + 2y = C_1 x + C_2$

2. 前問の解で，次の初期条件または境界条件を満たすものを求めなさい．
  (1) $x = 0$ で $y = 3$ (2) $x = 1$ で $y' = 2$
  (3) $x = 0$ で $y = 1$, $y' = 7$ (4) $x = 0$ で $y = 1$, $x = -1$ で $y = 2$

══════ 解 答 ══════
1. (1) $y' + 2xy^2 = 0$ (2) $(x \log x)y' - y + 1 = 0$ (3) $y'' - 2y' + 5y = 0$
  (4) $(1 + y)y'' + (y')^2 = 0$

2. (1) $y = \dfrac{3}{3x^2+1}$ (2) $y = 1 + 2\log x$ (3) $y = e^x(3\sin 2x + \cos 2x)$
(4) $y^2 + 2y = -5x + 3$

11.2 変数分離形

1階微分方程式で，$\dfrac{dy}{dx}$ が x の関数と y の関数の積であるものを，**変数分離形**という．

$$\frac{dy}{dx} = f(x)\, g(y) \tag{11.3}$$

── 変数分離形の解 ──

定理 11.1 変数分離形 $\dfrac{dy}{dx} = f(x)\,g(y)$ の一般解は，次式で与えられる．

$$\int \frac{1}{g(y)}\, dy = \int f(x)\, dx + C \tag{11.4}$$

変数分離形の解は，導関数の記号 $\dfrac{dy}{dx}$ を分数とみなし，x と y を左辺と右辺に分離し（**変数を分離する**という），両辺を積分すればよい．

【証明】
 $g(y) \neq 0$ ならば，(11.3) は次のように書き直せる．

$$\frac{1}{g(y)} \frac{dy}{dx} = f(x)$$

この式の両辺の不定積分を計算する．

$$\int \frac{1}{g(y)} \frac{dy}{dx}\, dx + C_1 = \int f(x)\, dx + C_2$$

積分定数は，左辺の C_1 と右辺の C_2 を合わせ，$C = C_2 - C_1$ にまとまる．
置換積分法 [p.161 (9.14) を参照] によれば，

$$\int \frac{1}{g(y)} \frac{dy}{dx}\, dx = \int \frac{1}{g(y)}\, dy$$

である．このようにして，(11.4) が得られる． ∎

【注】不定積分は，本来，積分定数を含んだものである [p.156 定理 9.1 を参照]．この了解のもとでは，(11.4) の右辺にわざわざ積分定数を書かなくてよい．しかし，(11.4) では，一般解に含まれるはずの 1 つの任意定数が，どこに現れるかを明らかにしてある．

以後の取り扱いにおいても，同様に，一般解に任意定数を明示してある．

一般解 (11.4) は，$g(y) \neq 0$ を仮定している．$g(y) = 0$ ならば，(11.3) より，$y' = 0$ である．したがって，$g(y) = 0$ を満たす定数解 $y = a$ があれば，それは微分方程式の解である．このような解は，多くの場合に，(11.4) によって得た一般解の特殊解であることが多い．しかし，一般解にも特殊解にもならないものがあり（これを**特異解**という），一般解と並んで解としなければならない．

《参考》同次形 $\dfrac{dy}{dx} = f\left(\dfrac{y}{x}\right)$ の形をした微分方程式を，同次形という．y から $u = \dfrac{y}{x}$ に置換すれば，$y' = u + xu'$ より，

$$\frac{du}{dx} = \frac{f(u) - u}{x}$$

となり，変数分離形として取り扱うことができる．

例題 11-3 次の微分方程式の解を求めなさい．

(1) $(y+1)\dfrac{dy}{dx} = 1 - x$ (2) $\dfrac{dy}{dx} = ky \ (k \neq 0)$ (3) $\dfrac{dy}{dx} = 2xy^{\frac{2}{3}}$

《解説》

(1) x を含む項と y を含む項に変数を分離すると，$(y+1)\,dy = (1-x)\,dx$ となる．

$$\int (y+1)\,dy = \int (1-x)\,dx + C \quad \therefore \quad \frac{1}{2}y^2 + y = x - \frac{1}{2}x^2 + C$$

$$\therefore \quad (x-1)^2 + (y+1)^2 = C' \quad \text{（積分定数を改めて } C' = 2C + 2 \text{ とした）}$$

(2) (a) $y \neq 0$ の場合：変数を分離すると $\dfrac{1}{y}\,dy = k\,dx$ である．

$$\int \frac{1}{y}\,dy = \int k\,dx + C \quad \therefore \quad \log|y| = kx + C = \log e^{kx+C}$$

$y = \pm e^C e^{kx}$ となるが，$C' = \pm e^C$ とおくと，次の結果が得られる．

$$y = C' e^{kx} \quad \text{（一般解）}$$

(b) $y = 0$ の場合：$y = 0$ は微分方程式を満たすから，$y = 0$ も解である．この解は，上で得た一般解 $y = C'e^{kx}$ で $C' = 0$ とした特殊解で，一般解に含まれる．

(3) (a) $y^{\frac{2}{3}} \neq 0$ すなわち $y \neq 0$ の場合：

$$\int \frac{1}{y^{\frac{2}{3}}}\,dy = \int 2x\,dx + C \quad \therefore \quad 3y^{\frac{1}{3}} = x^2 + C$$

これより，一般解として次式が得られる．

$$y = \frac{1}{27}(x^2 + C)^3 \quad \text{(一般解)}$$

(b) $y = 0$ の場合：$y = 0$ は微分方程式を満たす解であるが，一般解の特殊解にならない特異解である．

$$y = 0 \quad \text{(特異解)}$$

【注】上の解法 (2) で，$\int \dfrac{1}{y} dy = \log|y|$ とし，対数の真数の絶対値を考慮して計算したが，最後に得られる一般解は，y の正負にかかわらず共通の形になる．
微分方程式の解を求める際に積分して対数が現れるとき，真数の絶対値を省略して解を求めても，任意定数の解釈を拡張すれば，絶対値を考慮して求めた一般解に一致する．このため，対数の真数の絶対値を省略して計算することが多い．本書では，絶対値を考慮した計算を示す．

演習問題

1. 次の微分方程式の一般解を求めなさい．

(1) $(x+1)y' + (y-1) = 0$
(2) $y' = 2xy$
(3) $xyy' = y + 1$
(4) $(1-x^2)y' = x(2-y)$
(5) $yy' = e^{x-y^2}$
(6) $\sqrt{1+x}\, y' = e^y$
(7) $x(1-y)y' = y \log x$
(8) $y' = (y^2 + 1)\tan x$

2. 次の微分方程式（同次形）の一般解を求めなさい．

(1) $(x+y)y' = x - y$
(2) $x^2 y' = y^2 + 2xy$

3. 曲線 $y = f(x)$ 上の任意の点 P で引いた法線と x 軸の交点を N，P から x 軸に下ろした垂線の足を H とする．線分 HN の長さが一定値 a であるとき，y が満たす微分方程式と曲線の方程式を求めなさい．

解答

1. (1) $y = 1 + \dfrac{C}{x+1}$ (2) $y = Ce^{x^2}$ (3) $x(y+1) = Ce^y$
(4) $y = 2 + C\sqrt{|x^2 - 1|}$ (5) $y^2 = \log(2e^x + C)$
(6) $y = -\log(C - 2\sqrt{x+1})$ (7) $\log|y| - y = \dfrac{1}{2}(\log x)^2 + C,\ y = 0$ （特異解）
(8) $y = -\tan(\log|\cos x| + C)$

2. (1) $x^2 - 2xy - y^2 = C$ (2) $y = \dfrac{x^2}{C - x},\ y = 0$ （特異解）

3. $|yy'| = a,\ y^2 = C \pm 2ax$

11.3 1階線形微分方程式

x の関数 $P(x)$, $Q(x)$ に対して,次の微分方程式を **1階線形微分方程式**という.

$$\frac{dy}{dx} + P(x)\,y = Q(x) \tag{11.5}$$

《参考》**線形および同次と非同次** 微分方程式の各項が,未知関数 y とその導関数について 0 次または 1 次であるとき,微分方程式は**線形**であるという.また,微分方程式の各項が y とその導関数についてすべて同じ次数のとき,微分方程式は**同次**,次数が異なるものを含むとき**非同次**という.たとえば,(11.5) は線形で非同次であるが,もし $Q(x) = 0$ ならば線形で同次である.

1階線形微分方程式の解

定理 11.2 1階線形微分方程式 $y' + P(x)\,y = Q(x)$ の一般解は,

$$y = e^{-\int P(x)\,dx} \left\{ \int e^{\int P(x)\,dx} Q(x)\,dx + C \right\} \tag{11.6}$$

で与えられる.なお,C は任意定数である.

【証明】
(11.5) の両辺に $e^{\int P(x)\,dx}$ を掛ける.

$$e^{\int P(x)\,dx} y' + e^{\int P(x)\,dx} P(x) y = e^{\int P(x)\,dx} Q(x)$$

$\left(e^{\int P(x)\,dx}\right)' = e^{\int P(x)\,dx} P(x)$ を使って,左辺第 2 項を書き直す.

$$e^{\int P(x)\,dx} y' + \left(e^{\int P(x)\,dx}\right)' y = e^{\int P(x)\,dx} Q(x)$$

積の微分法により,左辺は $\dfrac{d}{dx}\left(e^{\int P(x)\,dx} y\right)$ に等しい.両辺を x で積分する.

$$e^{\int P(x)\,dx} y = \int e^{\int P(x)\,dx} Q(x)\,dx + C$$

上式の両辺に $e^{-\int P(x)\,dx}$ を掛ければ,求める結果が得られる. ■

【注】 (11.6) によって解を求めるとき,$\int P(x)\,dx$ に積分定数を付けなくてよい(付けたとしても,$e^{-\int P(x)\,dx}$ と $e^{\int P(x)\,dx}$ とで打ち消す).任意定数は (11.6) に記した C だけでよい.

【注】1階線形微分方程式の解を求めるとき,公式 [p.20 (1.20)] を参照]

$$e^{\log z} = z$$

によって変形しなければならないことがある．

例題 11-4 次の微分方程式の解を求めなさい．

(1) $y' + 2y = e^x$ 　　　　　　(2) $xy' + y = 1 - 2x$

《解説》

(1) $P(x) = 2$, $Q(x) = e^x$ であるから，$\int P(x)\,dx = \int 2\,dx = 2x$ である．

$$y = e^{-2x}\left\{\int e^{2x}e^x\,dx + C\right\} = e^{-2x}\left(\frac{1}{3}e^{3x} + C\right) = \frac{1}{3}e^x + Ce^{-2x}$$

(2) 変形すると $y' + \dfrac{1}{x}y = \dfrac{1-2x}{x}$ となるから，$P(x) = \dfrac{1}{x}$, $Q(x) = \dfrac{1-2x}{x}$ である．

$$\int P(x)\,dx = \int \frac{1}{x}\,dx = \log|x|\ となる．$$

$$y = e^{-\log|x|}\left\{\int e^{\log|x|}\frac{1-2x}{x}\,dx + C\right\} = \frac{1}{|x|}\left\{\int |x|\frac{1-2x}{x}\,dx + C\right\}$$

$$= \frac{\pm 1}{x}\left\{\int \pm x\,\frac{1-2x}{x}\,dx + C\right\} = \frac{1}{x}(x - x^2 \pm C) = 1 - x + \frac{C'}{x}$$

========== 演 習 問 題 ==========

1. 次の微分方程式の一般解を求めなさい．

(1) $y' - 3y = 6e^x$ 　　　　　　(2) $y' - 2y = xe^x$

(3) $y' + 2xy = x$ 　　　　　　(4) $xy' - y = x^2 e^{2x}$

(5) $xy' - (x+1)y = x^2$ 　　　　(6) $y' + 2y\tan x = \sin x$

(7) $xy' + y = x\cos x$ 　　　　　(8) $(x^2 - 1)y' = xy + x^3$

========== 解 答 ==========

1. (1) $y = -3e^x + Ce^{3x}$ 　(2) $y = -(x+1)e^x + Ce^{2x}$ 　(3) $y = \dfrac{1}{2} + Ce^{-x^2}$

(4) $y = \dfrac{1}{2}x(e^{2x} + C)$ 　(5) $y = x(Ce^x - 1)$ 　(6) $y = \cos x + C\cos^2 x$

(7) $y = \sin x + \dfrac{\cos x + C}{x}$ 　(8) $y = x^2 - 2 + C\sqrt{|x^2 - 1|}$

11.4 完全微分形

1階微分方程式

$$P(x,y) + Q(x,y)\frac{dy}{dx} = 0 \tag{11.7}$$

は，次の条件を満たす2変数関数 $F(x,y)$ が存在するとき，**完全微分形**という．

$$P(x,y) = \frac{\partial}{\partial x}F(x,y), \qquad Q(x,y) = \frac{\partial}{\partial y}F(x,y) \tag{11.8}$$

【注】微分方程式 (11.7) を，

$$P(x,y)\,dx + Q(x,y)\,dy = 0$$

と表すことがある．完全微分形であるとき，上式の左辺は

$$F_x(x,y)\,dx + F_y(x,y)\,dy$$

となり，x, y を独立変数と見なせば，$F(x,y)$ の全微分 dF に等しい [p.125 (7.12) を参照]．

完全微分形の一般解は

$$F(x,y) = C \tag{11.9}$$

である．すなわち，一般解 y は等式 $F(x,y) = C$ から定まる陰関数である．

【証明】
合成関数の微分法を使って [p.126 定理 7.6 を参照]，$F(x,y) = C$ の両辺を x で微分する．

$$0 = F_x(x,y) + F_y(x,y)\frac{dy}{dx} = P(x,y) + Q(x,y)\frac{dy}{dx}$$

よって，$F(x,y) = C$ は微分方程式の解であり，任意定数を1つ含むから，一般解である．　終

微分方程式が完全微分形かどうかを判定するのに，次の定理がある．

完全微分形の必要十分条件

定理 11.3 $P(x,y) + Q(x,y)\dfrac{dy}{dx} = 0$ が完全微分形であるために，

$$\frac{\partial}{\partial y}P(x,y) = \frac{\partial}{\partial x}Q(x,y) \tag{11.10}$$

が成り立つことが必要十分である．

【証明】
簡単のために，$P(x,y) = P$, $Q(x,y) = Q$ と略記する．

(1) 必要であること：完全微分形であれば (11.10) が成り立つことを示す．
(11.8) が成り立ち，2 階の偏導関数について $F_{xy} = F_{yx}$ より，次の計算が成り立つ．

$$\frac{\partial}{\partial y}P = \frac{\partial}{\partial y}F_x = F_{xy} = F_{yx} = \frac{\partial}{\partial x}F_y = \frac{\partial}{\partial x}Q$$

(2) 十分であること：(11.10) が成り立てば，完全微分形であることを示す．
x と y を独立変数として，P を x で積分したものを $f(x,y)$ とする．

$$f(x,y) = \int P\,dx \quad (y \text{ を定数とみなして } x \text{ で積分する}) \cdots ①$$

このとき，次の関係が成り立つ．

$$P = \frac{\partial}{\partial x}f(x,y)$$

なお，$F(x,y)$ と $f(x,y)$ は y に関する関数分だけ異なっている．

$$\frac{\partial}{\partial x}(Q - f_y(x,y)) = Q_x - f_{yx} = P_y - f_{yx} = f_{xy} - f_{yx} = 0$$

であるから，$Q - f_y(x,y)$ は x を含まず y だけの関数である．そこで，

$$Q - f_y(x,y) = g(y) \cdots ②$$

とおく．このとき，関数 $F(x,y)$ を，

$$F(x,y) = f(x,y) + \int g(y)\,dy \cdots ③$$

を定めると，

$$F_x(x,y) = f_x(x,y) = P, \qquad F_y(x,y) = f_y(x,y) + g(y) = Q$$

が成り立つ． □

完全微分形の一般解は，次の定理によって与えられる．

――――― 完全微分形の解 ―――――

定理 11.4 完全微分形 $P(x,y) + Q(x,y)\dfrac{dy}{dx} = 0$ の一般解は，

$$\int P(x,y)\,dx + \int \left\{ Q(x,y) - \frac{\partial}{\partial y}\int P(x,y)\,dx \right\} dy = C \quad (11.11)$$

である．

なお，(11.11) の左辺では，x と y を独立と考えて積分する．

【証明】
　定理 11.3 の証明は，関数 $F(x,y)$ を求める証明ともなっている．そこでの証明で，$F(x,y)$ は，①の $f(x,y)$ と②の $g(y)$ を③に代入すれば得られる．(11.9) より，完全微分形の一般解は，こうして求めた $F(x,y)$ を使って，$F(x,y) = C$ である． 　　　　□

【注】1 階微分方程式は，一般に，(11.7) の形に書くことができる．P, Q が x, y の 2 変数関数のとき，一般的な解法がない．特に，変数分離形，1 階線形微分方程式あるいは完全微分形に書き直せるとき，一般解が求まる．
　なお，変数分離形の微分方程式 (11.3) は，つねに完全微分形

$$f(x) - \frac{1}{g(y)}\frac{dy}{dx} = 0 \quad (g(y) \neq 0)$$

に書き直せるから，その解法を適用することができる．

例題 11-5　次の微分方程式を解きなさい．

(1) $(2x + 2y + 1) + (2x - 2y - 1)y' = 0$　　(2) $\sin y\, dx + x \cos y\, dy = 0$

《解説》

(1) $P = 2x + 2y + 1$, $Q = 2x - 2y - 1$ である．$P_y = 2 = Q_x$ であるから，完全微分形である．次に，定理 11.4 に従って解を計算する．

$$\int P\, dx = \int (2x + 2y + 1)\, dx = x^2 + 2xy + x \quad \therefore\quad \frac{\partial}{\partial y}\int P\, dx = 2x$$

$$\therefore\quad \int \left\{Q - \frac{\partial}{\partial y}\int P\, dx\right\} dy = \int (2x - 2y - 1 - 2x)\, dy = -(y^2 + y)$$

これより，微分方程式の一般解は，次式で与えられる．

$$x^2 + 2xy - y^2 + x - y = C$$

(2) $P = \sin y$, $Q = x \cos y$ である．$P_y = \cos y = Q_x$ であるから，完全微分形である．

$$\int P\, dx = \int \sin y\, dx = x \sin y \quad \therefore\quad \frac{\partial}{\partial y}\int P\, dx = x \cos y$$

$$\therefore\quad \int \left\{Q - \frac{\partial}{\partial y}\int P\, dx\right\} dy = \int (x \cos y - x \cos y)\, dy = 0$$

(11.11) により，一般解として次式が得られる．

$$x \sin y = C$$

━━━━━━━━━━━ 演 習 問 題 ━━━━━━━━━━━

1. 次の微分方程式の一般解を求めなさい．

(1) $y + xy' = 0$

(2) $y + (x + 6y^2)y' = 0$

(3) $(e^x + y)dx + (x + \log y)dy = 0$

(4) $(\cos x - 2xy)dx + (1 - x^2)dy = 0$

(5) $y' = \dfrac{e^{-y} - y \sin x}{xe^{-y} - \cos x}$

(6) $y' + \dfrac{e^x + 2xy + 2y^2}{x^2 + 4xy + 3} = 0$

━━━━━━━━━━━ 解 答 ━━━━━━━━━━━

1. (1) $xy = C$ (2) $xy + 2y^3 = C$ (3) $e^x + xy + y\log y - y = C$
(4) $\sin x - x^2 y + y = C$ (5) $xe^{-y} + y\cos x = C$ (6) $e^x + 3y + x^2 y + 2xy^2 = C$

━━━━━━━━━━━━━━━━━━━━━━━━━

11.5　2階線形同次微分方程式

x の関数 $P(x)$, $Q(x)$ に対して，微分方程式

$$y'' + P(x)\,y' + Q(x)\,y = 0 \tag{11.12}$$

を **2階線形同次微分方程式** という．

一般に，x の 2 つの関数 $u_1(x)$, $u_2(x)$ について，一方の関数に定数を掛けると他方が得られるとき，$u_1(x)$, $u_2(x)$ は **1 次従属** であるという．また，1 次従属でないとき，**1 次独立** であるという．

例 1　$u_1(x) = x + 1$, $u_2(x) = 3x + 3$ のとき，任意の x に対して $u_2(x) = 3u_1(x)$ であるから，$u_1(x)$, $u_2(x)$ は 1 次従属である．

例 2　$u_1(x) = x$, $u_2(x) = \sin x$ のとき，任意の x に対して $\sin x = cx$ あるいは $x = c\sin x$ とならないから，$u_1(x)$, $u_2(x)$ は 1 次独立である．

┌─────── **2 階線形同次微分方程式の一般解** ───────┐

定理 11.5　2 階線形同次微分方程式の 1 次独立な解を $u_1(x)$, $u_2(x)$ とするとき，一般解は次式で与えられる．

$$y = C_1 u_1(x) + C_2 u_2(x) \qquad (C_1, C_2 \text{は任意定数})$$

└──────────────────────────────┘

【証明】

11.5　2階線形同次微分方程式

$P(x) = P$, $Q(x) = Q$, また, $u_1(x) = u_1$, $u_2(x) = u_2$ と略記する.
u_1, u_2 は (11.12) の解であるから, 次式が成り立つ.

$$u_1'' + Pu_1' + Qu_1 = 0, \qquad u_2'' + Pu_2'(x) + Qu_1 = 0$$

この2式を条件として,

$$\begin{aligned}
y'' + Py' + Qy &= (C_1u_1 + C_2u_2)'' + P(C_1u_1 + C_2u_2)' + Q(C_1u_1 + C_2u_2) \\
&= C_1(u_1'' + Pu_1' + Qu_1) + C_2(u_2'' + Pu_2' + Qu_2) \\
&= C_1 \times 0 + C_2 \times 0 = 0
\end{aligned}$$

となる. したがって, $y = C_1u_1 + C_2u_2$ は解である.
　一方, u_1, u_2 は1次独立であるから, $y = C_1u_1 + C_2u_2$ の任意定数を1つ以下にすることは決してできない. よって, $y = C_1u_1 + C_2u_2$ は2つの任意定数を含む一般解である. 　□終

　定理 11.5 より, 2階線形同次微分方程式 (11.12) の一般解を得るには, 2つの1次独立な解を見つければよい.

● **指数関数の拡張**　2階線形微分方程式の解を求めるために, 指数関数の指数を複素数にまで拡張する必要がある.
　複素数を指数とする拡張された指数関数は, 次の演算則を満たす. なお, 虚数単位を i とする.

> **指数が複素数の指数関数**
>
> (1) $e^{ix} = (\cos x + i \sin x)$　（x は実数）　　　　(11.13)
>
> (2) $e^{a+ib} = e^a e^{ib}$　（a, b は実数）　　　　(11.14)
>
> (3) $e^{z_1} e^{z_2} = e^{z_1+z_2}$　（z_1, z_2 は複素数）　　　　(11.15)
>
> (4) $\dfrac{e^{z_1}}{e^{z_2}} = e^{z_1-z_2}$　（z_1, z_2 は複素数）　　　　(11.16)

基本となるのは (1) である. 他は指数が実数の場合と同様な演算則である.

【証明】
　指数が複素数の指数関数は, マクローリン展開によって定義されるものである.
(1) e^{ix} をマクローリン展開し [p.90 (5.19) を参照], $i^2 = -1$, $i^3 = -i$, $i^4 = 1$, $i^5 = i$, $i^6 = -1$, $\cdots$ を使って整理する.

$$\begin{aligned}
e^{ix} &= 1 + \frac{(ix)}{1!} + \frac{(ix)^2}{2!} + \frac{(ix)^3}{3!} + \frac{(ix)^4}{4!} + \frac{(ix)^5}{5!} + \frac{(ix)^6}{6!} + \cdots \\
&= \left(1 - \frac{x^2}{2!} + \frac{x^4}{4!} - \frac{x^6}{6!} + \cdots\right) + i\left(\frac{x}{1!} - \frac{x^3}{3!} + \frac{x^5}{5!} - \cdots\right) \\
&= \cos x + i \sin x
\end{aligned}$$

なお，証明の最後で，$\sin x$ と $\cos x$ のマクローリン展開を使った [p.90 (5.20), (5.21)] を参照].

(2) (1) に基づいて証明できるが，込み入っているので，省略する．

(3) $z_1 = a_1 + ib_1$, $z_2 = a_2 + ib_2$ (a_1, a_2, b_1, b_2 は実数) とする．

$$\begin{aligned}
e^{z_1}e^{z_2} &= e^{a_1+ib_1}e^{a_2+ib_2} = e^{a_1}(\cos b_1 + i\sin b_1)e^{a_2}(\cos b_2 + i\sin b_2) \\
&= e^{a_1+a_2}\{(\cos b_1 \cos b_1 - \sin b_1 \sin b_2) + i(\cos b_1 \sin b_2 + \sin b_1 \cos b_2)\} \\
&= e^{a_1+a_2}\{\cos(b_1+b_2) + i\sin(b_1+b_2)\} = e^{(a_1+a_2)+i(b_1+b_2)} \\
&= e^{z_1+z_2}
\end{aligned}$$

(4) 最初に，複素数 $z = a + ib$ (a, b は実数) に対して，$\dfrac{1}{e^z} = e^{-z}$ を示す．

$$\begin{aligned}
\frac{1}{e^z} &= \frac{1}{e^a(\cos b + i\sin b)} = \frac{(\cos b - i\sin b)}{e^a(\cos b + i\sin b)(\cos b - i\sin b)} \\
&= e^{-a}(\cos b - i\sin b) = e^{-a}e^{-ib} = e^{-(a+ib)} = e^{-z}
\end{aligned}$$

したがって，(3) により，$\dfrac{e^{z_1}}{e^{z_2}} = e^{z_1}\dfrac{1}{e^{z_2}} = e^{z_1}e^{-z_2} = e^{z_1-z_2}$ となる．　□

実数 x を独立変数とし，実数値をとる 2 つの関数 $\phi(x)$, $\psi(x)$ から，新たな関数 $g(x) = \phi(x) + i\psi(x)$ (i は虚数単位) を定義する．$g(x)$ は実数 x を独立変数とし，複素数を値に持つ関数である．このような関数 $g(x)$ に対しても，導関数を考えることができる．

複素数を値に持つ関数の導関数

(1) $\dfrac{d}{dx}\{\phi(x) + i\psi(x)\} = \dfrac{d}{dx}\phi(x) + i\dfrac{d}{dx}\psi(x)$

　　　　　　($\phi(x)$, $\psi(x)$ は微分可能な実数値をとる関数)

(2) $\dfrac{d}{dx}e^{cx} = ce^{cx}$ 　(c は複素数，x は実数)

【証明】
(1) は複素数を値に持つ関数の導関数の定義である．(1) に基づいて (2) を証明する．
$c = a + ib$ (a, b は実数) とすれば，$e^{cx} = e^{(a+ib)x} = e^{ax}\cos bx + ie^{ax}\sin bx$ となり，e^{cx} は複素数を値に持つ関数である．(1) と積の微分法に従って計算する．

$$\begin{aligned}
\frac{d}{dx}e^{(a+ib)x} &= (e^{ax}\cos bx)' + i(e^{ax}\sin bx)' \\
&= e^{ax}(a\cos bx - b\sin bx) + ie^{ax}(a\sin bx + b\cos bx) \\
&= ae^{ax}(\cos bx + i\sin bx) + ibe^{ax}(\cos bx + i\sin bx) \\
&= (a+ib)e^{ax}(\cos bx + i\sin bx) = (a+ib)e^{ax}e^{ibx} \\
&= (a+ib)e^{(a+ib)x}
\end{aligned}$$

よって，証明された. □

● **定数係数の 2 階線形同次微分方程式**　定数を係数とする 2 階線形同次微分方程式を考える．

$$y'' + py' + qy = 0 \quad (p,\ q\text{ は定数}) \tag{11.17}$$

このとき，一次独立な解 $u_1(x)$, $u_2(x)$ は，決まった手順で求まる．

解を $u(x) = e^{\lambda x}$（λ は複素数）と仮定し，解になる条件から λ を定める．
$u'(x) = \lambda e^{\lambda x}$, $u''(x) = \lambda^2 e^{\lambda x}$ を (11.17) に代入する．

$$\lambda^2 e^{\lambda x} + p\lambda e^{\lambda x} + qe^{\lambda x} = (\lambda^2 + p\lambda + q)e^{\lambda x} = 0$$

これより，λ として，次の 2 次方程式を満たすものをとればよい．

$$\lambda^2 + p\lambda + q = 0 \quad (\textbf{特性方程式}\text{という}) \tag{11.18}$$

―― **定数係数 2 階線形同次微分方程式の一般解** ――

定理 11.6　定数係数 2 階線形同次微分方程式 $y'' + py' + qy = 0$ の一般解は，特性方程式 $\lambda^2 + p\lambda + q = 0$ の解により，次のように与えられる．

(1) $\lambda = \alpha,\ \beta$（異なる実解）の場合

$$y = C_1 e^{\alpha x} + C_2 e^{\beta x} \tag{11.19}$$

(2) $\lambda = \alpha$（重解）の場合

$$y = (C_1 + C_2 x)e^{\alpha x} \tag{11.20}$$

(3) $\lambda = \mu \pm i\nu$（複素数の解）の場合

$$y = e^{\mu x}(C_1 \cos \nu x + C_2 \sin \nu x) \tag{11.21}$$

【証明】

(1) $\lambda = \alpha,\ \beta$（異なる実解）の場合：
得られた 2 つの解 $u_1(x) = e^{\alpha x}$ と $u_2(x) = e^{\beta x}$ は 1 次独立である（$\because u_1/u_2 = e^{(\alpha-\beta)x}$ であるから，u_2 に定数を掛けて u_1 を得ることができない）．定理 11.5 により，一般解は (11.19) で与えられる．

(2) $\lambda = \alpha = -\dfrac{p}{2}$ (重解) の場合:
1 つの解 $u_1(x) = e^{\alpha x}$ が定まる。ところで、$u_2(x) = xe^{\alpha x}$ がもう 1 つ別の解であることが、次のように示される。

$$u_2'(x) = (1 + \alpha x)e^{\alpha x}, \qquad u_2''(x) = \alpha(2 + \alpha x)e^{\alpha x}$$

$$\therefore \quad u_2''(x) + pu_2'(x) + qu_2(x) = \alpha(2 + \alpha x)e^{\alpha x} + p(1 + \alpha x)e^{\alpha x} + qxe^{\alpha x}$$

$$= \{(\alpha^2 + p\alpha + q)x + (2\alpha + p)\}e^{\alpha x} = 0$$

$u_1(x) = e^{\alpha x}$ と $u_2(x) = xe^{\alpha x}$ は 1 次独立であるから、一般解は (11.20) となる.

(3) $\lambda = \mu \pm i\nu$ (複素数の解) の場合:
$u_1(x) = e^{(\mu+i\nu)x}$ と $u_2(x) = e^{(\mu-i\nu)x}$ は、(1) と同様の理由で、1 次独立である. 一般解は、$e^{(\mu \pm i\nu)x} = e^{\mu x}e^{\pm i\nu x} = e^{\mu x}(\cos \nu x \pm i \sin \nu x)$ により、次のように変形できる.

$$y = C_1' u_1(x) + C_2' u_2(x) \quad (C_1', C_2' \text{は任意定数})$$
$$= e^{\mu x}\{C_1'(\cos \nu x + i \sin \nu x) + C_2'(\cos \nu x - i \sin \nu x)\}$$
$$= e^{\mu x}\{(C_1' + C_2') \cos \nu x + i(C_1' - C_2') \sin \nu x\}$$
$$= e^{\mu x}\{C_1 \cos \nu x + C_2 \sin \nu x\}$$

なお、任意定数を改めて $C_1 = (C_1' + C_2')$, $C_2 = i(C_1' - C_2')$ とした. 　 □終

【注】定理 11.6 (3) の場合に、解を $y = C_1' e^{(\mu+i\nu)x} + C_2' e^{(\mu-i\nu)x}$ としても構わない. しかし、実際の応用では、y が実数の量であるために、実数の解を求めることが多い.
y が実数の場合には、$y = \bar{y}$ ($\bar{y}$ は y の複素共役) より $\overline{C_1'} = C_2'$ であり、また、(11.21) の C_1, C_2 は実数である.

例題 11-6 次の 2 階線形同次微分方程式の一般解を求めなさい.

(1) $2y'' - 7y' + 3y = 0$ 　 (2) $y'' - 4y' + 4y = 0$ 　 (3) $y'' - 2y' + 3y = 0$

《解説》特性方程式の解を求め、解に応じて、定理 11.6 に従って一般解を求める.

(1) 特性方程式は、$2\lambda^2 - 7\lambda + 3 = (2\lambda - 1)(\lambda - 3) = 0$ である. 異なる 2 実解 $\lambda = \dfrac{1}{2}, 3$ を持つから、一般解は次のようになる.

$$y = C_1 e^{\frac{1}{2}x} + C_2 e^{3x}$$

(2) 特性方程式 $\lambda^2 - 4\lambda + 4 = (\lambda - 2)^2 = 0$ であるから、重解 $\lambda = 2$ を持つ.

$$y = (C_1 + C_2 x)e^{2x}$$

(3) 特性方程式 $\lambda^2 - 2\lambda + 3 = 0$ から、複素数の解 $\lambda = 1 \pm \sqrt{2}i$ である.

$$y = e^x (C_1 \cos \sqrt{2}x + C_2 \sin \sqrt{2}x)$$

演習問題

1. 次の微分方程式の一般解を求めなさい．

(1) $y'' - 3y' + 2y = 0$
(2) $2y'' + 3y' - 9y = 0$
(3) $y'' + 2y' + 5y = 0$
(4) $y'' + y' + y = 0$
(5) $y'' + 2y' + y = 0$
(6) $y'' + a^2 y = 0 \ (a \neq 0)$
(7) $y'' - a^2 y = 0 \ (a \neq 0)$
(8) $y'' + ay' = 0 \ (a \neq 0)$

解 答

1. (1) $y = C_1 e^x + C_2 e^{2x}$ (2) $y = C_1 e^{-3x} + C_2 e^{\frac{3}{2}x}$
(3) $y = e^{-x}(C_1 \cos 2x + C_2 \sin 2x)$ (4) $y = e^{-\frac{1}{2}x}\left(C_1 \cos \dfrac{\sqrt{3}}{2}x + C_2 \sin \dfrac{\sqrt{3}}{2}x\right)$
(5) $y = (C_1 + C_2 x)e^{-x}$ (6) $y = C_1 \cos ax + C_2 \sin ax$
(7) $y = C_1 e^{ax} + C_2 e^{-ax}$ (8) $y = C_1 + C_2 e^{-ax}$

11.6　2階線形非同次微分方程式

$P(x)$, $Q(x)$, $R(x)$ を x の関数として，微分方程式

$$y'' + P(x) y' + Q(x) y = R(x) \tag{11.22}$$

を **2階線形非同次微分方程式**という．同次微分方程式（11.12）と違って，y とその導関数 y', y'' を含まない非同次な項 $R(x)$ がある．

2階線形非同次微分方程式の一般解

定理 11.7　2階線形非同次微分方程式の一般解は，

$$y = u(x) + u_0(x) \tag{11.23}$$

で与えられる．ただし，$u(x)$ は同次微分方程式（11.12）の一般解，$u_0(x)$ は非同次微分方程式（11.22）の特殊解である．

【証明】簡単のために，$P(x) = P$, $Q(x) = Q$, また，$u(x) = u$, $u_0(x) = u_0$ と記す．

$$\begin{aligned}
y'' + Py' + Qy &= (u + u_0)'' + P(u + u_0)' + Q(u + u_0) \\
&= \{u'' + Pu' + Qu\} + \{u_0'' + Pu_0' + Qu_0\} \\
&= 0 + R(x) = R(x)
\end{aligned}$$

したがって, $y = u + u_0$ は (11.22) の解である.

また, $y = u + u_0$ は, 同次微分方程式の一般解 u を通じて 2 個の任意定数を含む. よって, $y = u + u_0$ は (11.22) の一般解である. ■

● **定数係数の 2 階線形非同次微分方程式** 定数を係数に持つ非同次微分方程式を考える.

$$y'' + py' + qy = R(x) \quad (p, q \text{ は定数}) \tag{11.24}$$

この微分方程式の一般解 y は, 次の手順で求まる.

① 同次微分方程式 $y'' + py' + qy = 0$ の一般解 $u(x)$ を求める.
② 非同次微分方程式 $y'' + py' + qy = R(x)$ の特殊解 $u_0(x)$ を求める.
③ 求める一般解は, $y = u(x) + u_0(x)$ である.

一連の手順で, ①の $u(x)$ は定理 11.6 によって必ず求まり, ③は単純である. 残された問題は, ②の $u_0(x)$ を求めることである.

特殊解 $u_0(x)$ は, $R(x)$ が単純であれば, 容易に見い出すことができる.

$u_0(x)$ を (11.24) の左辺に代入した結果が常に右辺の $R(x)$ と等しくなるために, $u_0(x)$ の関数形を予想できるからで, 未定係数法で $u_0(x)$ を求めることができる.

$R(x)$ の形	予想する特殊解 $u_0(x)$
定数	定数
x の n 次式	x の n 次式
ke^{ax}	Ae^{ax}
$k \sin ax$, $k \cos ax$	$A \sin ax + B \cos ax$

例題 11-7 次の微分方程式の一般解を求めなさい.

(1) $2y'' - 3y' - 2y = 4x + 2$ (2) $y'' + 6y' + 9y = 3e^{2x}$

《解説》手順に従って解を求める.

(1) ① 同次微分方程式の一般解 $u(x)$ を求める. 特性方程式 $2\lambda^2 - 3\lambda - 2 = (2\lambda+1)(\lambda-2) = 0$ より $\lambda = -\frac{1}{2}, 2$ となり, $u(x) = C_1 e^{-\frac{1}{2}x} + C_2 e^{2x}$ が得られる.

② 非同次微分方程式の特殊解 $u_0(x)$ を求める．$u_0(x) = Ax + B$ と仮定し，未定係数 A, B を定める．$u_0(x)$ を微分方程式に代入すると，

$$2(Ax+B)'' - 3(Ax+B)' - 2(Ax+B) = -2Ax - 3A - 2B = 4x + 2$$

となる．任意の x に対して成り立つから，両辺の係数は同じでなければならない．

$$-2A = 4, \ -3A - 2B = 2 \quad \therefore \quad A = -2, \ B = 2 \quad \therefore \quad u_0(x) = -2x + 2$$

③ 非同次微分方程式の一般解は，$y = u_0(x) + u(x)$ である．

$$y = C_1 e^{-\frac{1}{2}x} + C_2 e^{2x} - 2x + 2$$

(2) ① 同次微分方程式の一般解：特性方程式 $\lambda^2 + 6\lambda + 9 = (\lambda+3)^2 = 0$ から $\lambda = -3$ (重解) となり，$u(x) = (C_1 + C_2 x)e^{-3x}$ である．
② 非同次微分方程式の特殊解：$u_0(x) = Ae^{2x}$ として，未定係数 A を定める．

$$(Ae^{2x})'' + 6(Ae^{2x})' + 9(Ae^{2x}) = (4 + 12 + 9)Ae^{2x} = 3e^{2x} \quad \therefore \quad A = \frac{3}{25}$$

③ 非同次微分方程式の一般解：

$$y = (C_1 + C_2 x)e^{-3x} + \frac{3}{25}e^{2x}$$

線形非同次微分方程式において，$R(x)$ の係数が特殊な場合に，表に指定した方法では特殊解 $u_0(x)$ が求まらないことがある．

例 1 $y'' + 6y' + 9y = e^{-3x}$ を考える．特殊解に $u_0(x) = Ae^{-3x}$ を仮定して微分方程式の左辺に代入すると，

$$(Ae^{-3x})'' + 6(Ae^{-3x})' + 9(Ae^{-3x}) = (9 - 18 + 9)Ae^{-3x} = 0$$

となり，右辺の e^{-3x} に等しくすることはできない．
このようになったそもそもの理由は，Ae^{-3x} が「同次微分方程式の解である」ためである．
$R(x)$ が同次微分方程式の解である場合には，非同次微分方程式の特殊解 $u_0(x)$ として，表に掲げた形に x あるいは x^2 を掛けたものを仮定する．なお，x^2 を掛けるのは，特性方程式が重解を持ち，$R(x)$ が同次微分方程式の解である場合である（上の **例 1** がその例である）．

例題 11-8 次の微分方程式の一般解を求めなさい．

(1) $y'' - 3y' + 2y = e^{2x}$ (2) $y'' + y = 3\sin x$

《解説》 右辺の $R(x)$ が,同次微分方程式の解になる例である.

(1) ① 同次微分方程式の一般解:特性方程式 $\lambda^2 - 3\lambda + 2 = (\lambda-1)(\lambda-2) = 0$ より $\lambda = 1, 2$ となり,$u(x) = C_1 e^x + C_2 e^{2x}$ である.
② 非同次微分方程式の特殊解:$u_0(x) = Axe^{2x}$ として,未定係数 A を定める.

$$(Axe^{2x})'' - 3(Axe^{2x})' + 2(Axe^{2x})$$
$$= \{A(4+4x) - 3A(1+2x) + 2Ax\}e^{2x}$$
$$= Ae^{2x} = e^{2x} \quad \therefore \quad A = 1$$

③ 非同次微分方程式の一般解:上に求めた $u(x)$ と $u_0(x)$ を加えればよい.

$$y = C_1 e^x + C_2 e^{2x} + xe^{2x}$$

(2) ① 同次微分方程式の一般解:特性方程式 $\lambda^2 + 1 = 0$ より $\lambda = \pm i$ となる.したがって,$u(x) = C_1 \cos x + C_2 \sin x$ が得られる.
② 非同次微分方程式の特殊解:特殊解を $u_0(x) = x(A\sin x + B\cos x)$ と仮定する.

$$u_0' = (A\sin x + B\cos x) + x(A\cos x - B\sin x)$$
$$u_0'' = 2(A\cos x - B\sin x) - x(A\sin x + B\cos x)$$
$$\therefore \quad u_0'' + u_0 = 2(A\cos x - B\sin x) = 3\sin x \quad \therefore \quad A = 0, \ B = -\frac{3}{2}$$

③ 非同次微分方程式の一般解:

$$y = C_1 \cos x + C_2 \sin x - \frac{3}{2}x\cos x$$

=== 演 習 問 題 ===

1. 次の微分方程式の一般解を求めなさい.

(1) $y'' + 5y' + 6y = k$　　(2) $y'' + 2y' + 3y = 9x$
(3) $y'' - y' - 2y = x + 1$　　(4) $y'' + 2y' + y = 3\sin 2x$
(5) $2y'' - y' - y = 3e^{-x}$　　(6) $y'' - 5y' + 6y = xe^x$
(7) $y'' + y = \cos x$　　(8) $y'' + 6y' + 9y = e^{-3x}$

=== 解 答 ===

1. (1) $y = C_1 e^{-2x} + C_2 e^{-3x} + \dfrac{1}{6}k$　　(2) $y = e^{-x}(C_1 \cos\sqrt{2}x + C_1 \sin\sqrt{2}x) + 3x - 2$
(3) $y = C_1 e^{-x} + C_2 e^{2x} - \dfrac{1}{2}x - \dfrac{1}{4}$　　(4) $y = (C_1 + C_2 x)e^{-x} - \dfrac{3}{25}(3\sin 2x + 4\cos 2x)$
(5) $y = C_1 e^x + C_2 e^{-\frac{1}{2}x} + \dfrac{3}{2}e^{-x}$　　(6) $y = C_1 e^{2x} + C_2 e^{3x} + \dfrac{1}{4}(2x+3)e^x$
(7) $y = C_1 \cos x + C_2 \sin x + \dfrac{1}{2}x\sin x$　　(8) $y = (C_1 + C_2 x)e^{-3x} + \dfrac{1}{2}x^2 e^{-3x}$

11.7 医療分野への微分方程式の応用

何物かの変化を根本に立ち入って解析しようとすれば，必然的に微分方程式に行きあたる．医療分野も例外でない．以下では，医療分野に現れる代表的な微分方程式を取り上げる．

現実の対象を数学的に記述しようとしても，そのままでは複雑すぎて取り扱えないことが多い．このようなとき，現象の本質的な部分だけを抜き出して単純化して考える．対象を単純化して置き換えたものを**単純化モデル**という．医療分野の現象は，一般に，複雑であるが，単純化モデルにすることで，数学的な分析の対象となる．

● **1 次反応系** 何物かが変化して増減しているとき，単位時間あたりの変化量がその物の現在量に比例するような現象は，非常に多く見られる．このような対象を **1 次反応系**という．

|例 1| 1 次反応系の代表的な例をあげる．
 (1) 細菌が自己増殖するとき，単位時間に増加する細菌の数（増殖数と死滅数の差）は，現存する細菌の数に比例する．
 (2) 放置された悪性腫瘍が一定時間に増殖する細胞の数は，その時々の細胞の数に比例する．
 (3) 薬物を投与したとき，血液中の薬物濃度が単位時間あたりに減少する割合は，その時々の血液中の薬物濃度に比例している．
 (4) 溶液中で化学反応が進行しているとき，単位時間に反応する物質量は，未反応で残っている物質量に比例する（1 次反応）．
 (5) 放射性元素が崩壊するとき，単位時間に崩壊する原子の数は，崩壊しないで残っている原子の数に比例する．

1 次反応系の取り扱いは共通である．問題としている変化する何物かの現在量を変数 z で表せば，z は時間 t の関数である．単位時間あたりの変化量 $\dfrac{dz}{dt}$ が現在量に比例することは，次の形に表現される．

$$\frac{dz}{dt} = \pm kz \quad (k \text{ は正の定数}) \tag{11.25}$$

正の比例定数 k は，現象ごとにその値が定まる．また，複号は，z が増加する現象では正，減少する現象では負をとる．

$t = t_0$ で $z = z_0$ の初期条件を満たす解は，次式となる．

$$z = z_0 e^{\pm k(t-t_0)} \tag{11.26}$$

《解説》微分方程式（11.25）は変数分離形である．一般解 z は［p.204 定理 11.1 を参照］

$$\int \frac{1}{z}\,dz = \int \pm k\,dt + C \quad \therefore \quad \log|z| = \pm kt + C \quad \text{すなわち} \quad z = C' e^{\pm kt}$$

である．$t = t_0$ で $z = z_0$ の初期条件より，$z_0 = C' e^{\pm kt_0}$ となり，$C' = z_0 e^{\mp kt_0}$ と決まる．

1 次反応系は，単純な指数関数に従って増加 ($k > 0$) または減少 ($k < 0$) する．変化を表すグラフは，指数関数の一般的な特徴に従う［p.18 図 1.8 を参照］．なお，$\dfrac{1}{k}$ は**時定数**と呼ばれ，反応の速さを特徴づける量である（時間が $\dfrac{1}{k}$ だけ経つごとに，複号の正負に応じて，z が e 倍または $\dfrac{1}{e}$ 倍になるから）．

●**2 次反応系** 単位時間あたりの変化量が，変化するものの現在量の 2 次式に比例する現象を，**2 次反応系**といい，多くの例がある．

変化するものの現在量を z とするとき，2 次反応系では次式が成り立つ．

$$\frac{dz}{dt} = z(a - bz) \quad (a, b \text{ は定数}, b \neq 0) \tag{11.27}$$

この微分方程式は，$a > 0, b > 0$ のとき，**ロジスティック方程式**と呼ばれる．

例2 2 次反応系の代表的な例をあげる．
(1) 生物の集団の個体数の変化は，単純な 1 次反応系であることは少ない．個体数 z が多くなれば食住環境の悪化などが原因となり，(11.25) の係数 k は個体数が多くなるにつれて小さくなる傾向があり，$k = a - bz$ $(a > 0, b > 0)$ で与えられる．これを (11.25) に代入すれば，

$$\frac{dz}{dt} = (a - bz)z$$

となる．
(2) 伝染病の流行感染を考える．個体数が n の集団に，1 つの伝染体が持ち込まれたとする．その後の時点で，未感染体の数を y，伝染体の数を z とする．単位時間あたりの感染数 $\dfrac{dz}{dt}$ は y にも z にも比例する．

$$\frac{dz}{dt} = kyz \quad (\text{正の定数 } k \text{ は伝染率})$$

$y + z = n + 1$ であることから，y と z は次の 2 次反応系の微分方程式を満たす．

$$\frac{dy}{dt} = y\{-k(n+1) + ky\}, \qquad \frac{dz}{dt} = z\{k(n+1) - kz\}$$

(3) 反応物 Y, Z から Y′, Z′, ⋯ が生成される化学反応

$$mY + nZ \to m'Y' + n'Z' + \cdots \quad (m, n, m', n' \text{は正の整数})$$

で，反応速度が Y の濃度と Z の濃度の積に比例するものがある（2 次反応）．
　Y, Z の濃度をそれぞれ，始めに y_0, z_0，時間が t だけ経過したとき y, z とする．反応の過程を通じて，反応溶液の体積は変わらないとする．このとき，反応した量と反応速度について，

$$\frac{y_0 - y}{m} = \frac{z_0 - z}{n}, \qquad \frac{dz}{dt} = -kyz \quad (\text{正数 } k \text{ は反応速度定数})$$

が成り立っている．これらの 2 式から，次の微分方程式が得られる．

$$\frac{dy}{dt} = \frac{k}{n}y\{(ny_0 - mz_0) - ny\}, \qquad \frac{dz}{dt} = \frac{k}{n}z\{(mz_0 - ny_0) - mz\}$$

2 次反応系の微分方程式 (11.27) の解で，$t = 0$ で $z = z_0$ の初期条件を満たすものは，次式で与えられる．

$$z = \begin{cases} \dfrac{az_0}{bz_0 + (a - bz_0)e^{-at}} & (a \neq 0) \\ \dfrac{z_0}{1 + bz_0 t} & (a = 0) \end{cases} \tag{11.28}$$

定数 a, b および初期値 z_0 は，具体的な現象ごとに定まる．2 次反応系の特徴は，$t \to \infty$ のとき解 z が一定値に近づくことである．実際，$a > 0$ ならば $z \to \dfrac{a}{b}$，$a \leqq 0$ ならば $z \to 0$ となる．$a > 0, b > 0$ である場合について，解 z の変化をグラフに示す．

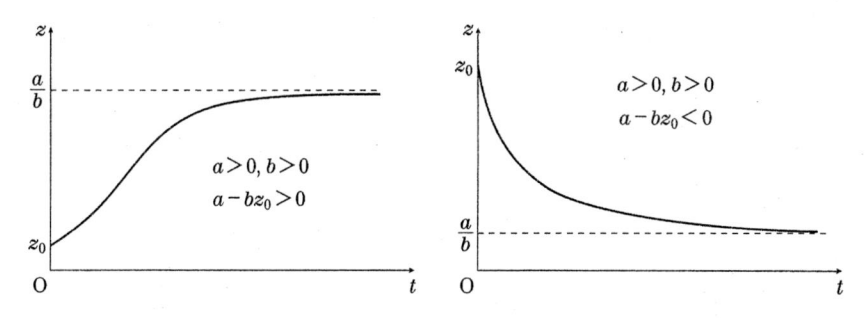

図 11.1　ロジスティック系の変化

《解説》微分方程式 (11.27) の解が (11.28) であることを示す．

(1) $a \neq 0$ の場合：(11.27) を変数分離し，次に部分分数に分解して積分する．

$$\int \left(\frac{1}{z} + \frac{b}{a-bz}\right)dz = a\int dt + C \quad \therefore \quad \log\left|\frac{z}{a-bz}\right| = at + C, \frac{z}{a-bz} = C'e^{at}$$

$t = 0$ で $z = z_0$ の初期条件により，C' が決まる．

$$\frac{z_0}{a-bz_0} = C' \quad \therefore \quad \frac{z}{(a-bz)} = \frac{z_0}{a-bz_0}e^{at}$$

これを z について解けば，(11.28) の第1式となる．

(2) $a = 0$ の場合：同様に，変数分離して，積分する．

$$-\int \frac{1}{z^2}dz = b\int dt + C \quad \therefore \quad \frac{1}{z} = bt + C = bt + \frac{1}{z_0} \quad (\because t = 0 \text{ で } z = z_0)$$

最後の式から，(11.28) の第2式が得られる．

● **薬物動態** 薬物の体内動態は，微分方程式が適用できる好例である．投与された薬物は，血液の流れに乗ってある器官に吸収され，同時にその器官から次の器官へと送られることを繰り返す．一連の過程を単純化して，薬物が順次に区画（コンパートメント）を経由すると考える（このような簡単化モデルを**コンパートメント モデル**という）．ここでは，2つの場合を考察する．

(A) 薬剤の連続投与 薬剤を単位時間に u の割合で静脈内に連続投与する場合を考える．血液中の薬物量 y の単位時間あたりの変化は，連続投与による供給分 u から現在量に比例する排出分 ay $(0 < a < 1)$ を引いたものである．y が満たす微分方程式は，

$$\frac{dy}{dt} = u - ay \tag{11.29}$$

である．$t = 0$ で $y = 0$ の初期条件を満たす解は

$$y = \frac{u}{a}(1 - e^{-at}) \tag{11.30}$$

となる．連続投与を続けるならば，$t \to \infty$ に対して $y \to \dfrac{u}{a}$ となる．

《解説》微分方程式 (11.29) の解を求める．変数を分離して積分する．

$$\int \frac{1}{u - ay}dy = \int dt + C \quad \therefore \quad -\frac{1}{a}\log|u - ay| = t + C, \quad u - ay = C'e^{-at}$$

初期条件 ($t = 0$ のとき $y = 0$) より，$C' = u$ となる．$u - ay = ue^{-at}$ を y について解けば，求める解が得られる．

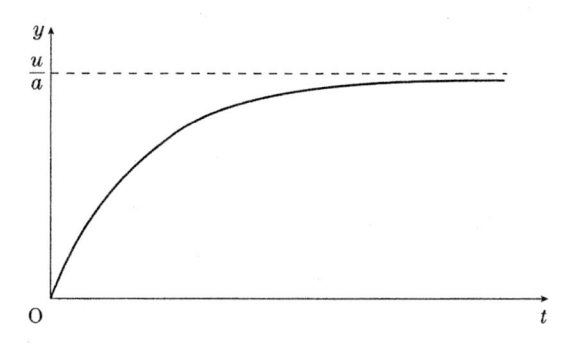

図 11.2 連続投与された薬の変化

(B) 薬剤の一時投与 薬液を静脈内に一時投与する場合を考え，このときの薬物の体内動態を分析する．時間を t，血液中の薬物量を y，器官にある薬物量を z とする．単位時間に血液から器官に吸収される薬物量は，吸収されないで残っている血液中の薬物量に比例し (ay)，単位時間に器官から排出される薬物量は，器官にある薬物量に比例する (bz) という．ここで，a, b は 1 より小さい正の定数である．

器官中の薬物の単位時間あたりの変化 $\dfrac{dz}{dt}$ は，血液から吸収する ay だけ増加し，排出する bz だけ減少する．したがって，y と z の時間に対する変化率について，次の関係が成り立つ．

$$\frac{dy}{dt} = -ay, \qquad \frac{dz}{dt} = ay - bz \tag{11.31}$$

第 1 式は (11.25) で取り扱ったもので，$t=0$ で $y=y_0$ を満たす解は，

$$y = y_0\, e^{-at} \tag{11.32}$$

である．この結果を第 2 式に代入すると，次の式が得られる．

$$\frac{dz}{dt} + bz = ay_0\, e^{-at} \tag{11.33}$$

$t=0$ で $z=0$ の初期条件を満たす特殊解は，次式で与えられる．

$$z = \begin{cases} \dfrac{ay_0}{b-a}(e^{-at} - e^{-bt}) & (a \neq b) \\ ay_0\, t e^{-at} & (a = b) \end{cases} \tag{11.34}$$

z の変化を表すグラフは，$a \neq b$ に対しては既に描いた [p.105 例題 6-5 を参照]．$a = b$ に対するものは図 11.3 のグラフになる．これら 2 つのグラフは，特徴が同じである．

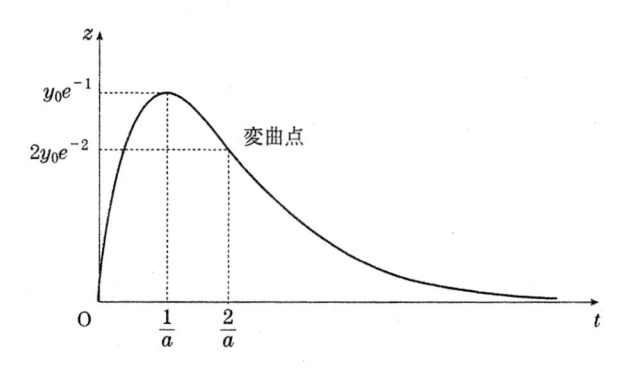

図 11.3 一時投与された薬の変化

《解説》 (11.33) を解いて (11.34) を導く．1 階線形微分方程式の一般解を求める公式を適用する [p.207 定理 11.2 を参照]．

$$z = e^{-\int b\,dt} \left\{ \int e^{\int b\,dt} ay_0\, e^{-at}\, dt + C \right\} = e^{-bt} \left\{ ay_0 \int e^{(b-a)t}\, dt + C \right\}$$

(1) $a \neq b$ のとき：

$$z = e^{-bt} \left\{ \frac{ay_0}{b-a} e^{(b-a)t} + C \right\} = \frac{ay_0}{b-a}(e^{-at} + C' e^{-bt}) \quad \left(C = \frac{ay_0}{b-a} C' \right)$$

初期条件（$t = 0$ のとき $z = 0$）より $C' = -1$ となり，求める特殊解が得られる．

(2) $a = b$ のとき：

$$z = e^{-at}(ay_0\, t + C)$$

初期条件より $C = 0$ となり，求める特殊解が得られる．

● **異種の生命体の排他的競争** 2 つの集団 X と Y が，互いに排他的に攻撃しあうことがある．2 種類の生物の集団が，縄張りを守るために，相手を攻撃するのは代表的な例である．また，病原体が生体に侵入したとき，抗原と抗体の間の反応も，局所においては，類似の様相を示すと考えられる．

X と Y の員数を，それぞれ x，y で表す．員数が多いとき，期間 Δt の間の変化量 Δx と Δy は，Δt に比例するだけでなく，その時々の相手の員数に

比例すると考えるのは自然な仮定である（XもYも，員数の自然増はないとする）．

$$\Delta x \fallingdotseq -ay\Delta t, \quad \Delta y \fallingdotseq -bx\Delta t \cdots ①$$

正の比例定数 a, b が，複雑な変化の要因を総合的に反映している．これより，

$$\frac{\Delta y}{\Delta x} \fallingdotseq \frac{bx}{ay} \quad \text{すなわち} \quad \frac{dy}{dx} = \frac{bx}{ay} \tag{11.35}$$

が得られる．なお，$\Delta t \to 0$ の極限で $\frac{\Delta y}{\Delta x} \to \frac{dy}{dx}$ であることを使った．

微分方程式 (11.35) は変数分離形で，一般解は $bx^2 - ay^2 = C$ である．$x = x_0$ のとき $y = y_0$ の境界条件を課せば，$C = bx_0^2 - ay_0^2$ と定まる．

$$bx^2 - ay^2 = bx_0^2 - ay_0^2 \tag{11.36}$$

x と y の関係を示すグラフは，xy 座標平面の双曲線で，x と y がともに 0 または正の部分である [p.14 (1.15), (1.16) および図 1.7 を参照]．

$bx_0^2 - ay_0^2$ の正負に応じて，解は $y = 0$ または $x = 0$ となることがある．すなわち，排他的競争を続けるならば，$\sqrt{b}x_0 > \sqrt{a}y_0$ であれば X が，$\sqrt{b}x_0 < \sqrt{a}y_0$ であれば Y が，相手を完全に駆逐する．勝敗は始めの員数の多少で決まる（ランチェスターの法則という）．

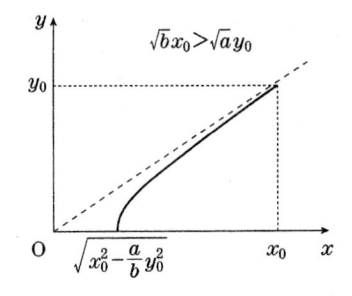

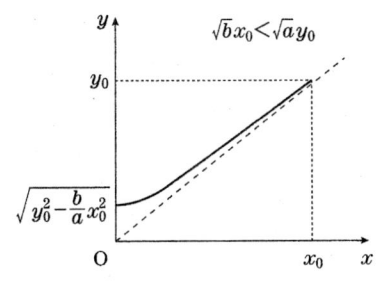

図 11.4 排他的競争による員数の変化

《参考》① より，$\Delta t \to 0$ のとき，x, y は次の連立微分方程式を満たす．

$$\frac{dx}{dt} = -ay, \quad \frac{dy}{dt} = -bx$$

両式を t で微分し,x あるいは y を消去すれば,2 階線形微分方程式 $\dfrac{d^2x}{dt^2} = abx$, $\dfrac{d^2y}{dt^2} = aby$ が得られる.一般解は,$x = C_1 e^{\sqrt{ab}\,t} + C_2 e^{-\sqrt{ab}\,t}$, $y = D_1 e^{\sqrt{ab}\,t} + D_2 e^{-\sqrt{ab}\,t}$ である.
初期条件（$t = 0$ のとき $x = x_0$, $y = y_0$）を満たす特殊解は,

$$x = \frac{1}{2\sqrt{b}}\left\{(\sqrt{b}x_0 - \sqrt{a}y_0)e^{\sqrt{ab}\,t} + (\sqrt{b}x_0 + \sqrt{a}y_0)e^{-\sqrt{ab}\,t}\right\}$$

$$y = \frac{1}{2\sqrt{a}}\left\{-(\sqrt{b}x_0 - \sqrt{a}y_0)e^{\sqrt{ab}\,t} + (\sqrt{b}x_0 + \sqrt{a}y_0)e^{-\sqrt{ab}\,t}\right\}$$

である.この結果から,双曲線の方程式 $bx^2 - ay^2 = bx_0^2 - ay_0^2$ が得られる.

《参考》自然増がある場合 病原菌が身体に侵入する場合に,病原菌の自己増殖と病原菌の数に応じた抗体の増加がある.病原菌が侵入した局所において,抗原 X と抗体 Y の双方の員数に,X の員数に比例する自然増があるとして①を修正すれば,

$$\Delta x \fallingdotseq (-ay + a'x)\Delta t, \quad \Delta y \fallingdotseq (-bx + b'x)\Delta t$$

が成り立つ（a, b, a', b' はすべて正の定数）.

$$\therefore\ \frac{dy}{dx} = \frac{(b - b')x}{ay - a'x} \qquad (11.37)$$

これは同次形で [p.205 を参照],解析的に解を求めることができる.

● **大動脈の脈波** 心臓はリズミカルに収縮と弛緩を繰り返すことで血液を送り出し,大動脈に脈波を生みだす.血液を粘性率 η の流体とし,大動脈を半径 R,長さ L の管とみなすことで,大動脈の圧力が時間に対してどのように変化するかを分析することができる.

大動脈に含まれる血液の量を V,大動脈の心臓側と末梢側の間の血圧差を p とする.圧力が dp だけ変化するとき大動脈内の血液量が dV だけ変化するとして,dp と dV の間に比例関係を仮定する.

$$dp = \gamma\,dV \quad \therefore\ \frac{dp}{dV} = \gamma \quad (\gamma \text{は正の定数})\ \cdots\ ①$$

γ が大きいほど dp の変化に対して dV が小さいから,γ は血管系の硬さを表すものである.

単位時間あたりの血液の変化量 $\dfrac{dV}{dt}$ は,心臓が収縮して送り込む血液 $f(t)$ により増加し,末梢側から流出する血液により減少する.抹消側から単位時間に流出する血液量は,ハーゲン・ポアズイユの法則 [p.198 (10.22) を参照] で与

えられ，圧力差 p に比例する．したがって，圧力の時間変化に対して，次の関係が成り立つ．

$$\frac{dV}{dt} = f(t) - \rho p \quad \left(\rho = \frac{\pi R^4}{8\eta L}\right) \quad \cdots \text{②}$$

定数 ρ は，大動脈内の血液の流れやすさを表すものと考えてよい．

合成関数の微分法と①，②を使えば，次の結果が導かれる．

$$\frac{dp}{dt} = \frac{dp}{dV}\frac{dV}{dt} = \gamma f(t) - \gamma \rho\, p \tag{11.38}$$

圧力の変化は，1階線形微分方程式 [p.207 (11.5) を参照] に従っている．心臓からの流入を表す $f(t)$ が与えられれば，微分方程式の解として圧力の時間変化がわかる．

心臓の弛緩期（大動脈弁閉鎖時）には，$f(t) = 0$ より，p が満たす微分方程式は $\dfrac{dp}{dt} = -\gamma \rho\, p$ である．$t = 0$ で $p = p_0$ の初期条件を満たす解は，$p = p_0 e^{-\gamma \rho t}$ となり，圧力は時定数 $1/(\gamma\rho)$ で減衰する．

収縮期では，1回の拍動による流入を正弦関数 $f(t) = a\sin\omega t$ $(0 \leqq t \leqq \pi/\omega)$ で表されると仮定すれば，$t = 0$ に $p = p_0$ の初期条件を満たす解 p として，次の結果が得られる．

$$p = \left(p_0 + \frac{a\gamma\omega}{(\gamma\rho)^2 + \omega^2}\right) e^{-(\gamma\rho)t} + \frac{a\gamma}{(\gamma\rho)^2 + \omega^2}(\gamma\rho \sin\omega t - \omega \cos\omega t) \tag{11.39}$$

脈波は，上に得た弛緩期と収縮期の2つの解を繰り返すものとなる．

《解説》 (11.39) を導く．1階線形微分方程式 (11.38) の一般解は，次式で与えられる [p.207 定理 11.2 を参照]．

$$\begin{aligned}
p &= e^{-\int \gamma\rho\, dt} \left\{ \int e^{\int \gamma\rho\, dt} a\gamma \sin\omega t\, dt + C \right\} \\
&= e^{-\gamma\rho t} \left\{ a\gamma \int e^{\gamma\rho t} \sin\omega t\, dt + C \right\} \\
&= e^{-\gamma\rho t} \left\{ \frac{a\gamma}{(\gamma\rho)^2 + \omega^2} e^{\gamma\rho t}(\gamma\rho \sin\omega t - \omega\cos\omega t) + C \right\}
\end{aligned}$$

なお，不定積分の計算に p.164 **例題 9-5** (2) を使った．

上式に $t = 0$ のとき $p = p_0$ の初期条件を課せば，

$$p_0 = \frac{-a\gamma\omega}{(\gamma\rho)^2 + \omega^2} + C$$

となり，積分定数 C が定まる．この C を代入することで，(11.39) が得られる．

● **強制振動と共鳴**　時間 t に対して，y が振動する変化をする場合を考える．振動は正弦および余弦関数で記述されるとし，

$$y = C_1 \sin \omega t + C_2 \cos \omega t = C \sin(\omega t + C')$$

とする．なお，C_1, C_2 および C, C' は定数で，最後の式を導くのに，三角関数の合成を使った [p.26 演習問題 **2** を参照]．

このとき，y は次の微分方程式を満たしている．

$$\frac{d^2y}{dt^2} = -\omega^2 y$$

y の速度 $\dfrac{dy}{dt}$ の単位時間あたりに変化する割合 $\dfrac{d}{dt}\dfrac{dy}{dt}$（加速度）が，負の数 $-\omega^2$ を比例係数として，y 自身に比例している．y が行うこのような振動は，その振動系に固有であるために，**固有振動**と呼ばれる．

固有振動をする振動系に，時間 t に依存する強制的な作用が余分に加わったものを**強制振動**という．強制振動系は次の微分方程式を満たす．

$$\frac{d^2y}{dt^2} + \omega^2 y = a \cos pt \tag{11.40}$$

右辺の $a \cos pt$ が強制的な作用である．

強制振動は 2 階線形非同次微分方程式に従っている．p が ω に等しいかそうでないかで特殊解が異なり，一般解は次式で与えられる．

$$y = \begin{cases} C \sin(\omega t + C') + \dfrac{a}{\omega^2 - p^2} \cos pt & (\omega \neq p) \\ C \sin(\omega t + C') + \dfrac{a}{2\omega} t \sin \omega t & (\omega = p) \end{cases} \tag{11.41}$$

《解説》 (11.40) は定数係数の 2 階線形非同次微分方程式である [p.218 (11.24) を参照]．定められた手順に従って，一般解を求める．
　なお，特殊解を求めるとき，$\omega = p$ ならば，非同次の項 $a \cos pt$ は同次微分方程式の解であることに注意が必要である．
　① 同次微分方程式 $y'' + \omega^2 y = 0$ の一般解は，$u(t) = C \sin(\omega t + C')$ である．
　② 特殊解 $u_0(t)$ を求める．
　　(a) $\omega \neq p$ の場合：$u_0(t) = A \sin pt + B \cos pt$ と仮定し，A, B を定める．

11.7 医療分野への微分方程式の応用

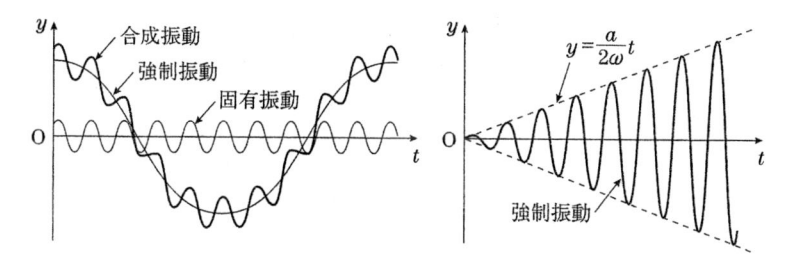

図 11.5 強制振動と共鳴

$u'_0 = p(A\cos pt - B\sin pt)$, $u''_0 = -p^2(A\sin pt + B\cos pt)$ を (11.40) に代入する.
$$-p^2(A\sin t + B\cos pt) + \omega^2(A\sin pt + B\cos pt) = a\cos pt$$
任意の t に対して成り立たなければならないから, 次式を得る.
$$(\omega^2 - p^2)A = 0, \ (\omega^2 - p^2)B = a \quad \therefore \quad A = 0, \ B = \frac{a}{\omega^2 - p^2}$$

(b) $\omega = p$ の場合: $u_0(t) = t(D\sin\omega t + E\cos\omega t)$ と仮定し, D, E を定める.
$$u'_0 = (D\sin\omega t + E\cos\omega t) + \omega t(D\cos\omega t - E\sin\omega t)$$
$$u''_0 = 2\omega(D\cos\omega t - E\sin\omega t) - \omega^2 t(D\sin\omega t + E\cos\omega t)$$
(11.40) に代入すれば, 次式となる.
$$2\omega(D\cos\omega t - E\sin\omega t) - \omega^2 t(D\sin\omega t + E\cos\omega t)$$
$$+\omega^2 t(D\sin\omega t + E\cos\omega t) = a\cos\omega t$$
任意の t に対して成立する条件から, 次の結果が得られる.
$$D = \frac{a}{2\omega}, \ E = 0$$

③ 一般解は $y = u(t) + u_0(t)$ であるから, (11.41) となる.

$\omega \neq p$ のとき, y の変動は周期 $\frac{2\pi}{\omega}$ と $\frac{2\pi}{p}$ の単純な振動の足し算(重ねあわせ)で表され, 周期的な運動をいつまでも繰り返す. それに対して, $\omega = p$ のときは様相が異なる. 固有振動の部分は周期的な運動を繰り返すが, 強制振動の振幅 $\frac{a}{2\omega}t$ は t とともに増大する. この著しい特徴は, **共鳴**または**共振**と呼ばれる.

外部から加える強制的な作用の周期 $\frac{2\pi}{p}$ を変動させ, 振動に共鳴が起こったとき $p = \omega$ であることを利用して, 固有振動の周期 $\frac{2\pi}{\omega}$ を知ることができ

る．これを原理にして，さまざまな測定器が作られている．また，医療診断機器の中には，細胞を構成する分子に共鳴を起こさせることで，特定の分子の体内分布を調べるものがある．

付録

重積分

A.1　2重積分の定義

2変数 x, y の関数 $f(x, y)$ は，xy 座標平面の閉曲線に囲まれた閉領域 D で定義されるとする．

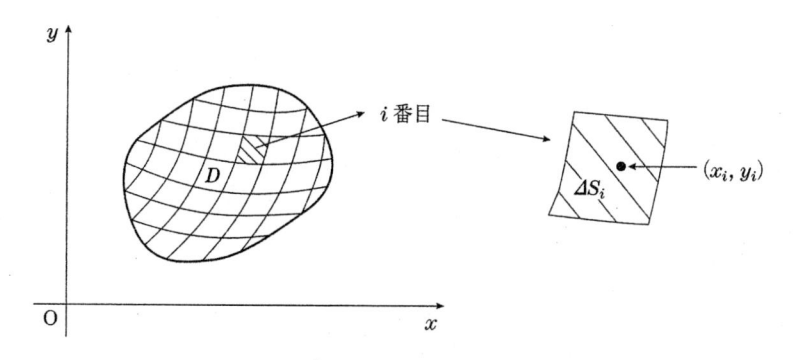

図 A.1　領域の分割

閉領域 D を n 個の微小な閉領域に分け，順に $1, 2, \cdots, i, \cdots, n$ の番号を付ける．分割してできた微小領域のそれぞれに対して，それらの面積を，

$$\Delta S_1, \ \Delta S_2, \ \cdots, \ \Delta S_i, \ \cdots, \ \Delta S_{n-1}, \ \Delta S_n$$

とし，微小領域に含まれる任意の点の座標を，

$$(x_1, y_1), (x_2, y_2), \cdots, (x_i, y_i), \cdots, (x_{n-1}, y_{n-1}), (x_n, y_n)$$

とする．微小領域の1つひとつに対して，そこでの関数の代表値 $f(x_i, y_i)$ と面積 ΔS_i の積を求め（$i = 1, 2, \cdots, n$），それらをすべて加えた和を V_n とする．

$$V_n = \sum_{i=1}^{n} f(x_i, y_i) \Delta S_i \tag{A.1}$$

n を限りなく大きくしてすべての ΔS_i ($i = 1, 2, \cdots, n$) を 0 に近づけるとき，V_n が収束して有限確定値に近づくならば，その極限値を関数 $f(x, y)$ の閉領域 D における **2 重積分**といい，次の記号で書く．

$$\iint_D f(x, y)\, dS = \lim_{n \to \infty} \sum_{i=1}^{n} f(x_i, y_i) \Delta S_i \tag{A.2}$$

上で定義した極限値すなわち 2 重積分が存在するとき，$f(x, y)$ は D で**積分可能**であるという．

以下では，$f(x, y)$ は xy 座標平面の閉曲線に囲まれた閉領域 D で積分可能な連続関数とする．

【注】2 重積分は定積分の意味しかない．2 重積分を表す記号は，1 変数関数の定積分と同じ規則で書かれている [p.174 を参照]．和の記号 Σ を（独立変数が2つで2重和になるので）2 重の積分記号に直し，分割する領域を積分記号に付けて表し，加える量を積分記号に続けて書き（番号 i を省略し，ΔS を dS に直す），$n \to \infty$ の極限をとることを暗黙の了解として極限記号を省略する．

【注】**2 重積分の図形的意味** xyz 座標空間において，閉領域 D を底面，xy 平面に垂直な面を側面，$z = f(x, y)$ によって描かれる曲面を上面とする柱体 M を考える．
閉領域 D を微小な領域に分割したとき，$f(x_i, y_i)\Delta S_i$ は，ΔS_i を底面積，曲面上の点 $f(x_i, y_i)$ を水平面の高さとする柱体の体積 ΔV_i を表す．(A.1) で定義される V_n は，このようにして計算した体積の和であり，曲面 $z = f(x, y)$ の彎曲によるわずかの誤差を除いて，柱体 M の体積 V にほぼ等しい．
$n \to \infty$ の極限をとると，この誤差は消失し，(A.2) で定義される 2 重積分は，柱体 M の体積 V と等しくなる．ただし，2 重積分で計算される体積は，$z = f(x, y)$ の正負に応じて，正または負の符号を持つ．

x 軸に平行な直線と y 軸に平行な直線で領域 D を分割すれば，ΔS_i は Δx_i と Δy_i を 2 辺とする長方形の面積で，$\Delta S_i = \Delta x_i \Delta y_i$ である．この場合に，

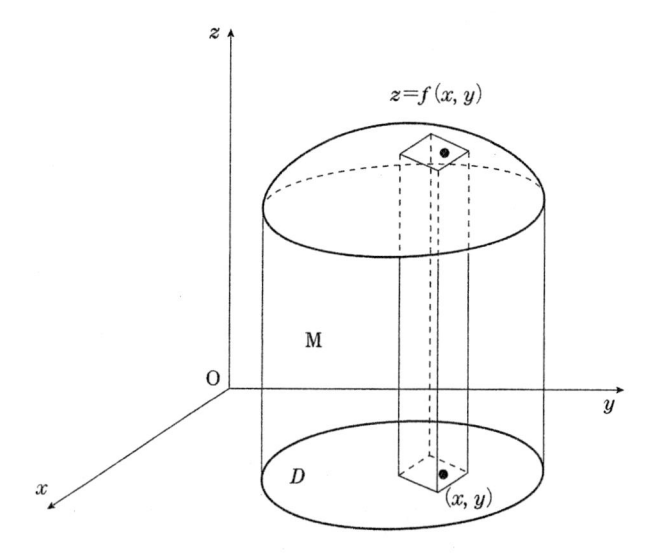

図 **A.2** 2 重積分の図形的意味

2 重積分は次の記号で書かれる．

$$\iint_D f(x,y)\ dxdy = \lim_{n\to\infty} \sum_{i=1}^{n} f(x_i, y_i)\Delta x_i \Delta y_i \tag{A.3}$$

【注】x 軸および y 軸に平行な直線で D を分けるとき，D を囲む閉曲線に沿っての微小領域は長方形でない．(A.1) の V_n に占めるこれらの微小領域からの寄与は，非常に小さく，$n \to \infty$ の極限で限りなく 0 に近づく．このために，すべての微小領域を長方形として計算しても正しい値が得られる．

A.2 　2 重積分の計算

関数 $f(x,y)$ の 2 重積分は，独立変数 x, y についての積分を 2 回続けて行うことで得られる．

(1) D が 2 曲線 $y = \phi_1(x)$, $y = \phi_2(x)$ ($\phi_1(x) < \phi_2(x)$ とする) で囲まれ，x の区間で $[a, b]$ ($a < b$) であるとき，

$$\iint_D f(x,y)\ dxdy = \int_a^b \Big\{ \int_{\phi_1(x)}^{\phi_2(x)} f(x,y)\ dy \Big\} dx \tag{A.4}$$

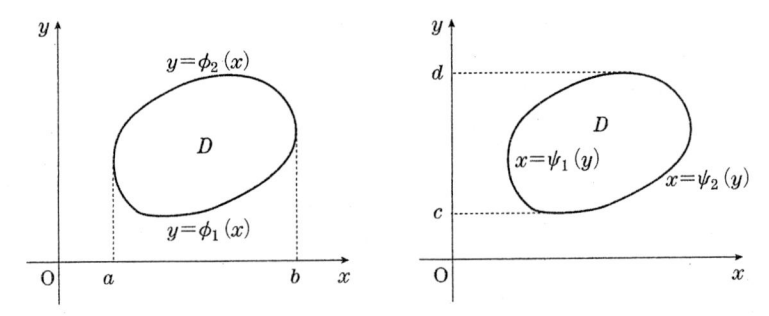

図 **A.3** 2重積分の計算順序

(2) D が 2 曲線 $x = \psi_1(y),\ x = \psi_2(y)\ (\psi_1(y) < \psi_2(y)$ とする$)$ で囲まれ，y の区間で $[c,d]\ (c < d)$ であるとき，

$$\iint_D f(x,y)\,dxdy = \int_c^d \left\{ \int_{\psi_1(y)}^{\psi_2(y)} f(x,y)\,dx \right\} dy \tag{A.5}$$

《説明》 (A.4) を示す．2重積分の計算は，閉領域 D を底面，曲面 $z = f(x,y)$ を上面とする柱体 M の体積 V を求めることである．

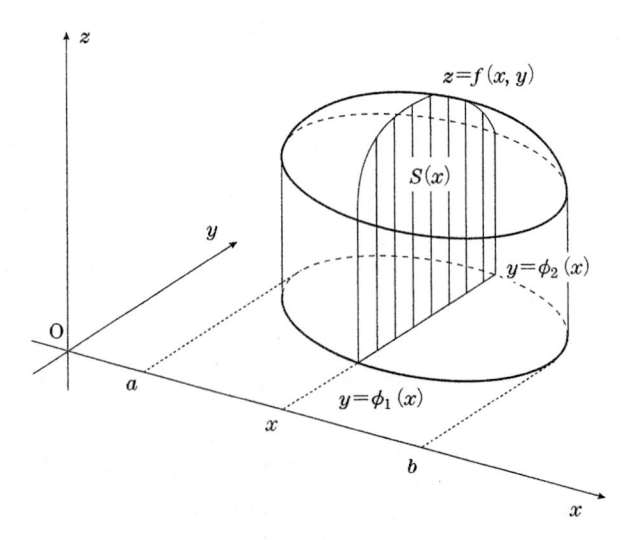

図 **A.4** 2重積分の計算

A.2 2重積分の計算

柱体 M を x 軸に垂直な平面で切るとき，座標が x の点での切り口の面積 $S(x)$ は，

$$S(x) = \int_{\phi_1(x)}^{\phi_2(x)} f(x,y)\,dy$$

で与えられる．$S(x)$ が連続であるとき，体積を求める公式により [p.192 (10.17) を参照]，V は次式で求まる．

$$V = \int_a^b S(x)\,dx = \int_a^b \left\{ \int_{\phi_1(x)}^{\phi_2(x)} f(x,y)\,dy \right\} dx$$

また，(A.5) も同様である．

【注】(A.4) による 2 重積分の計算は，先ず，x を定数とみなし，下限 $\phi_1(x)$ から上限 $\phi_2(x)$ まで y で積分する．その結果，x の関数が得られるが，引き続いてそれを下限 a から上限 b まで x で積分する．同様に，(A.5) の計算は，先に x，続いて y で積分する．

このように，1 変数の積分を引き続いて行うものを**累次積分**という．(A.4) と (A.5) の累次積分は，それぞれ次のように書かれる．

$$\int_a^b dx \int_{\phi_1(x)}^{\phi_2(x)} dy\, f(x,y) \quad \text{および} \quad \int_c^d dy \int_{\psi_1(y)}^{\psi_2(y)} dx\, f(x,y)$$

これら 2 つは，累次積分の順番が異なる．一方の累次積分から他方の累次積分に移ることを，**積分の順序を変える**という．なお，dx と dy の順序は，積分する順に右から左に書く．

例 1 原点を中心とする半径 R の上半円を D とし，次の 2 重積分 I を求める．

$$I = \iint_D y\,dxdy$$

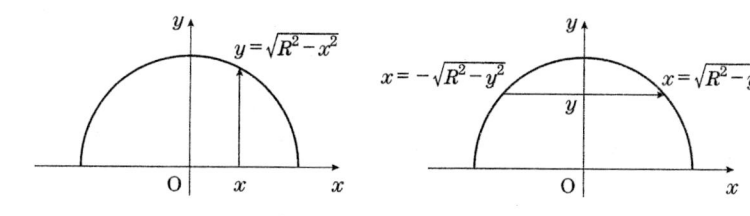

図 **A.5** 上半円の領域

(1) (A.4) による計算：$a = -R$, $b = R$ および $\phi_1(x) = 0$, $\phi_2(x) = \sqrt{R^2 - x^2}$ である．

$$I = \int_{-R}^{R} dx \int_0^{\sqrt{R^2-x^2}} y\,dy \ (x\text{を定数として} y\text{で積分}) = \int_{-R}^{R} dx \left[\frac{y^2}{2}\right]_0^{\sqrt{R^2-x^2}}$$

$$= \int_{-R}^{R} dx\, \frac{R^2 - x^2}{2} = \frac{1}{2}\left[R^2 x - \frac{x^3}{3}\right]_{-R}^{R} = \frac{2}{3} R^3$$

(2) (A.5) による計算：$c=0$, $d=R$ および $\psi_1(y) = -\sqrt{R^2-y^2}$, $\phi_2(y) = \sqrt{R^2-y^2}$ である．

$$I = \int_0^R dy \int_{-\sqrt{R^2-y^2}}^{\sqrt{R^2-y^2}} y\, dx \ (y \text{ を定数として } x \text{ で積分}) = \int_{-R}^R dx\, y\Big[x\Big]_{-\sqrt{R^2-y^2}}^{\sqrt{R^2-y^2}}$$

$$= \int_0^R dx\, 2y\sqrt{R^2-y^2} = -\frac{2}{3}\Big[(R^2-y^2)^{\frac{3}{2}}\Big]_0^R = \frac{2}{3}R^3$$

A.3　独立変数の変換

1変数関数の定積分に置換積分法があるように，2重積分にも独立変数を置換して実行する方法がある．

$x = \phi(u,v)$, $y = \psi(u,v)$ によって，uv 座標平面の閉領域 E から xy 座標平面の閉領域 D に移るとし，$\phi(u,v)$, $\psi(u,v)$ はともに連続な1次偏導関数を持つとする．このとき，次の関係が成り立つ．

$$\iint_D f(x,y)\, dxdy = \iint_E f(\phi(u,v), \psi(u,v))|J|\, dudv \tag{A.6}$$

右辺にある J はヤコビアンと呼ばれ，次式で定義されるものである．

$$J = \frac{\partial(x,y)}{\partial(u,v)} = x_u y_v - y_u x_v \tag{A.7}$$

【注】厳密にいえば，(A.6) が成り立つために，D の点と E の点が 1 対 1 に対応し，$J \neq 0$ であることが必要である．

《説明》uv 座標平面の閉領域 E を長方形の微小領域に分ける．代表的に1つの微小領域を考え，その頂点の座標を，順に $P_1(u,v)$, $P_2(u+h,v)$, $P_3(u+h,v+k)$, $P_4(u,v+k)$ とする．変換 $x = \phi(u,v)$, $y = \psi(u,v)$ により，長方形 $P_1P_2P_3P_4$ は xy 座標平面の図形 $Q_1Q_2Q_3Q_4$ に移され，その頂点の座標は次のように計算される．

$Q_1 : (\phi(u,v), \psi(u,v)) = (\phi, \psi)$
$Q_2 : (\phi(u+h,v), \psi(u+h,v)) \fallingdotseq (\phi + \phi_u h, \psi + \psi_u h)$
$Q_3 : (\phi(u+h,v+k), \psi(u+h,v+k)) \fallingdotseq (\phi + \phi_u h + \phi_v k, \psi + \psi_u h + \psi_v k)$
$Q_4 : (\phi(u,v+k), \psi(u,v+k)) \fallingdotseq (\phi + \phi_v k, \psi + \psi_v k)$

なお，上の計算で，平均値の定理 [p.140 (8.7) を参照] を適用し，

$$\phi(u+h, v+k) = \phi(u,v) + h\phi_u(u+\theta h, v+\theta k) + k\phi_v(u+\theta h, v+\theta k)$$
$$\fallingdotseq \phi(u,v) + h\phi_u(u,v) + k\phi_v(u,v)$$

A.3 独立変数の変換

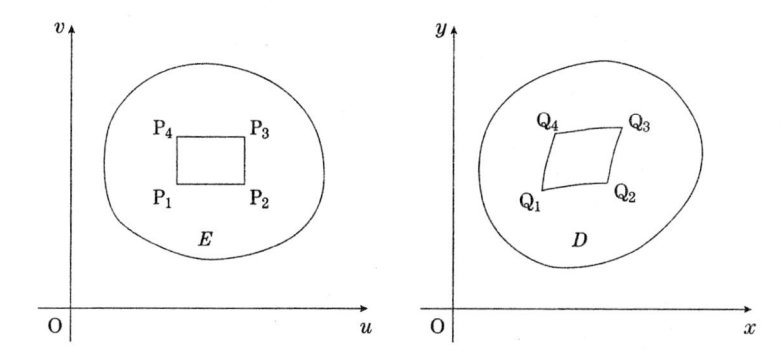

図 A.6 2重積分の変数変換

などの近似をしている．また，$\phi(u,v) = \phi$, $\psi(u,v) = \psi$, $\phi_u(u,v) = \phi_u$, $\phi_v(u,v) = \phi_v$, $\psi_u(u,v) = \psi_u$, $\psi_v(u,v) = \psi_v$ と略記している．

図形 $Q_1Q_2Q_3Q_4$ を四辺形で近似したとき，$\overrightarrow{Q_1Q_2} = \overrightarrow{Q_4Q_3} = (\phi_u h, \psi_u h)$, $\overrightarrow{Q_1Q_4} = \overrightarrow{Q_2Q_3} = (\phi_v k, \psi_v k)$ を満たすから，平行四辺形であり，その面積 ΔS は，[*)]

$$\Delta S = |(\phi_u h)(\psi_v k) - (\psi_u h)(\phi_v k)| = |\phi_u \psi_v - \psi_u \phi_v| hk = |J| \Delta T$$

となる（$\Delta T = hk$ は長方形 $P_1P_2P_3P_4$ の面積）．この関係が微小領域ごとに成り立ち，すべての微小領域について加えると，

$$\sum_{i=1}^{n} f(x_i, y_i) \Delta S_i \fallingdotseq \sum_{i=1}^{n} f(\phi(u_i, v_i), \psi(u_i, v_i)) |J_i| \Delta T_i$$

となる．$n \to \infty$ の極限をとれば，以上の計算の近似による誤差は消失し，最終式は求める関係式（A.6）となる．

閉領域 D が移される領域 E を定めなければならないが，D の境界に注目し，それが移される uv 座標平面の曲線に着目することが効果的である．

例 1 p.237 **例 1** の 2 重積分 $I = \iint_D y\,dxdy$ を，$x = r\cos\theta$, $y = r\sin\theta$ により，極座標 r, θ に移して計算する．

$$J = \frac{\partial(x,y)}{\partial(r,\theta)} = x_r y_\theta - y_r x_\theta = (\cos\theta)(r\cos\theta) - (\sin\theta)(-r\sin\theta) = r$$

[*)] 成分が $\vec{u} = (a, b)$, $\vec{v} = (c, d)$ のベクトル $\vec{u}, \vec{v}$ を 2 辺とする平行四辺形の面積は，$|ad - bc|$ である．

【証明】
$\vec{u}, \vec{v}$ のなす角を θ $(0 \leqq \theta \leqq \pi)$ とすれば，内積の定義から，

$$\cos\theta = \frac{(\vec{u}, \vec{v})}{|\vec{u}||\vec{v}|} = \frac{ac + bd}{\sqrt{a^2 + b^2}\sqrt{c^2 + d^2}} \quad \therefore \quad \sin\theta = \sqrt{1 - \cos^2\theta} = \frac{|ad - bc|}{\sqrt{a^2 + b^2}\sqrt{c^2 + d^2}}$$

$\vec{u}, \vec{v}$ を 2 辺とする三角形の面積は $\frac{1}{2}|\vec{u}||\vec{v}|\sin\theta = \frac{1}{2}|ad - bc|$．平行四辺形の面積はこれの 2 倍である．

半径 R の上半円の内部 D は，極座標での領域 E では，$0 \leqq \theta \leqq \pi$ と $0 \leqq r \leqq R$ である．

$$I = \int_0^\pi d\theta \int_0^R r dr\, r\sin\theta\ (\theta\text{ を定数として }r\text{ で積分})$$
$$= \int_0^\pi d\theta\,\sin\theta \left[\frac{1}{3}r^3\right]_0^R = \frac{1}{3}R^3 \int_0^\pi d\theta\,\sin\theta = \frac{1}{3}R^3\left[-\cos\theta\right]_0^\pi = \frac{2}{3}R^3$$

例2 D を $|x+y|\leqq 1$, $|x-y|\leqq 1$ とし，次の2重積分を求める．

$$I = \iint_D (x+y)^2 e^{x-y} dxdy$$

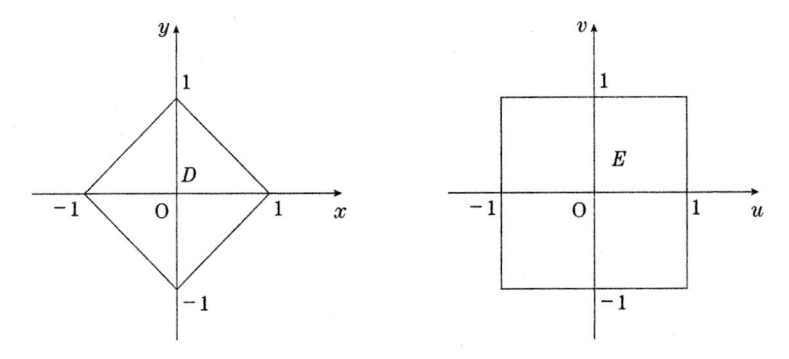

図 **A.7** 2重積分の変数変換の例

$x+y = u$, $x-y = v$ すなわち $x = \dfrac{1}{2}(u+v)$, $y = \dfrac{1}{2}(u-v)$ と置換する．このとき，uv 座標平面の領域 E は $|u|\leqq 1$, $|v|\leqq 1$ であり，$J = x_u y_v - y_u x_v = -\dfrac{1}{2}$ となる．

$$\therefore\ I = \iint_E u^2 e^v\,\frac{1}{2}dudv = \frac{1}{2}\int_{-1}^1 dv \int_{-1}^1 u^2 e^v\,du = \frac{1}{3}\int_{-1}^1 dv\,e^v = \frac{1}{3}(e - e^{-1})$$

《参考》n重積分 2重積分は，n 変数の関数 $f(x_1, x_2, \cdots, x_n)$ に対する **n重積分** に一般化される．n 重積分の理論や計算法は，2重積分とほぼ同様である．

たとえば，関数 $f(x, y, z)$ が xyz 座標空間の閉領域 V（閉曲面とその内部）で連続であるとき，V を微小な n 個の領域に分割し，それぞれの体積を $\Delta V_1, \Delta V_2, \cdots, \Delta V_n$ とする．i 番目の微小領域において，そこでの $f(x, y, z)$ の代表値 $f(x_i, y_i, z_i)$ と ΔV_i の積を求め，n 個の微小領域についてすべて加えた和 W_n を考える．n を限りなく大きくしてすべての微小領域の体積を 0 に近づけたとき，W_n が有限確定値に収束するならば，その極限値を関数 $f(x, y, z)$ の領域 V における **3重積分** といい，次の記号で表す．

$$\iiint_V f(x, y, z)\,dV = \iiint_V f(x, y, z)\,dxdydz = \lim_{n\to\infty}\sum_{i=1}^n f(x_i, y_i, z_i)\Delta V_i$$

3重積分の計算も，x, y, z についての積分を繰り返す累次積分によって行う．

索引

[あ行]
アークコサイン, 40
アークサイン, 39
アークタンジェント, 41
アルキメデスのスパイラル, 108

1 次従属, 212
1 次独立, 212
1 次反応系, 221
1 変数関数, 10
1 階線形微分方程式, 207
一般解, 202
一般角, 23
陰関数, 129
陰関数定理, 129

上に凹, 101
上に凸, 101
上に有界, 6

n 階導関数, 70
n 回微分可能, 70
n 階微分方程式, 201
n 階偏導関数, 134
n 回偏微分可能, 134
n 回連続微分可能, 137
n 次関数, 13
n 次導関数, 70

n 次偏導関数, 134
n 重積分, 240
n 変数関数, 111
演算子, 137
エンタルピー, 151

[か行]
開区間, 2
階数, 201
開領域, 111
ガウス関数, 104
拡散, 152, 198
拡散係数, 152
拡散方程式, 152
確定, 3
下限, 174
片側極限値, 28
カルジオイド, 108
関数, 10, 111
完全微分形, 209

奇関数, 11
ギブスのエネルギー, 150
逆関数, 35
逆三角関数, 39
逆正弦関数, 39
逆正接関数, 41
逆余弦関数, 40

級数, 8
境界条件, 203
境界値問題, 203
狭義の減少関数, 11
狭義の増加関数, 11
共振, 230
強制振動, 230
共鳴, 230
極限値, 3, 27, 113
極座標, 107
極小, 95, 144
極小値, 95, 144
極大, 95, 144
極大値, 95, 144
極値, 95, 144
極方程式, 107
曲面, 112

偶関数, 11
区間, 1
屈折の法則, 99
グラフ, 11, 112

原始関数, 155
減少関数, 11
懸垂線, 106, 194

高階導関数, 70
高階偏導関数, 134
広義の積分, 186
高次導関数, 70
高次偏導関数, 134
合成関数, 34
コーシーの平均値の定理, 81
弧度, 22
弧度法, 22
固有振動, 230
コンパートメント モデル, 224

[さ行]
最小 2 乗法, 100
作用, 137
3 階導関数, 70
三角関数, 23
3 次導関数, 70
3 重積分, 240

指数, 17
指数関数, 17
始線, 23
自然数, 1
自然対数, 61
自然対数の底, 7, 59
四則演算, 2
下に凹, 101
下に凸, 101
下に有界, 6
実数, 1
時定数, 222
収束する, 3, 8, 27, 113
従属変数, 10, 111
主値積分, 188
循環小数, 1
上限, 174
剰余項, 85, 140
初期条件, 203
初期値問題, 203
真数, 19
振動する, 3

数列, 2

整数, 1
正の無限大に発散する, 3
積分可能, 175, 234
積分する, 156, 174
積分定数, 156
積分の順序を変える, 237
積分変数, 174

接線の方程式, 46
接平面, 120
漸近線, 13
線形, 207
全微分, 123
全微分可能, 121

増加関数, 11
増分, 45

[た行]
大小相等, 2
対数関数, 20
対数微分法, 63
多項式関数, 13
多変数関数, 111
単純化モデル, 221
単調関数, 11
単調減少数列, 6
単調増加数列, 6

値域, 11
置換積分法, 160, 181
中間値の定理, 32
稠密性, 2

底, 17, 19, 20
定義域, 11, 111
定積分, 174
テーラー展開, 88, 141
テーラーの定理, 84, 140
伝播速度, 153

導関数, 46
動径, 23
同次, 207
同次形, 205
等比級数, 8
特異解, 205
特殊解, 202

特性方程式, 215
独立変数, 10, 111

[な行]
2階線形同次微分方程式, 212
2階線形非同次微分方程式, 217
2階導関数, 70
2階偏導関数, 134
2次曲線, 15
2次導関数, 70
2次反応系, 222
2次偏導関数, 134
2重積分, 234

熱力学系, 150

[は行]
ハーゲン・ポアズイユの法則, 198
媒介変数, 38
媒介変数表示の関数, 38
発散する, 3, 8, 29
波動, 153
波動関数, 154
波動方程式, 153
パラメーター, 38
判別式, 145

被積分関数, 155, 174
積分区間, 174
左側極限値, 28
左微分係数, 46
非同次, 207
微分, 49
微分演算子, 137
微分可能, 45
微分係数, 45
微分する, 46
微分方程式, 201
微分方程式の解, 202
微分方程式を解く, 202

標準形, 15

ファン・デル・ワールスの方程式, 132
フェルマーの原理, 99
不定形の極限, 82
不定積分, 155
負の無限大に発散する, 3
部分積分法, 163, 183
部分和, 8
不連続, 30, 115

平均寿命, 196
平均値の定理, 77, 140
平均変化率, 45
閉区間, 2
閉領域, 111
ヘルムホルツのエネルギー, 150
変曲点, 101
変数分離形, 204
変数を分離する, 204
偏導関数, 117
偏微分演算子, 137
偏微分可能, 116
偏微分係数, 117
偏微分する, 117

[ま行]
マクローリン展開, 88, 141
マクローリンの定理, 86, 140

右側極限値, 28
右微分係数, 46

無限回微分可能, 70
無限級数, 8
無限区間, 2

無限数列, 3
無限積分, 187
無限大, 2
無理関数, 14
無理数, 1

[や行]
ヤコビアン, 238

有限, 3
有理関数, 13
有理数, 1

[ら行]
ライプニッツの公式, 73
ラグランジュの乗数, 147
ラグランジュの乗数法, 147
ラジアン, 22
ランチェスターの法則, 227

領域, 111

累次積分, 237
ルジャンドル変換, 149

レムニスケート, 108
連続, 30, 115
連続性, 2

ロールの定理, 77
ロジスティック方程式, 222
ロピタルの定理, 82

[わ行]
和, 8

著者紹介

土井　勝（どい　まさる）

1947 年	兵庫県出身
1969 年	大阪大学理学部物理学科卒業
1974 年	大阪大学大学院理学研究科博士課程修了
	理学博士（大阪大学）
同　年	大阪薬科大学 講師
1981 年	大阪薬科大学助教授
1989 年	大阪薬科大学教授
専　攻	理論物理学（素粒子論）
著　書	『基礎物理学』第 2 版（共著，共立出版，2004 年）
	『物理学入門』（日科技連出版社，2005 年）

薬学のための微分と積分

2006 年 2 月 14 日　第 1 刷発行
2013 年 3 月 8 日　第 6 刷発行

　　　　　　　　　　　　著　者　土　井　　　勝
　　　　　　　　　　　　発行人　田　中　　　健
　　　　　　　　　　発行所　株式会社　日科技連出版社
　　　　　　　　　　〒 151-0051 東京都渋谷区千駄ケ谷 5-4-2
　　　　　　　　　　　　電話　出版　03-5379-1244
　　　　　　　　　　　　　　　営業　03-5379-1238〜9
　　　　　　　　　　　　振替口座　東京 00170-1-7309

検印省略

　　　　　　　　　　　　印刷・製本　リョーワ印刷

Printed in Japan

©Masaru Doi 2006
ISBN978-4-8171-9175-5
URL　http ://www.juse-p.co.jp/

（本書の全部または一部を無断で複写複製（コピー）することは，著作権法上での例外を除き，禁じられています.）